金属非金属矿山
典型安全事故案例分析

王运敏　李世杰　编著

北　京
冶　金　工　业　出　版　社
2015

内 容 提 要

　　本书搜集了国内外大量涉及金属非金属露天矿山、地下矿山、尾矿库安全生产的事故案例,并以矿山管理的专业角度,对安全生产现状、事故特点、原因分析、防范措施几个方面进行详细的论述。本书具有实用性、指导性和适用性的特点,可供金属非金属矿山领导、管理人员、生产班组,有关科研院所、学校教师阅读参考。

图书在版编目(CIP)数据

　　金属非金属矿山典型安全事故案例分析/王运敏,李世杰编著 . —北京:冶金工业出版社,2015.7
　　ISBN 978-7-5024-6913-9

　　Ⅰ.①金…　Ⅱ.①王…　②李…　Ⅲ.①金属矿—矿山安全—安全事故—事故分析　②非金属矿—矿山安全—安全事故—事故分析　Ⅳ.①TD7

　　中国版本图书馆 CIP 数据核字(2015) 第 152034 号

出 版 人　谭学余
地　　址　北京市东城区嵩祝院北巷 39 号　邮编　100009　电话　(010)64027926
网　　址　www.cnmip.com.cn　电子信箱　yjcbs@cnmip.com.cn
责任编辑　姜晓辉　美术编辑　吕欣童　版式设计　孙跃红
责任校对　郑　娟　责任印制　牛晓波
ISBN 978-7-5024-6913-9
冶金工业出版社出版发行;各地新华书店经销;北京百善印刷厂印刷
2015 年 7 月第 1 版,2015 年 7 月第 1 次印刷
169mm×239mm;17.5 印张;340 千字;263 页
74.00 元
冶金工业出版社　投稿电话　(010)64027932　投稿信箱　tougao@cnmip.com.cn
冶金工业出版社营销中心　电话　(010)64044283　传真　(010)64027893
冶金书店　地址　北京市东四西大街 46 号(100010)　电话　(010)65289081(兼传真)
冶金工业出版社天猫旗舰店　yjgycbs.tmall.com
　　　　　　(本书如有印装质量问题,本社营销中心负责退换)

前　言

　　非煤矿山采掘业是对经济社会发展具有重要影响的资源性和基础性行业，也是一个艰苦、高危的行业。矿山的生产安全关乎到矿工的生命安全。坚持以人为本、推进安全发展，保障人民生命和财产安全，维护社会稳定，促进经济发展，是党和国家一贯坚持的方针。自2004年以来，我国持续开展、不断深化非煤矿山专项整治，从立足源头治本出发，通过规范行业和行业安全准入，严格建设程序，规范行业生产经营秩序，淘汰落后生产能力，不断提高行业科技发展水平，努力实施"科技兴安"战略，强力推进安全生产标准化建设工作等手段，着力做好安全生产隐患排查预防工作，有力地促进了非煤矿山安全生产本质化程度的提高。非煤矿山企业的安全生产事故总量逐年大幅度下降，其中较大事故稳步下降，重大事故明显下降，2009年后持续六年未发生特别重大安全生产事故。成绩固然喜人，但是我国幅员辽阔，矿产资源丰富，非煤矿山企业点多面广，加之管理水平、开采技术装备水平、人员素质等方面参差不齐，生产安全形势仍不容乐观。据统计，2005年至2014年期间，全国非煤矿山累计发生事故17919起，死亡21025人，平均年发生事故1791起，死亡2102人。与发达国家采掘行业相比，无论是事故发生频率，还是从业人员死亡数量，我国均处于劳动安全最低标准的上限。

　　为了进一步贯彻新《安全生产法》和国家相关法规，落实国务院关于进一步加强企业安全生产工作的通知精神，提高非煤矿山从业人员安全生产意识和从业人员素质，安徽省经济和信息化委员会非煤矿山管理办公室组织编写了《金属非金属矿山典型安全事故案例分析》一书。

本书坚持"从事实出发，从实践出发"，旨在为非煤矿山从业人员提供可参考的采掘业各类事故发生的缘由，从中汲取教训，提升从业人员的安全生产自觉性。本书分三部分共11章，介绍了金属非金属露天矿山、地下矿山和尾矿库的安全生产状况、事故特点等，着重对案例事故作了透彻分析，论述了防范事故发生的安全技术对策措施和注意事项。本书对矿山开展安全事故的防范起到"案例教学"的警示作用，也可对事故调查处理，正确处置事故应急救援具有借鉴作用。

本书由中钢集团马鞍山矿山研究院有限公司王运敏担任主编，安徽省经济和信息化委员会非煤矿山管理办公室李世杰担任副主编。参加编写的有中钢集团马鞍山矿山研究院有限公司项宏海、汪为平、常剑，安徽省采矿工程技术研究中心章林、李同鹏、陆玉根、薛小蒙，安徽省经济和信息化委员会非煤矿山管理办公室丁楠生、周道林、王林。

在编写过程中承蒙国家安全生产监督管理总局监督一司、安徽省安全生产监督管理局等部门的大力支持，在此特表示衷心感谢。

本书由于编写时间和编者水平所限，书中不妥之处，诚恳专家和读者斧正。

编著者

2015 年 3 月

目　录

第一篇　金属非金属露天矿山

第二篇　金属非金属地下矿山

第三篇　金属非金属矿山尾矿库

第一篇

金属非金属露天矿山

1 金属非金属露天矿山安全生产现状

1.1 全国金属非金属露天矿山安全生产现状

根据《非煤矿山安全生产"十二五"规划》，截至 2010 年底，全国共有生产矿山 75937 座。其中，露天矿山 67862 座，占 89.37%，非煤露天矿山数量庞大，且有相当数量的小型露天采石场。"十二五"期间，各地主管部门对露天矿山进行资源整合，使露天矿山逐步向规模化和集约化方向发展。但是，露天矿山，尤其是采石场"小、散、乱、差"的现状尚未真正改观，安全基础依然十分薄弱。

2013 年，全国非煤矿山共发生生产安全事故 659 起、死亡 852 人。其中，露天矿山共发生事故 219 起、死亡 245 人，分别占事故总起数和死亡总人数的 33.2%、28.7%，事故起数占比较 2012 年持平，而死亡人数占比下降 2.3 个百分点，较 2011 年分别下降 0.6 和 4.6 个百分点。非煤露天矿山事故死亡人数总体上呈现逐步下降的趋势。

1.2 安徽省金属非金属露天矿山安全生产现状

目前，安徽省共有非煤露天矿山 1829 家。除少数几家金属矿山（如马钢南山矿、铜化集团新桥矿、钟山铁矿等）之外，其余绝大多数为建筑石料矿、水泥用灰岩矿、熔剂用灰岩矿、方解石矿、白云岩矿等。总体上呈现"数量多，分布广"的特点。其中，小型露天采石场还存在"设备简陋、从业人员整体水平不高、开采工艺不规范、安全管理不到位"的共性。回顾近年来省内非煤露天矿山安全生产事故，以采石场安全生产事故为主，如池州市亚华采石场"3.19"爆炸事故、繁昌县芦南石灰石矿坍塌事故。

因此，规范露天矿山开采工艺，提高从业人员技术水平，加强作业现场安全管理对控制安徽省露天矿山安全生产事故能起到积极作用，并能进一步提高全省非煤露天矿山安全生产水平。

2　金属非金属露天矿山安全事故特点

2.1　露天矿山的生产特点

露天矿山的生产作业是一项系统工程，涉及穿孔、爆破、采装、运输、排土等工艺环节，矿山生产所需配备的专业技术人员涵盖地质、采矿、机电、土建、环保等专业。从安全角度分析，露天矿山的生产存在以下特点：

（1）作业对象地质条件的不确定性。露天矿山的主要作业对象为埋藏于地下的矿体及周边需剥离的围岩。

（2）露天矿生产具有变动性。露天矿的作业地点和环境始终处于动态变化中，如采场内采掘工作线的推进、作业水平的延深、排土场的发展、道路的频繁更替等。

（3）露天矿生产具有开放性。露天矿生产不同于封闭式生产或工厂化生产，其采场和排土场始终与外界相连，不受空间限制，有利于采用大型机械化设备。

（4）露天矿生产易受外部环境、条件的影响与制约。由于矿山生产是在露天场所进行的，矿山生产必然会受到外部环境的影响，如季节、气候的影响。而且绝大部分矿山采用爆破方式松碎矿岩，若爆破警戒范围内存在民房、铁路、输电线路、古建筑等敏感目标时，应采取相应安全措施或改变作业方式。

2.2　露天矿山安全事故特点

矿山属于高风险行业，发生事故及重特大事故的频率较高。非煤矿山企业生产条件复杂多变，作业环境差，大型机具及高风险作业在大部分生产过程中普遍存在。根据国内露天矿山的生产现状，露天矿山安全事故特点主要为以下几个方面：

（1）事故发生突然、扩散迅速、波及范围广、危害程度高。

（2）根据《企业职工伤亡事故分类》（GB 6441—1986），露天矿山常见的事故类型有：坍塌、放炮（爆破）、物体打击、高处坠落。其中，采场边坡、排土场、爆破作业发生事故的频率较高，且容易造成群死群伤事故。

（3）小型、私营露天矿山，尤其是小型采石场事故多发，主要是因为矿山安全管理水平低，作业人员文化素质和技术水平低，未经过岗前培训，冒险蛮干，安全意识淡薄，企业主片面追求经济效益，忽视安全生产投入。

（4）矿山事故多是由"三违"引起。

3 金属非金属露天矿山典型安全事故案例分析

3.1 坍塌事故

3.1.1 安徽东方钙业有限公司棠溪石灰石矿"1.10"坍塌事故

3.1.1.1 事故概况

棠溪石灰石矿地处池州市贵池区棠溪乡境内，坍塌点属禁采区。2006年1月10日上午8时许，由于地面上冻，该矿员工上山查看安全情况，发现坍塌处有零星泥石下滑，施工作业存在安全隐患，便安排两名工人上山排险。在排险中，山体突然坍塌，坍塌的泥石将两名排险工人身上的保险绳砸断，两人当空坠落，被埋于乱石中，后在送往医院抢救的途中死亡。

3.1.1.2 事故原因

具体原因：

（1）直接原因。事故直接原因为矿山顺层开采，岩层结构遭到破坏；工人在进入禁采区排险时，导致破碎的边坡失稳，发生坍塌。

（2）间接原因。间接原因为矿山未按规程要求实行自上而下分台阶开采，对山体顺层可能出现的险情及导致的危害性估计不足，也未制定详细的治理方案和安全措施；矿山实行层层承包，安全投入不足，安全责任制落实不到位；公司和矿山对职工安全教育不够，职工安全意识不强。

3.1.2 繁昌县芦南石灰石矿"7.19"露天矿山坍塌事故

3.1.2.1 事故概况

芦南石灰石矿位于安徽省芜湖市繁昌县。2012年7月19日18时30分左右，工人们在现场清理石块过程中，40多米高的石坡突然发生坍塌，3名在现场的工人被埋在乱石块中，侥幸逃生的一名工人报警，事故现场见图3-1。

3.1.2.2 事故原因

具体原因：

（1）直接原因。在进行爆破作业后，施工人员在未确定边坡稳定性的情况下，进入采场作业，清理石块。

（2）间接原因。安全管理不到位。在爆破作业后，应该由安全员确定安全后才可以进行作业。

图 3-1 繁昌县芦南石灰石矿 "7. 19" 露天矿山坍塌事故现场

3.1.3 安陆市烟店镇镇鑫自然采石场 "2. 12" 重大坍塌事故

3.1.3.1 事故概况

镇鑫自然采石场位于安陆市烟店镇双岭村鹰嘴崖，是在一个原有采场基础上重新划定矿区范围建立的。采石场岩石为沉积型石灰石，岩石呈致密状产出，岩层走向 275°（北面 85°），岩层倾向 NE5°，倾角 49°，整个采场底部东西长 120米，南北宽 20 米，最窄处约 12 米，采石场最大段高 68.5 米。采石场业主孙某于 2003 年 10 月提出申请，经烟店镇政府申报，安陆市政府及相关部门批准，于2004 年 1 月办理了《采矿许可证》，事发当天为镇鑫自然采石场首次生产。

2004 年 2 月 12 日上午 9 时，镇鑫自然采石厂业主孙某带领 2 名工人到工地，5 名工人到位于采场最顶端的突出部位打眼，准备将山体突出伞檐炸掉。由于设备原因，炮眼未打成。下午 3 时，5 名工人继续在山顶作业，打成 2 个 5 米深的炮眼，并对其中一个炮眼进行了四次扩壶爆破，然后装药准备进行大爆破。约 4时 30 分，山体突出伞檐前部分突然坠落，正在作业的工人曾某掉下山崖，紧接着连接伞檐的后部分山体滑移坠落，徐某和陈某也掉下山底，徐某当即死亡，陈某、曾某两人被埋在坠落的岩石下。2 月 13 日凌晨 2 时 30 分，陈某、曾某两人被挖出，但均已死亡。

3.1.3.2 事故原因

具体原因：

（1）直接原因。

1）业主拒不执行国家法规、地方政府有关规定擅自盲目开工是导致此事故发生的主要原因。

2）扩壶爆破是此次事故的直接诱因；事故发生点位于采场顶部，岩石为强风化岩石，抗剪强度较低，其下部为一负坡，早已失去下部支撑，该部分岩石处于一种不稳定状态。经过四次扩壶爆破后，在重力及爆破震动的共同作用下，致使该部位岩石抗剪强度进一步减弱，作业面出现裂缝，岩石失稳而滑移、塌落，最终导致事故的发生。

3）采场条件恶劣，安全措施和现场监督不到位是此次事故发生的重要原因。该采场段高严重超高，达到 68.5 米，帮坡角过大，已成负坡，采石场断面呈锯齿状，采场的现状为事故的发生埋下了隐患。加之在整个生产及事故发生过程中，安全员没有到场，无监护人员，现场发现裂隙未及时撤离，安全绳仅有一根且未使用，以致发生险情而无法处理导致事故的发生。

（2）间接原因。

1）采石场业主严重违反国家法律法规和有关规定，管理不善。

一是根据《中华人民共和国矿山安全法》，"矿山企业必须对职工进行安全教育、培训，未经安全教育、培训的，不得上岗作业"。而事发当天作业的 5 名工人是前一天下午刚从湖南到采石场工作的，根本没有经过上岗前的培训。

二是违反国家规定，使用非爆破人员作业。事故发生时作业的 5 名工人，没有一名员工持有有效的《爆破员作业证》。

三是没按国家规定配备必要的劳动保护用品。5 名工人上山作业，只带了一条安全绳，且没有配备相对应的安全带。

2）民爆器材管理不够严格。

一是派出所未严格执行镇政府的规定。烟店镇政府 2003 年年底要求，采石场开工须经镇政府同意，未经镇政府同意，派出所不得批准购买炸药，民爆服务站不得销售炸药。烟店镇派出所在镇鑫自然采石厂没有镇政府开工批准通知单的情况下，批准购买 100 千克炸药、100 枚雷管，为镇鑫自然采石厂私自开工创造了条件。

二是民爆服务站在没有见到镇政府开工批准通知单的情况下，违规销售了民用爆破器材。

3）镇政府对非煤矿山的管理存在缺陷。

一是镇政府虽然有要求，采石场开工要经镇政府批准同意，但没有采取有效措施把这一要求落到实处。鑫自然采石场就是在未经镇政府同意的情况下开工的。

二是对业主教育管理不够。事故发生时，当地已进行了一年多的非煤矿山整治，各级部门也反复强调要求依法采矿。而此次事故采石场的业主仍不经请示开工，说明烟店镇的安全教育管理工作不到位，烟店镇委、镇政府负有一定的领导责任。

3.1.4　广西靖西县某采石场岩体崩塌事故

3.1.4.1　事故概况

在未按规定办理有关合法手续情况下，吴某两人在靖西县龙帮镇上坝村古赖屯与四亮屯的叉路边合伙开办一个采石场。2008 年 12 月初，重庆渝风建设有限公司靖西项目部的管理人员王某与吴某口头订下协议购买碎石。吴某便找民工吴某等 6 名工人来打碎石。

2008 年 12 月 19 日，吴某两人发现该采石场塘口处上方存在裂痕和石块松动存在安全隐患，便用空压机钻 6 个爆破孔，每个爆破孔深达 2 米，欲炸掉，但吴某两人找王某要炸药、雷管时，王某未给。之后，吴某两人忽视安全生产措施和管理，未采取任何措施，未让民工撤离安全地带，仍在此下方作业。

2008 年 12 月 23 日中午，该石场塘口处上方发生崩塌，正在该场地打碎石的民工吴某等 6 名工人被崩塌的石头压埋。吴某在被送往医院抢救途中死亡，其余 5 人当场死亡。

3.1.4.2　事故原因

具体原因：

（1）直接原因。冒落的岩石为伞檐体，左侧及下部悬空，右侧断层发育，黏连性极差，存在事故隐患。加上受到近期爆破振动等因素影响，致使悬吊的岩石塌落。该石场主违规安排，冒险在伞檐状石威胁的下方作业是造成此事故发生的主要原因。

（2）间接原因。吴某两人无证开办石场，安全生产条件不符合国家规定，明知劳动安全设施、安全生产条件存在严重事故隐患，仍然放任而不采取预防性措施，因而发生伞檐体岩石崩塌，造成 6 名民工死亡事故。

3.1.5　贵州六盘水市新窑乡关种田采石场 "9.6" 特大滑坡事故

3.1.5.1　事故概况

2001 年 9 月 6 日，关种田采石场老板李某两人带 15 名工人上班作业，一农用车驾驶员到采石场运石料。16 时 45 分，山体突然滑坡，除一人离开工地打水幸免于难，李某和一名小工受伤外，熊某等 15 名工人在事故中遇难。

3.1.5.2　事故原因

具体原因：

（1）直接原因。

1）关种田大坡岩层组合层面有 2 ~ 5 毫米泥岩软弱夹层裂隙发育，雨水入浸，降低泥岩夹层的抗剪强度。

2）大坡顺向坡一侧的坡脚地带，在修路和多年的采石场开采过程中，形成一定放坡角度的临空面。大坡两侧采石作业，又破坏了整个滑坡体的暂时稳定，酿成滑坡事故。

（2）间接原因。

1）该采石场无证非法开采，并违反乡镇露天矿场安全生产的规定。没有按规范进行开采，破坏了山体的平衡。不执行乡政府的停产通知，违规冒险作业。

2）辖区矿管部门对该采石场无证非法开采滥采滥挖制止不力。当新窑乡政府将该采石场办证的申请送上来后近 5 个月，直到事故发生，也没有到采石场检查，更没有采取措施对无证非法开采的行为予以制止。

3）鸭塘村未落实安全生产责任制，对无证非法开采未采取措施予以制止。

4）乡派出所民爆物品管理上审查把关不严，致使无证采石场购买到火工产品，水泥厂购买无证采石场的产品，使该采石场得以继续生产。

5）新窑乡政府在安全检查中发现该采石场属无证非法开采，违规冒险作业，制止不力。

6）辖区政府对乡镇采石场安全生产重视不够，督促检查不力，致使该采石场无证开采的现象长期存在。

3.1.6 湖南省宁乡县道林镇金星矽砂矿"8.7"重大坍塌事故

3.1.6.1 事故概况

金星矽砂矿为凹陷露天矿，开采矿石为石英岩（俗称矽砂），年生产能力为 2 万吨；一天一班作业，每班作业人员 6～9 人，分放炮和检杂两个作业组。矿场中部有一条 4～5 米宽的水平通道与外部矿区简易公路相连并将矿场分为东、西两个采场。该矿基本上没有按照设计方案开采，大部分地段台阶高度、边坡角度不符合要求；西采场北部边坡中段由于掏底开采，形成了伞檐；采场的最终边坡没有按安全规程要求进行管理，基本上是"一面墙"的形式，高度在 10～25 米之间，坡面角约 85 度。

2006 年 8 月 7 日 8 时，按照矿长戴某的安排，检杂工周某和爆破员周某及其助理等 8 人先后到达采场作业。其中，周某等 3 人负责装药放炮，周某等 5 人检杂。9 时左右，曾某和戴某两人被矿部叫去帮忙做事而离开采场下了山。9 时到 10 时之间，3 名爆破员自作主张在西采场放了 5 炮。其中，采场正西头放了 2 炮，离进采矿场的水平通道西侧约 25 米处的北部边坡放了 3 炮。之后，3 名爆破员到东采场放了 10 个小炮。这时爆破员周某看了一下手表，是 11 时 26 分，由于离吃饭的时间还早，周某两人在采矿场的正东头又各放了 1 炮。放完炮的时间大约是 11 时 36 分。刚放完炮，天上下起了大雨，周某便提议到西采场的伞檐下躲雨，于是 6 人坐下来躲雨。大约躲了十几分钟，雨越下越大，雨水、泥土和石头往下掉，并掉到了周某的左腿上。欧某、周某看到很危险，准备走，但周某不肯，说等雨小些再走。这时，周某起身往矿部走，戴某、欧某跟着一起走，但周某等三人没有走。周某等 3 人走到山下董老师家附近，欧某借了两把雨伞、一件雨衣，想给周某等 3 人送去。欧某快到采场时，看到进采场的水平通道的积水齐腰深了，便边走边喊"周师傅"（即周某），可是没有人答应，到躲雨的地方一看，边坡已经坍塌，周某 3 人被塌下来的石头和泥土埋住。

欧某看到事故发生后，迅速跑下山大声求救，并告诉董老师出事了，叫他赶快打 120 救人。听到求救声，戴矿长立即带了五六个人上山去救人，随后又上去了几个人，并调来了铲车。十几个人有的拿工具、有的用手扒塌下来的土石，铲车再把扒出来的土石铲到一边。经过半个小时左右刨挖，将被埋的 3 人挖了出来，一人当时就死亡了，另外两人脉搏还轻微跳动，救护车立即将 2 人送到宁乡县人民医院抢救，经抢救无效 3 人全部死亡。

事故现场位于采矿场西采场北部边坡一伞檐下，该伞檐大约在 6 月底 ~ 7 月初由于掏底开采形成。伞檐中心距矿场中部的水平通道西侧 31 米。西采场东西长 51 米（从进采矿场的水平通道西侧算起），南北宽 12.9 米，边坡高度在 10 ~ 25 米之间，坡面角约 85°。事故地点的边坡高度为 10 米，有三组节理，坍塌后形成的伞檐高度 6 米、底部宽度 20 米、中心深度 3 米。

3.1.6.2　事故原因

具体原因：

（1）直接原因。

1）突降暴雨，雨水直接浸入边坡是造成坍塌事故的直接诱因。

2）违规掏底开采形成伞檐，且伞檐附近边坡岩体存在不利于边坡稳定的优势结构面。作业人员擅自在已经停工的采场边坡上放炮，使"伞檐"附近的岩石震动失稳。

3）作业人员安全意识淡薄，不听劝阻，违规到伞檐下躲雨。

（2）间接原因。

1）主要负责人履行安全生产职责不到位。主要负责人未认真履行安全生产职责，未按照设计方案进行开采，未按照安全规程管理边坡，未及时消除生产安全事故隐患。

2）安全管理混乱。未按照《安全生产法》等法律法规规章的规定配备专职安全管理人员，未开展经常性的安全检查；兼职安全管理人员安全素质低，不具备与所从事的生产活动相应的安全生产知识和管理能力，不能履行安全员的职责。

3）安全教育培训不到位。未组织全矿从业人员进行正规的安全生产教育和培训。虽然在召开会议时讲安全，但所讲内容有限，不能保证从业人员掌握必要的安全生产知识和本岗位的安全操作技能；从业人员安全意识差，安全素质低。

4）安全监管不到位。镇政府、镇安监办安全监管不严，对事故单位未按设计方案开采、台阶太高、边坡过陡且存在伞檐等隐患督促整改不力。

3.1.7 大连市甘井子区富华石材厂边坡坍塌事故

3.1.7.1 事故概况

2003 年 10 月 31 日上午，富华石材厂郝某安排矿工陈某清理采矿场二层台面的运输道。当时，董某在同一层操作潜孔钻机打眼，凿岩工刘某、朗某清理采场坡面的浮石，陈某驾驶挖掘机在三层台面清理矿石。当工作进行到 16 时 10 分，凿岩工刘某、朗某正在清理浮石的第二台阶与第三台阶之间的边坡突然坍塌（坍塌的矿石约 4800 立方米），将两人和正在坡面下方第三台阶进行作业的陈某及驾驶的挖掘机一同埋在矿石中。事故发生后，虽经全力抢救，但在坍塌的矿石中找到的陈某、刘某、朗某 3 人已经死亡。

3.1.7.2 事故原因

具体原因：

（1）直接原因。

1）石材厂采矿场的南部，矿岩节理比较发育，小的断层较多。而发生坍塌的梯段坡面因接近地表风化作用强，在断层面上沉积的泥质填塞物，因潮湿而减小断层面的黏着力，加上坍塌岩体断层面的坡角为 35°，较岩层的倾角（20°）大，其在横断面上的重心与其在台阶坡面上支撑点间的坡角约 50°，远大于岩石的自然安息角（37°~38°），致使这部分矿岩产生自然下滑的作用力。当该力大于断层面上的黏着力时，使矿岩产生顺层滑动，造成此起重大死亡事故的发生。

2）石材厂在采矿场南部的采矿活动，将发育的矿岩小的断层揭露了出来，在断层下方进行正常的采矿和爆破作业破坏了岩体的支撑，在潜孔机钻孔和挖掘机铲装作业的振动下，加速了处于不稳定的矿岩发生了顺层滑动，是造成此起重大死亡事故发生的另一直接原因，也是事故发生的主要原因。

（2）间接原因。

1）石材厂缺乏矿山地质、采矿、爆破的专业技术人员，对坍塌部分地质构造情况比较特殊，可能发生边坡坍塌事故，认识不足，重视不够。也没有制定边坡安全管理的规定和防止边坡坍塌事故发生的措施。特别是主要领导者缺乏必要的地质及采矿专业知识。在险情存在的情况下，仍继续组织生产，造成了坍塌事故的发生。是造成此起重大死亡事故发生的间接原因。

2）石材厂对采矿现场的安全管理有漏洞。正在进行采掘作业的南部台阶宽度部分达不到矿管部门审批的《矿产资源开发利用方案》中要求的不小于 30 米的规定，发生坍塌下部台阶的宽度仅有 15 米，使坍塌的矿岩冲断第三级台阶和第四级台阶。4800 立方米的矿岩堆积于采场的底部，致使事故扩大，将在第三层台阶面驾驶挖掘机清理矿石的陈某连同挖掘机一起砸落在矿岩下，是造成此起重大死亡事故发生的又一间接原因。也是事故的重要原因。

3）当地村民委员会在将富华石矿租赁经营后，对矿山开采的安全生产工作监管不到位，也是造成此起重大死亡事故发生间接原因之一。

3.1.8 台山市汶村镇沙奇老巷尾石场"1.3"坍塌事故

3.1.8.1 事故概况

2012年1月3日中午12时30分，台山市汶村镇沙奇老巷尾石场有限公司在山顶进行分层级开采爆破作业，共使用了432千克2号岩石乳化炸药。14时30分，场长陈某到爆破现场进行简单检查后，指派爆破工田某、李某和杂工李某3人到现场收拾清理爆破工具。15时左右，3名员工到爆破后的采石场山顶收拾工具。不久，山体发生崩塌，使3名员工从山顶作业区域随崩塌体一同坠落，导致死亡。

3.1.8.2 事故原因

具体原因：

（1）直接原因。爆破产生的震动增加了裂隙构造的发育扩展和不稳定性，在人员负荷增加和滑裂时间推移后，产生了部分山体滑移和崩塌；场长陈某违反安全生产管理规定，在没有经过仔细检查地表和周边围岩变化的情况下，安排3名员工进入危险区域作业；3名员工缺乏必要的安全知识和安全意识，没有正确估计爆破后将存在山体滑移和崩塌的危险，将安全绳错误锚固在爆破影响范围内的树桩和大石块上，导致事故发生时锚固桩连人一起随崩塌体下滑、坠落。

（2）间接原因。台山市汶村镇沙奇老巷尾石场有限公司安全生产主体责任不落实，存在爆破、开采不规范和对员工安全知识培训不足等问题。汶村镇人民政府以及台山市安全监管、国土资源、公安等相关监管部门在安全监管方面存在薄弱环节，虽然发现台山市汶村镇沙奇老巷尾石场有限公司存在的开采不规范、爆破不规范等问题和隐患，并且发出了书面的整改指令，但在企业迟迟不落实整改时，督促企业落实整改的力度不够大，导致隐患未能及时整改。

3.1.9 山西省娄烦尖山铁矿"8.1"特别重大排土场垮塌事故

3.1.9.1 事故概况

2008年8月1日0时15分左右，山西省太原钢铁（集团）有限公司矿业分公司尖山铁矿南排土场排筑作业区推土机司机发现1632米平台照明车外约10米处出现大面积下沉，下沉宽约20米，落差约4米。随后，排土场产生垮塌、滑坡。排土场滑体的压力缓慢推挤着黄土山梁土体向下移动，从而推垮并掩埋了距黄土山梁仅50米的寺沟（旧）村部分房屋，部分村民来不及逃离而被埋，共造成45人死亡、1人受伤，直接经济损失3080.23万元，见图3-2。

图 3-2　娄烦尖山铁矿排土场垮塌事故救援现场

3.1.9.2　事故原因

具体原因：

（1）直接原因。

1）排土场地基为第四系上更新统黄土，承载能力较差。

2）尖山铁矿违规超能力排放。

3）排土场设计依据不充分，缺少地勘资料，没有施工图。

4）没有对排土场进行认真监测、监控。

5）对周边（坡脚下）群众未组织搬迁撤离。

（2）间接原因。

1）尖山铁矿及其上级公司安全生产主体责任不落实，安全管理不力。初步设计未按规定及时编制《安全专篇》，且未经安全监管部门批准即违规开工建设。补做《安全专篇》后，未按有关要求进行管理。未针对地基不良情况，补做工程地质工作。未就《地质环境影响评价报告》和《安全评价报告》中有关防范排土场地质灾害的建议提出整改措施。未制定和完善排土场的相关安全管理规章制度；未设置专门的安全生产管理机构，管理人员未按规定持安全资格证上岗，隐患排查治理台账、排筑作业区检查记录和运行日志中，基本没有量化指标。对南排土场1632米平台出现不正常开裂、下沉、滑坡的情况，未引起重视，未认真分析原因、判断其危害程度，未采取有效治理措施进行治理清除，仍然冒险排筑作业。太钢集团、矿业分公司尤其是尖山铁矿在矿山安全生产方面责任制不落实，监督不严，管理不力。

2）当地政府及有关部门对矿区违规扒渣捡矿活动清理不彻底，督促村民搬迁不力。娄烦县政府违规签订《利用废石协议》，致使矿区出现乱建干选厂、争夺排土场废石资源，并引发群体性打架斗殴等治安问题。虽在 2005 年 11 月，太原市政府就尖山矿区周边社会治安及打击私采乱挖问题召开专题会议，关停了矿区周边干选厂，但对违规扒渣捡矿活动整治、清理不彻底。太钢集团二期一次征地涉及事故发生地寺沟（旧）村，但娄烦县政府与太钢集团签订的《征地协议》和《出让合同》中都未涉及征地范围内寺沟（旧）村的搬迁问题，致使事故发生前寺沟（旧）村未搬迁。同时，由于流动人口管理不力，致使从事违规扒渣捡矿活动的外来人员长期居住在寺沟（旧）村。事故发生时，寺沟（旧）村有 18 个院（房屋、窑洞 93 间），共住有 101 人。

3）山西省安全监管局履行安全生产监管职责不力。作为尖山铁矿的安全生产监管主体，山西省安全监管局对企业未设立专门的安全生产管理机构、管理人员无安全资格证书上岗等问题失察。对改扩建工程违反"三同时"规定，未经竣工验收、未领取安全生产许可证即投入生产等问题失察。对尖山铁矿安全生产许可证到期后，未审查企业安全生产条件即违规予以顺延。在 2008 年 5～7 月牵头开展安全生产百日督查专项行动期间，未发现和督促尖山铁矿认真排查治理南排土场 1632 米平台不正常开裂、下沉、滑坡等安全隐患。

3.1.10 泾阳县口镇东曹破石场"3.21"坍塌死亡较大事故

3.1.10.1 事故概况

2012 年 3 月 21 日上午 10 时 30 分，咸阳市泾阳县口镇东曹村采石点因非法盗采，造成约 200 立方米山石滑塌，导致 6 名打工人员被埋。其中，4 人当场死亡，2 人经医院抢救无效死亡，见图 3-3。

图 3-3 东曹破石场坍塌事故现场

3.1.10.2 事故原因

具体原因：

（1）直接原因。该露天采石场坡体岩层结构面为顺坡向分布，表面光滑，坡度较陡，岩层表面有少量铁质氧化物，局部已处于拉张阶段，达到极限平衡状态。坡体东侧由于先前的开采，形成较大的临空面，加之当天早晨天降小到中雨，在重力和外应力的双重作用下，极易发生大面积滑塌；忽视安全，违章指挥从业人员冒险进行机械破石和清理废土、浮石作业，加速了对岩体结构的扰动，导致岩体发生大面积滑塌。

（2）间接原因。

1）菊花水泥有限公司对公司自用电力线路管理松懈，在全县石灰石资源整合整顿期间，违反《泾阳县人民政府办公室关于印发泾阳县石灰岩资源整合整顿工作实施方案的通知》中提出的对列入整合整顿范围内的非煤矿山采石企业停止电力供应的规定，擅自给泾阳县口镇东曹破石场等采石企业非法开采作业长期供电。

2）县国土局未认真全面履行县政府规定的由县国土局牵头负责北部沿山所有采石、破石企业关停工作的职责，对东曹破石场等采石企业春节以后非法开采行为查处不到位。在石灰石资源整合整顿过程中，对本单位发现的带有普遍性的非法开采行为这一重大问题未及时向县政府和分管领导书面报告，也未采取有效措施，遏制非法开采行为。

3）口镇政府对本辖区非法偷采石灰石资源行为巡查不到位，未及时发现、采取有效措施制止东曹采石场的非法开采行为，未认真全面执行县政府关于对东曹破石场等企业实施关闭的决定，未组织对该企业的生产设备进行拆除。

4）县公安局对县安监局、县国土局等部门函告的口镇东曹破石场等多家采石场存在的非法使用民爆物品，偷采石灰石资源的行为重视不够，未采取有力措施，认真严肃进行调查、处理和打击，也未向相关部门反馈情况。

5）县工商行政管理局未严格履行国务院《无照经营查处取缔办法》（国务院令第370号）等法律法规规定和县政府关于石灰石资源整合整顿工作的基本要求，在泾阳县口镇东曹破石场安全生产许可证和采矿许可证被注销（撤销）的情况下未依法依规吊销（撤销）该企业工商执照，未组织查处该企业无证长期非法开采经营行为。

6）县安监局在对北部沿山采石企业安全生产监督管理工作上，组织协调不力，监管措施不到位，未及时向县政府提出建议，组织协调相关执法部门对关停企业进行拆除。县政府对国务院、省、市关于打击安全生产领域非法违法生产经营建设行为活动重视不够；贯彻落实《咸阳市石灰石资源整合整顿工作实施方案》，推进全县石灰石资源整合整顿工作不力；对非煤矿山企业停产整顿和资源整合过程中出现的普遍性非法盗采这一重大问题重视不够，组织查处和打击不力。

3.1.11　恩施市民业建材有限公司采石场 "11.22" 坍塌事故

3.1.11.1　事故概况

2003 年 11 月 19 日，舞阳办事处国土资源所吴某到民业建材有限公司采石场检查，仅口头对违规掏采进行了制止，没有强制其停产整改。2003 年 11 月 22 日上午 8 时许，生产技术负责人许某安排翁某（带班班长）等 5 名工人作业，要求先将 21 日放炮后上面松动的石头排除后再开始作业。翁某未听从许某的安排，就开始在底部作业，许某也未加以干涉。这 5 名工人具体分工为：李某用铁锤锤石头，翁某、周某往板车上装石头，杜某、谭某用板车往碎石机边转运石头，另外两名工人张某、张某在砂机旁打碎石。生产作业进行到 10 时 50 分，张某突然看见采石场右北角顶部往下掉泥块。与此同时，采石场右北角掉泥块旁的伞檐岩体及周围岩石随即垮落，李某迅速跑到采石场右边坎上，杜某向外跑到砂机边，这 2 人撤离及时没有受伤；翁某、谭某刚开始往外跑就被垮落的岩石当场砸死；周某再仅向外跑 2 米多就被垮落的岩石击中背部当即倒地，送州中心医院经抢救无效死亡。

3.1.11.2　事故原因

具体原因：

（1）直接原因。2003 年 10 月 28 日，恩施市民业建材有限公司在采石场右北角中下部违规放炮掏采，形成伞檐岩体隐患。11 月 21 日下午，又在此伞檐岩体的右下方再次违规放炮掏采，使伞檐失去支撑。而采石场在伞檐岩体隐患更加突出的情况下，仍未及时排除，继续于 11 月 22 日 9 时多在伞檐岩体下面石料堆上盲目放炮，对本身存在构造裂隙的伞檐岩体造成振动，使伞檐岩体与基岩脱离而坍塌。造成此起事故的直接原因是违规掏采，构成安全隐患不及时排除所致。

（2）间接原因。

1）按照《乡镇露天矿（场）安全生产的规定》，未制定具体的引采方案，现场管理不到位。

2）安全教育不到位，职工安全素质低下，违规掏采。

3）舞阳办事处国土资源所许某虽然事发前一天到该采石场现场检查，但仅口头要求采石场顶部要排险，而未强令停业消除隐患，存在严重的管理不到位。

3.1.12　岩壁险石塌落多名民工伤亡事故

3.1.12.1　事故概况

陈某系某村乌龟山山岩负责人，于 1985 年 1 月同某村村民委员会签订为期一年的乌龟山石矿承包合同。在生产中，陈某为贪图省工省料，竟违反《××省社队企业石矿安全生产规程》（试行）中关于不准采用"簸箕形"的办法开采的规定，过多地打腰炮和脚炮，致使该岩岩面在 1985 年 6 月以后，逐步形成了"簸箕形"（岩面向前倾出），存在着塌方的隐患。1985 年 12 月 24 日上午，陈某及两名助手在某村乌龟山朝北岩口靠西脚下的一个炮眼里装上 9.8 千克炸药，同日 8 时许引爆。爆炸后，陈某不按照"放炮完毕后，须及时从上向下撬掉险石、浮石，未清除前其下方人员不准生产"的规定，即由助手金某鸣哨解除警戒，放任躲避在离爆炸点仅 80 米处的轧石机旁的 20 余名运石民工涌入岩内捡石运石。离炮响仅 2 分钟，陈某和另外几名运石民工发觉从岩壁顶部有泥沙、小石块掉落，即一起呼喊，危险，快跑！喊声未落，从 16.5 米的高层、宽 23.5 米的岩面上，塌下 7.755 立方米的泥石。

3.1.12.2　事故原因

具体原因：

（1）直接原因。违章开发岩面。陈某承包乌龟山石矿后，为贪图省工省料，不顾有关开采规定，过多打腰炮和脚炮，使岩面形成"簸箕形"，埋下了事故隐患。

（2）间接原因。严重违反安全操作规程。装药引爆后，陈某既不执行放炮完毕后，必须及时从上向下撬掉险石、浮石，未清除前其下方人员不准生产的规定，也不组织人员进行安全检查，而是马上解除警戒，放任运石民工涌入岩内拣石运石，没有及时发现和排除险情，致使岩壁险石塌落，导致人员伤亡事故的发生。

3.1.13　山西代县大红才铁矿"12.16"重大事故

3.1.13.1　事故概况

2003 年 12 月 16 日，山西省忻州市代县一铁矿发生一起死亡 4 人的重大事故。事故发生在当天 17 时左右。当时，郑某等 4 名陕西籍民工正在大红才铁矿 5 号采场南采点进行打眼作业，突然上方矿体崩落，4 人全部遇难。

3.1.13.2　事故原因

具体原因：

（1）直接原因。违章组织开采、违章作业，形成高边坡闪岩，致使矿体坍塌是导致这次事故的直接原因。大红才铁矿 5 号采场的两个采点垂直高度都超过 30米，且无开采台阶，属倒边坡矿体。这两个采点均采用扩壶爆破掏挖式开采，存在极大的安全隐患。

（2）间接原因。违规采场开采前没有进行设计，开采时没有采矿作业规程，不按采矿证批准的露天开采方式开采，擅自违法进行井硐开采。开采过程中，又疏于安全管理，存在严重的以包代管现象，采场全部交给陕西、浙江、重庆、太原的包工队进行生产。安全意识淡薄，安全培训不够。代县安监局于 2003 年 6 月和 9 月，两次对这个矿进行安全监督检查，下达执法文书，责令该矿停止违规采矿点的生产。但该矿阳奉阴违，拒不认真执行安监部门的意见，继续违法违规开采，最终导致这起重大事故的发生。

3.1.14　巴东县野三关镇青龙桥村"2.25"山体滑坡事故

3.1.14.1　事故概况

在某采石地段，去年停产后残留有几十车泥石混杂的块石。2 月 25 日，余某请了黄某一家三人装车，请向某来为自家办的砂砖厂拉石头。大约 17 时左右，该地段上面垮塌了几块石头，并伴随着泥土倾泻而下，余某便喊"快跑"。紧接着，上面发生了大面积垮塌，将余某、黄某、张某、黄某推到公路坡下，向某因急于想将停在滑坡下的拖拉机开走未果，被大面积粉石当场压埋。黄某二人经抢救无效遇难，余某、张某受伤。州、县、镇领导和有关部门人员赶到现场后，组织了大量机械和人员进行施救，清除了大量崩塌的石方，于 2 月 26 日下午 5 时，将已经死亡的向某的尸体从石堆中挖出。27 日中午，死者的善后事宜处理结束，伤者得到有效救治。此次事故共造成 3 人死亡，2 人受伤。

山体由大冶组中薄层灰岩组成，岩层倾向 315°，倾角 42°，为顺向坡地质结构，岩体中发育（Ⅰ）110°小于 66°、（Ⅱ）170°小于 65°两组裂隙，裂隙与岩层面的组合，使岩体切割成块体，具备产生顺层崩滑的基本地质条件。

滑坡体长近 20 米，宽 30～60 米，厚 3 米左右，体积约 2 万立方米。产生崩滑的部分是因坡脚长期采石已形成高 20 米的临空面，加上采石放炮震动的影响，加快了地脚岩体的卸落松弛。经地质部门鉴定认为：顺层地质结构与裂隙地割体是滑坡体产生的基本条件，采石切脚是直接诱发原因，放炮震动加速了变形松弛。

3.1.14.2　事故原因

具体原因：

（1）直接原因。山体被长期大面积掏采，采石切脚形成临空面，诱发大面积山体滑坡。

（2）间接原因。此采石地段长期管理混乱，矿山无证非法开采，有关部门管理不严、制止不力，对非煤矿山专项整治措施不落实，对已关闭的非法采石场监管不到位。

3.1.15　隆化县国利矿业有限公司"1.31"坍塌事故

3.1.15.1　事故概况

2013 年 1 月 31 日 12 时 30 分，承德天宝矿业集团大昌矿业有限公司龙王庙超贫磁铁矿大龙沟采区山顶出现裂痕并伴有碎石滑落，隆化县国利矿业有限公司在对二道平台进行排险作业时，因山体岩石松散，遇到震动，导致局部滑坡，将正在进行排险作业的钩机及驾驶员孙某随车从二道平台冲击掉落山下，并埋在滑落的碎石中。

3.1.15.2 事故原因

具体原因：

（1）直接原因。按照矿山排毛降高设计方案的要求，排险地面高程在150米之上应分七步台阶进行排险作业。但该公司在排险过程中，150多米高程中间只有一个台阶，造成边坡过长，山体出现裂痕，石块泥土滑塌，导致突发生产安全事故。

（2）间接原因。

1）作业人员安全意识淡薄，思想麻痹，对可能发生的危险预测不够。

2）事故发生前五六天已发现山顶出现裂痕，碎石不断滑落，隐患处理不彻底，未能从根本上消除安全隐患。

3）作业现场管理人员无安全管理资格证，不具备安全管理资格。

4）作业现场安全管理不到位。

3.1.16 贵州兴仁县城关镇砂石场"11.12"特大坍塌事故

3.1.16.1 事故概况

2003年11月12日18时28分，兴仁县城关镇落渭村兴合组老鹰窝一无证非法砂石场发生砂石坍塌事故。19时10分，县人民政府接到县公安局报告后，县长文某立即率县委、政府领导以及县委办、政府办、公安、消防、国土、经贸、安办、城关镇、四联乡等有关部门赶赴事故现场，组织实施抢救工作，并成立了"11.12"事故领导小组，下设救治组、善后组，分头开展工作。同时，州人民政府接到报告后，州政府副州长、副秘书长、州公安局局长、州安办主任、州国土局副局长等相关部门领导也及时赶到事故现场，指挥抢险工作。经过及时组织抢救，将6名受伤人员送县医院进行抢救（其中1名因抢救无效死亡，3名重伤，2名轻伤），并清理出6名遇难者遗体，因组织现场施救时天色太黑，同时经确认遇难者已全部死亡。经州县领导现场召开会议研究决定，为避免事态继续扩大，决定暂时停止组织抢救，由公安部门负责组织警戒，杜绝和制止群众再次盲目进入现场抢救，待13日天亮时再继续进行施救，但死伤人员的调查核实工作仍由县人民政府组织有关部门继续进行。当晚11时50分，州政府副州长、副秘书长在兴仁县政府会议室组织召开了紧急会议并对现场抢救、事故调查、善后处理等工作提出了具体工作要求。

到2003年11月13日天刚亮，施救工作又开始，至13日中午9时。遇难者遗体已经全部清理出，与调查核实的人数一致。同时，及时向省政府和相关部门报告事故情况。省政府接到事故报告后，立即由省安委会副主任率省有关部门赶赴兴仁组织召开了会议，成立以省安委会副主任为组长，黔西南州政府副州长、省公安厅刑厅长、省国上厅副厅长、省监察厅主任、省乡镇企业局副局长、省总工会副主席为副组长，省、州、县相关部门为成员的省州联合事故调查组，对事故发生基本情况和事故原因进行全面调查取证的工作。14 日，黔西南州委书记、州长也赶到事故现场，对事故的善后处理、调查取证以及下步的整改工作提出具体的工作要求。

为了安抚好死难者家属，县政府责令四联乡、城关镇政府、县民政局和有关部门逐人逐户对死伤者家属进行慰问，对死伤者家属中有困难的也进行生活补助，州、县领导也深入村寨对死伤者家属进行安抚慰问，死伤者家属情绪稳定。

经过事故调查组现场勘查和调查取证，基本查清了事故经过。11 月 12 日下午 5 时左右，场主张某洗完炮眼，在装药过程中突然发生砂石坍塌，致使张某被砂石掩埋，正在附近作业的 13 名工人见此情况后，盲目进行施救。正在这时，砂石接连坍塌，3 人被砂石掩埋。附近群众及家属闻讯后，再次盲目冒险组织施救，致 10 多名群众被再次坍塌的砂石掩埋、砸伤。共造成了 10 人当场死亡，1 人送医院抢救无效死亡，共死亡 11 人，5 人轻、重伤的特大事故。

据调查，该砂石场已断断续续盗采多年，基本地质构造情况是：

（1）矿山开采砂石为上三叠统杨柳井组薄至厚层白云岩、泥质白云岩，岩层断层、裂隙、节理发育，岩石结构非常破碎，层间因有滑动或剥离而黏接性效差。

（2）整个矿山开采面现状为岩层产状为倾向山内，上部局部有突出、悬空的岩石因自重而有随时坠落的可能。

（3）事故点为矿山开采面的左下角，形成了高约 20 米、宽约 15 米厚度不等的坍塌坠落面。从事发点现状看，现场堆积约 40 立方米的岩石为上部坍塌和坠落形成。

2001 年，全省开展非煤矿山治理整顿，兴仁县政府成立了治理整顿工作领导小组并下发了《关于对乡镇非煤矿山和采石场安全生产》发 [2001] 111 号文件，县国土局会同城关镇政府及有关部门针对该砂石场存在乱采滥挖及严重安全隐患情况，曾多次下达《责令停止矿产资源违法行为通知书》，同时拆除生产设备，没收火工材料。但该砂石场主对国家有关法律法规置若罔闻，受利益驱使，违法开采，以致酿成此次特大事故。

3.1.16.2　事故原因

具体原因：

（1）直接原因。该砂石场属违法开采。场主张某在开采过程中，无任何开采规划、方案，也无相应的安全措施，在不具备安全生产条件和没有安全保障的前提下，采用挖"神仙土"的方式擅自私挖滥采，造成事故的发生，是事故发生的直接原因。场主张某对此起事故应负主要责任和直接责任。

（2）间接原因。

1）场主和村民都缺乏安全知识，自我安全防护意识差。事故发生后，两次盲目进行施救，以致造成死伤人数增加，事故扩大，这是此次特大事故发生的间接原因之一。

2）城关镇国土所在非煤矿山的治理整顿工作虽然采取了一些整治措施，做了大量工作，但在抓落实方面措施不力，对国家有关法律法规宣传教育力度不够，没有采取有效措施制止当地农民非法盗采国家资源和私挖滥采现象，这也是事故发生的间接原因。对此次特大事故的发生应负间接管理责任。

3）兴仁县城关镇派出所虽然在民爆物品管理上采取了一些整治措施，做了大量工作。但在民爆物品销售和使用的管理中还有不到位的地方，以致该采石场主非法开采仍能购买火工产品，这也是事故发生的间接原因。城关镇派出所对此次特大事故的发生应负间接管理责任。

4）兴仁县城关镇人民政府在安全生产法律法规和基本知识方面宣传教育力度不够，对《安全生产法》、《矿山安全法》等国家有关安全生产方面的法律法规贯彻落实不到位。虽然，对该采石场采取了一些整治措施，但对存在的安全隐患没有明确责任人，没有具体的落实措施，对有关部门在开展非煤矿山的治理整顿工作中查出的隐患督促整改落实不够，也是此次事故发生的间接原因。城关人民政府对此次特大事故的发生应负主要领导责任。

5）县国土局是国有矿产资源和非煤矿山安全管理工作的执法主体，虽然采取了一些整治措施，但在抓落实方面措施不力，没有有效地制止当地农民非法盗采国家资源和私挖滥采现象。对此次特大事故的发生应负间接管理责任。

6）兴仁县人民政府在安排非煤矿山的治理整顿工作上重视不够，加之非煤矿山点多面广、发展快，在督促县有关部门开展非煤矿山的治理整顿工作上力度不够。这是事故发生的间接原因。

3.1.17 宜宾市筠连县弘发采石场"12.30"边坡垮塌事故

3.1.17.1 事故概况

2002年12月30日14时30分，筠连县筠连镇水塘村弘发采石场边坡突然垮塌（垮塌岩体宽约16米，厚约5米，高约50米），垮塌岩石约4000立方米，造成当班工人7人死亡，2人失踪（无生还可能），1人重伤，两辆农用车被毁的重大安全事故。

3.1.17.2　事故原因

具体原因：

（1）直接原因。经初步调查分析，造成事故发生的直接原因是业主违规开采。掘根挖底，采"神仙洞"，破坏了采石场岩石边坡的稳定。

（2）间接原因。采石场岩石裂隙发育，存在断层（倾角近90°），加之近几天的雨水较多，加速了边坡岩石的垮塌。另外，2002年11月18日县安监部门在该矿检查时发现存在重大安全隐患，并下发了停产整改通知书。但业主置若罔闻，没有采取措施，且在事发前几天工人提出存在危险，仍强令其冒险作业；同时，基层有关管理部门监管不力，致使停产整改措施未得到执行也是事故发生的主要间接原因。

3.1.18　雅安市宝兴县陇东镇宇通矿山特大岩体垮塌事故

3.1.18.1　事故概况

2004年10月18日，矿上安排了28人在锅圈岩小沟（距岩体垮塌处约100米内）的沟心沿沟分段作业，分别是4个作业点。其中，第3、第4作业点分别用凿岩机打眼切割石材。约11时40分北面坡突然发生岩体垮塌，垮塌物沿斜坡向下推移产生大量滚石和岩渣，造成9人当场死亡，5人失踪，9人受伤（其中2人重伤）。

据专家现场勘测，垮塌岩体是呈一楔形，呈近东西走向，长约52米，高约80米。垮塌物在锅圈岩小沟内沿斜坡呈扇形散布堆积，斜长约100～150米，扇形底宽约40米，堆积体最厚约5米，估算堆积物3000～5000立方米。

3.1.18.2　事故原因

具体原因：

（1）直接原因。

1）矿山开采爆破作业违反了《建材矿山安全规程》的规定，未采用自上而下的台阶作业，实施的是不再采用的危险陡壁硐室爆破开采方式，且爆破没有按照《爆破安全规程》进行爆破设计，也无施工作业方案。

2）据调查了解，该公司在北坡（垮塌部位）曾实施过两次硐室爆破：2003年10月在北坡中上部实施一次硐室爆破（主硐长40米，加辅硐长共60多米），用药量4吨左右，爆下矿岩约1000～2000立方米。2004年9月29日又在北坡腰部（坡高80多米，离坡底约40米）东侧违规硐室大爆破（主硐室已穿过矿体，主硐长37.4米），用药量2.4吨，爆破矿岩量比预想的大，对岩体原有裂隙扩张产生直接或间接影响，造成岩体垮塌，是这次事故发生的直接原因。

（2）间接原因。

1）矿山建设的安全设施建设未执行"三同时"规定，未形成台阶，造成开采中留下隐患。

2）技术管理人员水平低，对岩体节理、裂隙的组合特征缺乏认识，且监测手段缺乏。

3）矿山的安全机构和人员的设置未达到规定要求。矿山技术负责人由矿长兼任，全矿虽有3人有安全员资格证，却只有一人从事安全工作，且兼任炸材管理员、库房材料管理员、生活资料管理员等多项工作，安全职责不落实。

4）在实际已存在潜在威胁的工作面，安排几十人，在80多米高的坡底。沿100多米的沟内违章冒险作业。

3.1.19　浙江杭州富阳市塘头石灰厂"12.28"重大坍塌事故

3.1.19.1　事故概况

2001年12月27日下午，该矿爆破员在采场东部打一深2.5米炮孔，扩炮4~5次。28日7时30分在扩好的炮孔用炸药约4千克进行爆破，同时又放了2炮用于破碎大块石块。10时20分，造成采场西南部原停止开采的坡面发生坍塌，1200余立方米石头崩落。其中，约300立方米石头坍落在作业采场，致使现场作业人员中10人被掩埋致死，2人轻伤。

3.1.19.2　事故原因

具体原因：

（1）直接原因。

1）事故发生前，该矿在距坍塌山体较近的地方采用扩壶爆破，振动诱发岩体失稳，造成大面积坍塌。

2）采矿场山体地质构造较复杂，节理较发育，事故发生前期雨水较多，使岩体节理面抗剪力减小。

（2）间接原因。山体因历史开采原因，上部前倾，形成阴山坎，存在严重安全隐患。

3.1.20　随州市曾都区钾长石矿场"6.16"塌方事故

3.1.20.1　事故概况

吴山镇矿产公司于1995年11月成立，注册地址为吴山镇肖家湾居委会，为集体所有制，隶属吴山镇政府经贸办公室。该矿主要经营钾长石。2003年5月，由曾都区国土资源局为该公司发放采矿许可证。该公司无固定职工，4个矿场均实行承包制，总储量约1亿立方米，年开采量约5000吨。其中，发生事故矿场年开采量为1000吨。

2004年6月16日上午8时40分，曾都区吴山镇工冲村三组红宝洼钾长石采矿场露天开采工作面，距地面9米左右的山岩突然坍塌，将正在岩下选矿的农民工韩某、胡某、杨某掩埋。在场同时作业的农民工胡某与沈某因无工具无法施救，跑到山下喊人打电话求救。上午 9 时左右，矿点业主杨某赶到事故现场，在邻矿找来铲车施救，至 10 时 40 分左右才将人先后刨出，但韩某、胡某、杨某三人均已死亡。经现场勘察，该采场作业面高约 10 米，呈反坡型，其底部锐角 70 度左右，宽约 25 米，垮下碎石大约 25 立方米，挖出死者均有外伤并呈窒息状。

3.1.20.2 事故原因

具体原因：

（1）直接原因。矿点承包人杨某违规开采导致矿山坍塌是造成事故的直接原因。按照正规的开采方式，露天开采必须采取自上而下分台阶式开采方式，而杨某采取一面墙掏采的方式，使作业面呈伞檐岩体，极易造成大面积塌方。

（2）间接原因。

1）杨某在矿点采取爆破方式开采矿石，作业面及附近山体因爆破形成许多裂缝，再加之钾长石矿矿体属易碎的矿体。6 月 13 日、14 日连续两天暴雨，岩体疏松导致塌方。

2）矿点承包人杨某没有配备专（兼）职安全员进行现场安全管理，忽视安全生产。在"鹰嘴崖"这样危险的作业面下，没有设置明显的"危险"警示标志，没有给民工进行任何形式安全教育，致使民工身处险境导致塌方致人死亡。

3）体制不顺。镇矿产公司成立于 1995 年 11 月，为该镇招商引资企业。公司法人代表都是由镇政府分管工企业领导兼职，公司内部实行承包制，由承包矿主自负安全责任，从而造成了对矿山安全管理不到位，给安全生产埋下了隐患。

4）吴山镇矿产公司忽视安全生产，一包了之，没有对各采矿点进行扎实有效的安全管理是导致此次事故的又一重要原因。对非煤露天矿山进行掏挖式开采，在安全管理上是绝对不允许的，而吴山镇矿产公司对此违规开采方式一直没有严格有力地纠正。

5）曾都区安委会相关成员单位没有履行好自己的职责。2004 年 3 月 16 日，区安委会组织的全区安全生产大检查，并将非煤矿山列入了此次检查的重点内容之中。但吴山镇检查组（由区教育局、建设局、供销社三部门组成）竟然没有检查一处非煤矿山，致使该矿隐患没有得到及时整改。

3.1.21 赤壁市铁山建材厂"5.17"坍塌事故

3.1.21.1 事故概况

赤壁市铁山社区三组采石厂位于赤壁市凤凰山北面，1983 年开办，年产石量约 5 万吨，属铁山社区三组集体所有企业。采矿证、营业执照均以社区名义登记办理，法人代表潘某（原社区主任）。2002 年 6 月 1 日，铁山社区三组将该矿山承包给江某、余某等人合伙经营。2006 年 1 月 1 日，合伙人采用抓阄的办法，将矿山承包给余某经营（余某没有矿长安全资格证）。余某承包后，聘请马某、魏某2人为爆破工（持有爆破证），并将爆破作业环节包给了马某，全矿现有从业人员8名。

该采石厂长期采用浅眼扩壶爆破，超高陡壁掏采方法。"五一"长假期间，赤壁市政府向全市非煤矿山作出了停产的决定，并要求公安部门收回民爆物品，节后恢复生产矿山的火工品须经安监部门审批。"五一"节后，该矿山在未经安监部门审批的情况下领回了原上交的火工品组织生产，5月14日已开始放炮炸石。5月17日，刘某、丁某两人在宕口底部解石打了100多个炮眼，由马某和魏某两人填药准备放炮。约在下午2时40分，宕口上部突然发生大面积坍塌，将正在宕口下填药的马某和魏某掩埋在近1000立方米的石块下。同时，滚落的石块将安全员余某（业主的父亲）和铲车司机等3人砸伤。余某因伤势过重，经抢救无效死亡，另2人受轻伤。

为了施救被掩埋的2名工人，赤壁市现场成立3个小组组织抢救，迅速调集了3台铲车和2台挖机轮换作业。晚7时30分，魏某的遗体找出。寻找另一名被埋者的工作昼夜进行，直到第2天早晨6时20分，才将马某的遗体找到。事故抢救工作于5月18日8时结束时，已对该矿山用废碴堆填拦死，并竖立了警示牌，禁止人员入内。当地办事处和社区已妥善处理好死者的善后工作。

3.1.21.2 事故原因

具体原因：

（1）直接原因。该采石场长期违规采用超高陡壁扩壶爆破掏采方式，使采场严重超高。开采的正面岩层为倒倾斜，加之岩层的层理和节理发育，以及爆破震动和雨水浸蚀，造成上部大面积岩层松动，失去稳定性后突然边坡坍塌，是造成这次事故的直接原因。

（2）间接原因。

1）铁山社区三组采石厂非法开采，违规作业。采矿许可证已于2005年12月31日到期，按规定企业应在到期前30日向主管部门提出延期申请。直到2006年3月3日赤壁市国土资源局正式通知该采石厂办理采矿证延期手续，同时责令立即停止无证开采行为，否则将依法按无证采矿查处。2006年4月24日，该矿才向国土资源管理所递交了《采矿权申请登记书》，事故发生前还未取得采矿许可证。4月17日赤壁市联合检查组，提出了该矿山存在"超高采矿"等3条隐患，并当场下达了隐患整改通知单，限期整改。而该矿仍然按照过去的采矿方式进行开采。该矿工商营业执照2005年度未经年检已失效仍照常生产销售。安全生产许可证申请资料报省安监局，尚在审核之中，按国家规定从2006年1月1日起，在此之前已提出申请，但尚未取得安全许可证的矿山，应停止生产活动，而该矿继续采石生产。同时，该矿山企业安全生产管理混乱。在开采过程中，采用禁止的扩壶爆破掏采方法，在采高达 54 米，坡面角度达 70°以上的危险条件下进行生产。安全员余某是承包业主的父亲已 62 岁，未经安全教育和培训，形同虚设。他本人也死在这次矿难之中。证照过期、违法生产、违规操作，安全生产管理混乱是造成事故的主要原因。

2）民爆物品管理部门违反规定提供爆破物品。该采石厂是一个证照过期失效的非法矿山，而且市政府已明确在"五一"节后恢复生产的矿山，其爆破物品供应必须经安监部门审批。而民爆物品管理部门在没有经安监部门审批的情况下，擅自批准发放了爆破物品。给该矿山提供了违法违规生产条件。

3）铁山社区和蒲圻办事处安全生产管理工作不到位。该采石厂长期违规开采，特别是 4 月 17 日，赤壁市安全生产检查组对该矿违规采矿下达了整改通知后，作为该矿山的基层管理组织和当地政府，未采取有效措施督促整改，没有尽到安全生产管理责任。

4）政府相关职能部门监管工作不够有力。该矿山采矿许可证已过期，工商营业执照未年检失效，安全生产许可证尚在审核之中，长期违规超高陡壁掏采，而相关职能部门，没有及时采取有效措施，停止该矿山生产。

5）安全评价机构所作的评价报告与该矿安全生产现状有一定的差距，对企业安全生产现状评价把关不严。

3.1.22　安陆市孛畈镇板金村碎石场 "8.24" 重大坍塌事故

3.1.22.1　事故概况

事故发生在安陆市孛畈镇板金村碎石场。该采石场位于板金村板金坡，正面总长 125 米、高 96.7 米，分属何某、李某、张某三位业主。2003 年 8 月 24 日下午一点多钟，李某和碎石场的四名工人携带四袋炸药（每袋 24 千克）、100 枚雷管及导火索上山进行爆破作业。龙某、孙某在距底 30 米处山上扩壶爆破 8 次。约下午 3 时 40 分，第九次扩壶的药装好后还未进行爆破，在一旁观察的高某发现采场东南角山上开始坠石，便呼喊龙某、孙某快跑。两人刚转过身，岩体便分两层（一层厚约 3 米，一层厚约 4 米）先后坍塌，约 1 万多立方米山石轰然塌下。龙某、孙某随岩石坠落被埋在石堆中，坍塌下来的石块将何某及碎石场正在打炮眼的工人程某击倒并掩埋。程某被送往安陆市普爱医院抢救，终因伤势太重不治身亡。龙某、孙某在 8 月 25 日凌晨 3 时 40 分被施救人员从石堆中挖出，二人均已死亡。

3.1.22.2　事故原因

具体原因：

（1）直接原因。

1）采石场未按规范开采是导致事故发生的根本原因。该采石场采用一面墙式开采和顺岩石层倾向开采,最大开采段高达96.7米,最大帮坡角77.7°,此两项指标均远远超过国家规范。该采石场岩层倾角38°,而开采面坡面角却为72°,这样岩体因坡底被炸掉而失去支撑,在雨水等外力作用下,岩体逐步失去平衡,最终导致岩体滑落。

2)频繁的爆破活动所产生的振动效应,进一步加剧了岩体地质弱面的发展。据查,事发当天上午,采场东南角张某采石场放了一个装药近50千克的大炮,张某、何某采场共计放改炮200余个。当天下午1点多钟至事发前,龙某、孙某的8次扩壶爆破加速了地质弱面的发展,促进了岩层的位移,是此次事故发生的直接诱因。

3)采石场地质条件复杂,是导致事故发生的重要原因。具体表现:一是采场范围内有两条断层,相距70米。这两条断层沿岩层倾向将岩体切割,使岩体成为一个楔体。该楔体一旦失去下部支撑,在外力的作用下极易滑落。二是岩层为层状产状,层间富合碳质,使岩层间摩擦阻力大大减弱,严重影响岩体的稳定性。三是地下水的长期侵蚀,降低了岩石强度,也是诱发此次事故的又一因素。

4)操作人员安全意识淡薄是导致伤亡事故发生的直接原因。操作人员在30米高的倾斜工作面上作业,未系安全绳,导致岩体发生滑落时,作业员随岩体坠落发生伤亡事故。

(2)间接原因。

1)碎石场业主无视安全生产法规、安全管理混乱。板金村采石场是一个无《采矿许可证》的经营单位,一直采用一面墙方式进行生产。该采石场无正规的安全管理规章制度和操作规程,未对工人进行正规的安全教育和培训,在各级多次的整治要求中仍违法违规生产,没有实质性的整改行动,安全投入严重不足,各采场仅一根安全绳,为事故的发生埋下必然的隐患。

2)乡镇管理不严,整治不力。安陆市政府、安委会、安监局和相关部门多次行文通知碎石场该关的要关、该停的要停,严格整顿,但该碎石场仍在正常生产,除停电、下雨、机械设备故障外,镇政府从未要求其停产整顿。孛畈镇政府还向安陆市安委会书面报告,认为该镇所有采石场经过停产整顿隐月已整改到位,要求全镇碎石场全面正式"恢复"生产。

3)职能部门未严格履行职责。2002年,汉十公路孝感段开工,安陆大量采石场兴建上马。2002年11月,安陆市矿管中心向孛畈镇板金村碎石场收取了采矿许可证办证费。但由于办证过程手续未办理完毕,至今采矿许可证仍未发放。2003年6月,该矿管中心又对板金村的碎石场收取了"矿产资源补偿"费。事实上承认其采石的合法性,为事故的发生创造了条件。

公安部门对爆炸物品管理不严,孛畈镇派出所仅凭《爆破员证》就批准购买炸药;在孝感、安陆多次行文要求对无证矿山和不具备安全性产条件采石场停供炸药,特别是在孝感市六部门7月中旬联合发文后,仍向证照不齐、不具备安全生产条件的业主供应炸药，为业主的非法开采行为提供了方便。

3.1.23　昆明市西山区团结乡孙家箐草子坡下冲砂厂山体滑坡事故

3.1.23.1　事故概况

1990 年 2 月 21 日 16 时 15 分，昆明市团结乡孙家箐草子坡下冲砂厂发生山体滑坡，致使 150 米公路、18.3 亩水田被覆盖，两辆汽车、两台手扶拖拉机和两台推土机被埋没，23 人失踪，2 人死亡，直接经济损失 40.51 万元。

砂厂是 1978 年下半年由团结乡开办的集体矿山，由某乡石英砂公司实行行业管理。1990 年由常某、陈某、张某、王某 4 人承包，常某任厂长兼安全员。

2 月 17 日上午，一民工路过砂厂顶端磷矿公路时，发现公路上出现 2 寸宽、长约 6 米的裂缝。2 月 18 日中午，推土机驾驶员李某向常某等 3 位负责人反映，"裂口很大，不能干了"。当时，3 位负责人认定不会有事，决定采用爆破的方法炸出个坡度来。

2 月 21 日上午，砂厂 4 个承包人一齐到现场，准备放炮处理险情。当天共有 29 人上工，有推土的、打炮眼的、装砂子的。从开始时就有砂土往下滑落，滑量为 10 分钟一铲斗，李某问承包人陈某会不会塌，陈说"要塌也要到夜里才会塌"，于是各项工作仍然照常进行。中午在推土机平台上放了五六炮。14 时在山顶挑盖土的工人看见道班房方向的山顶上开裂，推土机上方不断掉红土，持续了将近一个多小时，但未向任何人反映，也未发出警告。当将近 16 时，陈某发现砂厂上部的砂土已在成块地往下掉，且越掉越大，于是指挥人员往安全地点转移。16 时 15 分，山体大滑坡事故发生了。滑坡量约为 45 万立方米。此时，昆明至富民公路上的来往汽车、拖拉机和未能及时撤离的砂厂职工被埋。

3.1.23.2　事故原因分析

具体原因：

(1) 砂厂选址不当。1978 年开办时，未请有关技术部门进行可行性论证和设计，使砂厂位于滑体之中，滑体岩层为风化程度极强的石英砂岩，风化深度达 40~80 米，岩石疏松，轻击即散。滑体岩层倾向又与山坡坡向一致，易致滑坡。

(2) 违章开采。尽管 1986 年后，已改变过去从下往上的错误开采做法，采用单堑沟开拓，分台阶开采，但台阶高度长期超过规定的 5~10 倍。

(3) 不报险情。当发现情况后，不报险情，不停产撤人，边排除边冒险生产，加速了裂缝扩张和诱发山体下滑，导致人员伤亡和财产损失。

3.1.24　湖北省兴山县建阳坪乡硅石厂塌方事故

3.1.24.1　事故概况

1989 年 8 月 29 日 16 时 15 分，湖北省兴山县建阳坪乡硅石厂发生岩石脱落事故，死亡 10 人、重伤 4 人、轻伤 4 人，直接经济损失 3 万余元。

该硅石厂位于宜秭公路 133 号路桩，开采地点距建阳坪大桥 16.7 米处。1987 年由村办企业转为乡镇企业，王某以风险抵押金 3000 元承包经营该厂，破碎车间由李某承包并兼负责人和安全员。

1989 年 7 月，由于该矿在出事地点的开采处已经形成伞檐，副厂长王某指定李某在原开采点和出事地点两处之间进行开采，李某拒不执行。王某认为李某已承包了破碎车间，就没有强行制止。在 8 月中旬，在出事地点曾发生过一次坍塌事故（没有伤人），出现了明显的事故预兆，厂长王某、副厂长王某指出出事地点不安全，并指定要转移到别处开采。但李某不听指挥，仍将生产人员安排在此处开采，王某等人就未再对李某的违章行为加以制止。

8 月 29 日下午上班后，李某在出事地点放炮 4 发，未检查清理放炮现场生产人员就开始作业。约 16 时 15 分，工地左上方伞檐岩中一块弧长 22.5 米、约 50 立方米的岩石突然脱落，当场砸死 10 人、砸伤 8 人。

3.1.24.2　事故原因

这场事故的原因，是严重违反采矿技术规程，放弃"采剥并举，剥离先行，贫富兼并"的露天开采原则，违反了由上而下的开采程序，从下部掏采形成伞檐所造成的。

李某身为开炸车间负责人兼安全员，严重违反露天操作规程，对长期存在的隐患已经预见，但为图经济利益而不顾安全。8 月 29 日放炮后，未进行检查清理，就准许人员进入现场作业，造成人民生命财产重大损失。李某对此负有直接责任。其行为触犯了《刑法》114 条规定，构成重大责任事故罪。

王某身为副厂长，主管生产、安全工作，对长期存在的事故隐患已经预见，但对违章冒险作业制止不力，未尽到职责，放纵了事故的发生，对此负有重要责任，其行为触犯了《刑法》187 条规定，构成玩忽职守罪。

王某身为厂长，主管全面工作，忽视安全生产，以包代管，明知存在事故隐患，不采取措施，对违章冒险作业制止不力，放纵了事故的发生，对此负有一定责任，其行为触犯了《刑法》187 条规定，构成玩忽职守罪。

3.1.25　某市综合建材厂油桶山第三塘口采石场坍塌事故

3.1.25.1　事故概况

某市综合建材厂油桶山第三塘口采石场违章开采，冒险作业，导致岩石坍塌，造成民工死亡 10 人、重伤 4 人、轻伤 3 人的特大伤亡事故。该厂承包主曾某的行为触犯了我国《刑法》114 条之规定，构成大责任事故罪，人民法院依法判处曾某有期徒刑 6 年；该厂代理厂长谢某的行为触犯了我国《刑法》187 条之规定，构成玩忽职守罪，依法判处谢某有期徒刑 2 年，缓刑 2 年。

1988 年 1 月，曾某作为承包主，与谢某签订了承包综合建材厂油桶山第三塘口采石场的片石开采合同。在开采中，曾某严重违反《建材矿山安全规程》，组织民工从作业面底部开采，致使作业面呈"伞檐"状险情。当上级主管部门和有关人员指出险情后，曾某不以为然，继续安排民工违章开采，冒险作业。谢某作为主管该厂生产和安全工作的负责人，工作中严重不负责任，不认真落实上级有关安全生产的指示，对违章开采不加制止，对发现的险情也不采取防范措施。最终酿成悲剧，造成特大伤亡事故的严重后果。

3.1.25.2　事故原因

具体原因：

（1）违章开采。曾某作为承包主，在组织开采过程中严重违章，只顾采石赚钱，不顾安全生产。特别是上级主管部门和有关人员指出险情后，不是积极采取措施，排除险情隐患，而是继续安排民工违章开采，冒险作业，致使岩山坍塌，造成多人伤亡的严重后果。

（2）严重失职。谢某主管该厂生产和安全工作，却失于职守，严重不负责任，对曾某违章开采，冒险作业的行为不监督、不检查、不制止，发现险情也不采取防范措施，导致事故的发生，负有直接的领导责任。

3.1.26　乳山市潘家石制品公司采石场重大坍塌事故

3.1.26.1　事故概况

乳山市潘家石制品公司属潘家村村办集体非煤矿山企业，公司于 1993 年 10 月 16 日登记成立，主要从事建筑用花岗石石料开采、石料加工。2005 年初，公司将采石场划分为 5 个采矿区域，以潘家村村委的名义和竞标的方式向外出租，于某等 5 人分别与村委会签订了为期一年的租赁开采协议。于某在承租该石场 3 号采区后，从外地召集人员进行开采生产。由于该公司生产现场不符合非煤矿山《安全生产许可证》发证条件，未取得《安全生产许可证》。

2005 年 12 月 20 日，承租人于某安排刘某 4 人在其承包的三号采区开采作业。当天下午，刘某在采石场上部操作桅杆吊吊运石料，张某和刘某负责捆绑石料，吕某在钻孔作业。14 点 30 分，采石场作业面的岩石突然发生坍塌，将正在采石场底部作业的张某、吕某和刘某掩埋。后经过 2 个多小时的紧张抢救，3 名被埋人员于 18 时许被救出，经医生检查，3 人已全部死亡。

3.1.26.2　事故原因

具体原因：

经现场勘查和询问调查，该采石场属深凹露天矿，3 号采区垂直作业面 8.9 米，开采工作面坡面角达 102°，反倾角 12°，严重违反国家《金属与非金属安全规程规定》。约高 1.98 米的矿山坍塌部分与矿山主体存在明显自然裂隙，加之承租人安排人员冒险作业，是事故发生的直接原因。

乳山市潘家石制品公司未及时对作业现场进行督促检查，未及时消除现场安全事故隐患；公司未按照《安全生产法》规定要求设立安全生产管理机构，设置专职安全管理人员；公司以包代管；安全操作规程不健全，安全生产管理混乱；未对作业人员进行安全教育培训，作业人员安全意识淡薄，是事故发生的主要原因。

3.1.27 江西省上高县锦程矿业有限责任公司 "3.29" 较大坍塌事故

3.1.27.1 事故概况

锦程矿业有限责任公司矿区面积 0.0686 平方千米，主要产品为建筑石料用灰岩，年产能力 5 万吨，最大开采高度 97 米，工作平台 25～40 米，最终边坡角度 62°。

3 月 15 日，经乡镇和县安监局同意，锦程公司对存在的上山公路未开拓和开采作业面上部台阶过高（事发前，矿山分三层开采，顶层 36 米，中层 32 米，底层 25 米，由于局部出现台阶并段，顶层 68 米，底部 25 米，最大开采高度 97 米，凿岩平台宽度 25～40 米，工作帮的坡面角 19°，台阶坡面角 60°～70°）隐患进行整改，到 3 月 29 日尚未整改完毕。由于 3 月 27～28 日连续大雨，造成岩体出现开裂，便停止了整改作业。3 月 29 日，天气转好，上午 7 时整，爆破作业包工头刘某（上高县亿安爆破公司爆破员）带领刘某、钟某等共计 7 人上工作面的顶部排险，并对上部开裂岩体逐步清除，期间进行少量爆破作业（使用了 6 千克炸药和 20 发非电雷管，由于现场人员全部遇难，具体爆破地点和爆破次数无法确定）。下午 13 时，刘某 6 人在开采作业面顶部排险，剔除山顶的松石和泥土。大约 14 时 30 分，上部松石和泥土清理完毕。上述 6 人立即开始打眼，想通过放炮作业方式把上部因暴雨造成的险情进行排除。15 时，刘某打电话给上高县亿安爆破公司配送员刘某，要求配送 6 箱约 144 千克炸药和 10 个非电雷管。刘某办好相关手续后，与司机黎某一起驾专用车把刘某报送计划的炸药和雷管送到了锦程矿业公司的山下，16 时 30 分，刘某签字验收了刘某运来的 6 箱炸药和 10 个非电雷管后，刘某表示马上叫上面的人下来搬炸药，他自己只带了 10 个非电雷管上山。此时，突然接到副手钟某的电话，说发现山体有一条裂缝，刘某就叫他们不要再打钻，并快速上山。当刘某到达山顶与刘某、钟某等 6 人会合后，不到 5 分钟的时间，大约在 17 时 10 分，他们 7 人所处的山体大面积坍塌（坍塌石方约 6000 立方米），使正在查看情况的刘某等 7 人一同坠落下来，绝大部分人都被石块掩埋。最终造成 7 人全部死亡，见图 3-4。

图 3-4 锦程矿业有限责任公司 "3.29" 较大坍塌事故现场示意图

3.1.27.2 事故原因

具体原因：

（1）直接原因。企业违规将台阶并段，导致形成"一面墙"开采。且因连续大雨以后矿山顶部岩石产生裂缝，在雨水及泥浆的润滑作用下，导致岩石坍塌，造成事故的发生。

（2）间接原因。

1）上高县锦程矿业有限责任公司安全生产主体责任严重不落实。该公司内部安全管理缺位，安全生产管理制度形同虚设，安全生产责任不落实。对发包给上高亿安爆破工程有限公司的爆破工程一包了之，以包代管，对刘某为首的爆破包工队伍未予监管，对爆破排险作业未进行现场协调和统一管理。公司在采矿作业中违章指挥，违规先期开采矿体右部的第二层平台，导致矿体右部第一、第二平台合段，人为形成高陡边坡。加上未严格制定专门的整改方案，致使矿山安全隐患长期得不到有效治理。该公司对雨季安全生产形势认识不足，麻木侥幸，未采取有效措施防范滑坡和坍塌。平时，对作业人员安全管理不到位，培训教育制度不落实，致使作业现场安全管理混乱。

2）上高县亿安爆破工程公司重经营轻安全。上高县亿安爆破工程有限公司承包了上高锦程矿业有限责任公司的爆破工程业务，但在实际运营过程中，却通过聘用上高县锦程矿业有限责任公司职工刘某、邹某等为爆破员兼安全员，代表公司实施爆破作业，公司没有履行企业安全管理的义务，对刘某等人从事的爆破作业长期未实施安全管理。

3）企业排险人员在既未制定排险方案又未采取安保措施的情况下冒险蛮干。

4）政府属地管理落实不到位。上高县锦江镇政府对辖区内企业虽然开展了安全检查，但对隐患整改过程中的监督不到位。

5）部门监管不落实。上高县安全生产监督管理局对该矿山虽然下发了整改指令书，由于春节和全国"两会"期间矿山处于停产状态，直到3月15日委托乡镇安监站进行督查，但对恢复整改过程中的监督不到位。上高县公安局治安大队虽然对亿安爆破公司的火工产品的储存和出入库情况落实了检查制度，但对该公司未落实《上高县公安局推行爆破服务"一体化"实施方案》的情况监管不力，对爆破现场管理和火工产品清退工作监督不到位。

3.1.28 乐平座山采石场"7.30"特大岩体坍塌事故

3.1.28.1 事故概况

7月30日上午8时许，江西省乐平市塔前镇座山采石场发生山体坍塌事故，正在现场采石作业的村民被石头堆埋。经过三天三夜的紧张抢救挖掘，到8月2日12时，江西省乐平市塔前镇座山采石场山体坍塌事故现场全部清理完毕。经证实，当时在作业现场的37个人，除9人生还外，共清理出24具遗体，另有4人下落不明。

3.1.28.2 事故原因

具体原因：

（1）直接原因。经过调查，事故原因已初步查明，这是一起当地村民无证开采、滥采乱挖，违反露天矿山安全规程造成的事故。他们采用底部掏空爆破崩落的开采方法，致使上部岩石大面积坍塌。

（2）间接原因。

1）乐平市地质矿产局原副局长、矿监股原股长对地质矿产作业负有监督管理职责。但在长期的矿监工作岗位上，对座山采石场长期无证非法开采情况不调查、不汇报、不制止，工作严重失职，已涉嫌玩忽职守犯罪。

2）乐平市公安局治安大队原副大队长、乐平市公安局塔前镇中心派出所原所长多次违法审批座山采石场购买大批雷管和炸药，未正确履行职责，涉嫌滥用职权犯罪。塔前镇原镇长、原副镇长明知座山采石场属非法开采，但未采取有效措施制止和防范，对即将出现的重大事故隐患持放任态度，涉嫌玩忽职守犯罪。

3.1.29 贵州六盘水新窑乡鸭塘村采石场重大坍塌事故

3.1.29.1 事故概况

关种田采石场位于六枝特区西部的新窑乡境内。20世纪90年代初，修建了关种田通往鱼塘寨的便道。采石场初始于1994年，由当地村民李某、李某等人开采石建房自用，以后村民建房需石料谁采谁用，逐步形成采石场。1999年当地村民顺关种田大坡的坡脚修建一条公路通往鱼塘寨，关种田大坡脚部分被开挖。1998年，特区第二建筑公司（集体企业）兼并了停产多年的特区水泥厂，经第二建筑公司注入资金整改，1999年水泥厂恢复生产。生产原料需石灰石，李某和李某组织村民在关种田采石场采石卖给水泥厂和铁路、公路等单位。2000年2月，新窑乡政府副乡长在处理土地纠纷中发现鸭塘村关种田采石场无证开采。2001年4月12日，乡政府副乡长在村级干部会议期间，要求鸭塘村委会办理关种田采石场有关证照才能开采。按乡政府要求鸭塘村村委会写了关于鸭塘村办理矿山开采证的申请，乡政府签了请有关部门给予办理的意见，并由乡分管企业的副乡长将办证申请送到特区地矿局，特区地矿局审查后，认为不符合办证的规定，要求补相应的资料后再审查。直到发生事故时，该采石场都没有办理采矿许可证，有关部门也没有采取措施予以取缔。

该采石场火工爆破材料由持《爆破合格证》的放炮工李某填写《购买爆炸物品申请表》，责任区民警、乡派出所、特区公安局按《贵州省发用爆炸物品管理实施细则》第31条的规定批准后，到特区化轻公司购买。

2001年9月6日，采石场老板李某、李某二人带15人上班作业，一农用车驾驶员到采石场运石料。16时45分，山体突然滑坡，除一人离开工地打水幸免遇难，李某和一名小工受伤外，熊某等15人在事故中遇难。事故发生后，市、区党委、政府的领导和有关部门的负责人立即赶赴现场组织指挥抢险，省委领导要求要全力以赴做好抢险工作，副省长刘长贵同志率省有关部门的领导于当晚2时赶到现场指挥抢险，国家安全生产监督管理局也派有关负责人次日赶赴现场组织指导抢险。在积极组织事故抢险的同时，成立由省经贸委牵头组成的省市联合调查组，对事故进行全面认真的调查。

3.1.29.2　事故原因

具体原因：

（1）直接原因。

1）关种田大坡岩层组合层面有2～5毫米泥岩软弱夹层裂隙发育，雨水入浸，降低泥岩夹层的抗剪强度。

2）大坡顺向坡一侧的坡脚地带，在修路和多年的采石场开采过程中，形成一定放坡角度的临空面，大坡两侧采石作业，破坏了整个滑坡体的暂时稳定，酿成滑坡事故。

（2）间接原因。

1）该采石场无证非法开采，并违反乡镇露天矿场安全生产的规定。没有按规范进行开采，破坏了山体的平衡。不执行乡政府的停产通知，违规冒险作业。

2）特区矿管部门对该采石场无证非法开采乱采滥挖制止不力。当新窑乡政府将该采石场办证的申请送上来后近5个月，直到事故发生都没有到采石场检查，也不采取措施对无证非法开采的行为予以制止。

3）鸭塘村未落实安全生产"包保"责任制，对无证非法开采未采取措施予以制止。

4）乡派出所在破物品管理上审查把关不严，致使无证采石场购买到火工产品，水泥厂购买无证采石场的产品，使该采石场得以继续生产。

5）新窑乡政府在安全检查中发现该采石场属无证非法开采，违规冒险作业，制止不力。

6）特区政府对乡镇采石场安全生产重视不够，督促检查不力，致使该采石场无证开采的现象长期存在。

3.1.30 贵州兴仁县老鹰岩采石场"11.12"重大坍塌事故

3.1.30.1 事故概况

11月12日下午5时，场主张某清洗完炮眼，在装药过程中突然发生砂石坍塌，致使张某被砂石掩埋。正在附近作业的13人见此情况后，盲目进行施救。正在这时，砂石接连坍塌，3人被砂石掩埋。附近的群众及家属闻讯后，再次盲目冒险组织施救，致10多名群众被再次坍塌的砂石掩埋、砸伤。造成了10人当场死亡，1人送医院抢救无效死亡，共死亡11人，5人受伤的特大事故。事故现场示意图见图3-5。

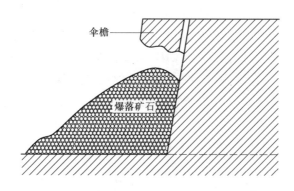

图 3-5 老鹰岩采石场坍塌事故现场示意图

该砂石场已断断续续盗采多年，基本地质构造情况是：

（1）矿山开采砂石为上三叠统杨柳井组薄至厚层白云岩、泥质白云岩、岩层断层、裂隙、节理发育，岩石结构非常破碎，层间因有滑动或剥离而黏接性较差。

（2）整个矿山开采面现状为岩层产状为倾向山内，上部局部有突出、悬空的岩石因自重而有随时坠落的可能。

（3）事故点为矿山开采面的左下角，形成高约20米、宽约15米厚度不等的坍塌坠落面。从事发点现状看，现场堆积约40立方米的岩石为上部坍塌和坠落形成。

2001年，全省开展非煤矿山治理整顿。兴仁县政府成立了治理整顿工作领导小组并下发了《关于对乡镇非煤矿山和采石场安全生产》发〔2001〕111号文件，县国土局会同相关镇政府及有关部门针对该砂石场存在乱采滥挖及严重安全隐患情况，曾多次下达《责令停止矿产资源违法行为通知书》。同时，拆除生产设备，没收火工材料。但该砂石场主对国家有关法律法规置若罔闻，受利益驱使，违法开采，以致酿成此次特大事故。

3.1.30.2 事故原因

具体原因：

（1）直接原因。该砂石场属违法开采，场主张某在开采过程中，无任何开采规划、方案，也无相应的安全措施，在不具备安全生产条件和没有安全保障的前提下，采用挖"神仙土"的方式擅自私挖滥采，造成事故的发生，是事故发生的直接原因。场主张忠对此起事故应负主要责任和直接责任。

（2）间接原因。

1）场主和村民都缺乏安全知识，自我安全防护意识差。事故发生后，两次盲目进行施救，以致造成死伤人数增加，事故扩大，这是此次特大事故发生的间接原因之一。

2）城关镇国土所在非煤矿山的治理整顿工作虽然采取了一些整治措施，做了大量工作，但在抓落实方面措施不力，对国家有关法律法规宣传教育力度不够，没有采取有效措施制止当地农民非法盗采国家资源和私挖滥采现象，这也是事故发生的间接原因。对此次特大事故的发生应负间接管理责任。

3）兴仁县城关镇派出所虽然在民爆物品管理上采取了一些整治措施，做了大量工作，但是在民爆物品销售和使用的管理中还有不到位的地方，以致该采石场主非法开采仍能购买火工产品，这也是事故发生的间接原因。城关镇派出所对此次特大事故的发生应负间接管理责任。

4）兴仁县城关镇人民政府在安全生产法律法规和基本知识方面宣传教育力度不够，对《安全生产法》、《矿山安全法》等国家有关安全生产方面的法律法规贯彻落实不到位。虽然，对该采石场采取了一些整治措施，但对存在的安全隐患没有明确责任人，没有具体的落实措施，对有关部门在开展非煤矿山的治理整顿工作中查出的隐患督促整改落实不够，也是此次事故发生的间接原因。城关人民政府对此次特大事故的发生应负主要领导责任。

5）县国土局是国有矿产资源和非煤矿山安全管理工作的执法主体，虽然采取了一些整治措施，但在抓落实方面措施不力，没有有效地制止当地农民非法盗采国家资源和私挖滥采现象。对此次特大事故的发生应负间接管理责任。

6）兴仁县人民政府在安排非煤矿山的治理整顿工作上重视不够，加之非煤矿山点多面广、发展快，在督促县有关部门开展非煤矿山的治理整顿工作上力度不够，这是事故发生的间接原因。

3.2　爆炸事故

3.2.1　池州市亚华采石场"3.19"爆炸事故

3.2.1.1　事故概况

2010年3月19日19时57分,池州市贵池区亚华采石场内,工人们正在放炮炸石。3名工人在山腰处塞炸药点火后,炸药并未及时爆破后,折回再处理"哑炮"时,"哑炮"突然爆炸。爆炸使得山体发生大面积坍塌,3人瞬间就被石流埋没。而此时,一名乘坐在矿山边停放车辆的人员被飞石砸中,被紧急送往医院抢救。截至20日零时30分救援工作结束,3名被埋人员被挖出时已全部遇难,受伤人员经医院抢救无效死亡。

3.2.1.2　事故原因

具体原因:

(1)直接原因。处理盲炮措施不当。

(2)间接原因。

1)亚华采石场在未取得安全设施设计批复前擅自开工建设,采用国家明令禁止的矿山扩壶爆破工艺,违规组织夜间爆破作业。作业人员无爆破作业资格证,严重违反了《民用爆炸物品安全管理条例》、《爆破安全规程》和《金属非金属矿山安全规程》等有关规定,且爆破警戒实施不严,允许无关人员进入爆破作业场所,扩大了事故伤亡。

2)亚华采石场所在的贵池区马衙街道办事处对该矿违规建设、违规作业监管不到位。池州市公安局贵池分局、贵池分局治安大队以及马衙派出所对辖区内民用爆炸物品安全管理不到位,对亚华采石场火工品审批把关不严,对爆破作业监管不到位。贵池区安全监管局对亚华采石场违规建设督促整改不到位,导致该企业违规建设、违章操作酿成较大伤亡事故。

3.2.2　清远"8.27"运输车辆炸药爆炸重大事故

3.2.2.1　事故概况

2012年8月23日,英德市公安局河头派出所批准龙山公司于8月27日使用炸药11.328吨、雷管535发。8月27日上午10时30分,龙山公司矿山分厂采矿工段副工段长吴某打电话给民爆公司龙头山仓库主任陈某,要求于13时30分前配送炸药、雷管到矿山。12时05分,民爆公司龙头山仓库安排3辆车共登记装载炸药13.488吨和雷管469发(其中,由4号库实际发放、运输炸药13.488吨,2号库登记出仓雷管469发),先后出发赴龙山公司133平台爆破作业现场。其中,粤RP06××号车刚运载民爆物品给英德海螺水泥有限责任公司长腰山水泥用石灰岩矿回到龙头山仓库,未打扫清理车厢即装运炸药赶赴龙山公司133平台。具体运输情况见表 3-1。

表 3-1 龙头山仓库 27 日 3 部车辆运输民爆物品情况表

车牌号	核载重量/吨	装货情况	司机		押运员	
			姓 名	有无危险货物运输从业资格	姓 名	有无危险货物运输从业资格
粤 RP14××	1.95	122 箱乳化炸药（2.928 吨）	叶某	无	无押运员	
粤 RP25××	1.415	100 袋膨化炸药，共 2.4 吨；469 发雷管	范某	无	缪某	无
粤 RP06××	7.405	190 袋膨化炸药和 150 箱乳化炸药，共 8.16 吨	邓某	有	张某	无

13 时，龙山公司矿山分厂钻机班郭某 4 名工人驾驶 2 台钻机到矿山 133 平台清理炮孔，为爆破工装填炸药做准备。

13 时 30 分，龙山公司矿山分厂吴某 5 名爆破工和劳务公司马某 4 名手风钻工到矿山 133 平台准备爆破作业。

13 时 35 分，爆破现场负责人吴某和龙山公司保安陈某随粤 RP14×× 号车到达矿山 133 平台，该车直接开到炮孔附近，紧随其后到达矿山 133 平台的另外两部车（粤 RP25×× 和粤 RP06××）在爆破警戒线外等候。吴某和爆破班长宣某指挥爆破员、手风钻工共 10 人将炸药从车上卸下，并将炸药直接搬到炮孔附近。约 20 分钟后，粤 RP14×× 号车卸完炸药驶离爆破工作面，粤 RP25×× 号车从警戒线外开至爆破工作面内，爆破工曾某从车厢尾部将雷管（雷管存放在专用箱中）搬下放到地上，由宣某负责清点（清点时是一捆一捆的清点，没有一发一发的清点），确认数量后由宣某分两次将雷管搬至车头左前方约 3~4 米远的地方存放。其他人员继续从车上卸下炸药并直接将炸药搬到炮孔附近。其后，爆破班长宣某和钟某、曾某、罗某共 4 名爆破工开始将炸药、雷管装填到炮孔。期间，应搬卸炸药工人的要求，粤 RP25×× 号车后退了约 20 米，以方便工人将炸药从车上直接搬到炮孔附近。约 20 分钟后，粤 RP25×× 号车卸完炸药和雷管，驶离爆破工作面。粤 RP06×× 号车从警戒线外开至爆破工作面内，爆破工罗某和劳务公司马某、朱某、杨某、付某等 4 名手风钻工卸炸药，爆破班长宣某和钟某、曾某、罗某等 4 名爆破工继续往炮孔装炸药和雷管，钻机操作工人王某、郭某两人在离停车处约 3 米的地方使用钻机套孔作业，吴某因口渴离开粤 RP06×× 号车到警戒线旁边喝水。

14 时 31 分，粤 RP06×× 号车车厢内发生爆炸，该车完全炸毁，抛掷物（汽车碎片）由炸坑处向四周抛射，最远距离约 500 米。事故共造成王某（龙山公司钻机工）、郭某（龙山公司钻机工）、陈某（龙山公司保安）、罗某（龙山公司爆破工）、马某（鑫力公司劳务工）、朱某（鑫力公司劳务工）、杨某（鑫力公司劳务工）、付某（鑫力公司劳务工）、邓某（民爆公司司机）和张某（保安公司押运员）等10人死亡，20人受伤，经济损失重大。

3.2.2.2　事故原因

具体原因：

（1）直接原因。此次事故的直接原因是粤RP06××运输车车厢炸药发生爆炸。根据综合调查结果可排除炸药质量不稳定、车辆部件起火、雷击、钻机打残眼和撞击摩擦等因素引起的炸药爆炸，存在雷管或热积累引发炸药爆炸两种可能。

一是雷管引发炸药爆炸的可能。由于平时爆破作业结束后，民爆物品退库曾违规用炸药箱装雷管、炸药，且民爆物品管理混乱，不排除8月27日粤RP06××运输车车厢内炸药箱夹带雷管，在搬运过程中引发炸药爆炸。

二是热积累引发炸药爆炸的可能。炸药在装卸、运输途中因颠簸、摇晃、摩擦等因素产生热积累，当热积累达到一定程度时可以引起炸药爆炸。根据气象报告，27日14时气温达34.9℃、相对湿度51%，现场处于无遮拦的矿区，室外气温较高，粤RP06××配送司机没有按规定及时清理残留在运输车厢内散落的炸药粉，该运输车违规严重超载，且卸炸药过程中未熄火。在曝晒状态下，有可能因热积累导致车厢内的炸药爆炸。

（2）间接原因。

1）民爆公司对民爆物品管理混乱，违规发放和违法运输民爆物品。民爆公司违法运输民爆物品。8月27日，在龙山公司未能依法提供有效的《民用爆炸物品运输证》的情况下，民爆公司违法向龙山公司运输13.488吨炸药和469发雷管。

民爆公司未依法落实民用爆炸物品登记制度。8月27日，民爆公司龙头山仓库登记出仓运往龙山公司133平台的雷管总数是469发，但是事故发生后通过现场勘查清理出的雷管仅为468发，其中一扎（10发为一扎）电雷管少了一发，但该发电雷管的一对导线却还在。经进一步核查，民爆公司的仓库出入仓登记台账，该发仅有导线的雷管编号为5210718601581，台账显示该发雷管在2012年6月14日就已登记出库使用，8月27日该雷管却又重复登记出库被运往事故现场。

2）民爆公司违反安全技术规程生产作业。8月27日，民爆公司在将炸药、雷管运往龙山公司133平台的过程中，存在下列违章作业行为：

一是粤RP06××号车司机邓某、押运员缪某在运输炸药和雷管到英德海螺水泥有限责任公司长腰山水泥用石灰岩矿返回龙头山仓库后，未按照操作规程清理车厢即装运炸药赴龙山公司133平台。

二是在未依法取得危险货物装卸资格证的情况下，龙头山仓库陈某（仓库主任）、叶某（司机）、范某（司机）等人违规将炸药、雷管装上车辆。其中，叶某等人未按规定穿着防静电服、防静电鞋。

三是龙头山仓库陈某（仓库主任）、周某（仓库副主任兼2号雷管库保管员）、邓某（司机）、叶某（司机）、范某（司机）、缪某（押运员）、张某（押运员）之间均没有严格按照按规定核对装卸、运输的民爆物品。而且，装货期间范某（司机）独自一人在2号雷管库装雷管上车。

四是三部车辆均超载。粤RP14××号车的核定载重量是1950千克，当日实际装载重量为2928千克。粤RP25××号车的核定载重量是1415千克，当日实际装载重量为2470千克（其中炸药重量为2400千克、雷管重量约为70千克）。粤RP06××号车的核定载重量是7405千克，当日实际载重量为8160千克。

五是司机叶某驾驶的粤RP14××号车未按规定随车配备押运员。

六是粤RP14××司机叶某、粤RP25××号车司机范某违规携带手机进入龙山公司133平台爆破作业面，其中叶某的手机在作业区警戒线内还处在开机状态。

七是粤RP14××号车、粤RP25××号车在133平台卸炸药的时候，没有与龙山公司相关人员认真清点核对和登记确认。

八是粤RP14××号车和粤RP06××号车在龙山公司133平台卸炸药的时候没有熄火和切断电源，而是一边卸炸药一边移动。此外，运输车辆在爆破作业区域内卸炸药、雷管时，仍有两台潜孔钻机在同一作业区域进行套孔作业。

九是粤RP25××号车押运员缪某和粤RP06××号车押运员张某未持有交通部门核发的危险货物道路运输从业资格证。

十是8月26日0时至27日18时龙头山仓库2号库（雷管库）无视频监控记录。

3）民爆公司在企业、车辆、驾驶员未依法取得危险货物道路运输资质证书的情况下，违法从事民爆物品运输行为。8月27日，民爆公司在企业自身、司机叶某和范某、3台车（粤RP14××车、粤RP06××、粤RP25××）均未依法取得危险货物运输资质资格的情况下，违法向龙山公司运输民爆物品。

4）龙山公司违法使用民爆物品组织生产，爆破作业现场管理混乱。龙山公司龙尾山水泥用石灰岩矿的安全生产许可证已于2012年8月23日到期，但该矿仍违法使用民爆物品，继续组织生产，最终导致该事故发生。并且，龙山公司爆破作业现场管理混乱，存在下列违章作业行为：

一是吴某（采矿工段副工段长）未按正常审批手续申领民爆物品，而是通过电话联系民爆公司龙头山仓库负责人陈某，申领了8月27日民爆物品。

二是在民爆物品运抵133平台后，吴某（采矿工段副工段长）、宣某（爆破班班长）等人均未认真检查民爆物品的包装、数量和质量，未如实记载领取民爆物品的品种、数量、编号及领取人姓名。

三是吴某指挥车辆在正套孔作业的钻机附近卸民爆物品，宣某在未取得危险货物装卸管理人员资质证书的情况下，指挥劳务公司派遣人员付某等4名手风钻操作工卸炸药。

四是在同时同地卸炸药和雷管。

五是在同一工作平台上同时卸炸药雷管、装药、使用钻机穿孔。

六是组织生产爆破作业，安全员程某不在岗位。

5）保安公司向民爆公司派出未持证押运员（保安员），违规从事押运服务活动。其违规行为：

一是保安公司超出省公安厅批准的服务范围，违规从事民爆物品押运服务。

二是保安公司派驻龙头山仓库的押运员（保安员）缪某、张某等，均未取得交通运输部门颁发的危险货物道路运输从业资格证。

6）公安部门违规审批，日常监管不力。其违规行为：

一是英德市公安局（含英德市公安局河头派出所）。首先，推行、允许"辖区派出所在《使用单位爆炸物品出库申请表》上审核同意后，民爆公司即可将民爆物品出库、运输给使用单位"的做法，使得《民用爆炸物品安全管理条例》规定的民用爆炸物品运输许可证制度形同虚设，造成8月27日民爆公司运载民爆物品给龙山公司时并无法定有效的《民用爆炸物品运输许可证》。其次，在龙山公司未列明运输的民爆物品的包装材料，未提交承运单位、车辆及驾驶人员、押运人员的许可证件及资质、资格证明以及运输车辆车牌号的情况下，违规核发了《民用爆炸物品运输许可证》。第三，在龙山公司未列明拟购买的每种炸药的具体数量、未提供银行账户的情况下，违规核发了《民用爆炸物品购买许可证》。第四，未采取有效措施及时发现、制止民爆公司下列违法行为：未按规定落实民爆物品登记制度的行为，运输民爆物品时未携带《民用爆炸物品运输许可证》；第五，未采取有效措施及时发现、制止龙山公司违反有关规程实施爆破作业的行为。

二是清远市公安局治安管理支队。对英德市公安机关的民爆物品监管工作监督、检查、指导不到位，自身也未采取有效措施及时发现、制止民爆公司和龙山公司在民爆物品购买、运输、爆破作业中的违法违规行为。

7）经济和信息化部门审批把关不严，日常监管不力。具体体现：

一是2010年民爆公司在向省经济和信息化委申请换发《民用爆炸物品销售许可证》的过程中，未依法提供该公司具备相应资格的驾驶员、押运员以及符合规定的爆炸品专用运输车辆的证明材料，仅提供了该公司委托广东省力拓爆破器材厂运输民爆物品的委托协议。在此情况下，省经济和信息化委员会民用爆炸物品监管处未严格审核该公司的申请材料，没有告知该公司补齐申请材料，也没有对该公司和广东省力拓爆破器材厂之间的委托协议的真实性、有效性进行审核，便报请省经信委核发了《民用爆炸物品销售许可证》。而实际上，民爆公司长期使用自有车辆运输民爆物品，未真正委托广东省力拓爆破器材厂运输民爆物品给购买单位，且这些自有车辆均未依法取得相应资质。

二是省经济和信息化委员会民用爆炸物品监管处未能采取有效措施及时发现、制止民爆公司在销售民爆物品中的违法行为。

8）安全监管部门监管不严，查处安全生产违法行为不力。具体体现：

一是英德市安全监管局的责任。首先，对龙山公司在安全生产许可证到期后继续生产的违法行为，未能采取有效措施予以查处。其次，2010 年 4 月，在民爆公司实际上没有进行重大危险源备案的情况下，英德市安全监管局为民爆公司出具了内容为"英德市民用爆破器材专卖有限公司重大危险源的有关资料已在我局备案"的证明。事后，英德市安全监管局也未要求民爆公司依法对重大危险源进行登记建档、评估、制订应急预案并备案。

二是清远市安全监管局执法监察支队的责任。该支队未采取有效措施及时发现、制止龙山公司的安全生产违法行为，对英德市安全监管局查处安全生产违法行为的工作监督、检查、指导不到位。

9）交通运输部门监管工作不到位。民爆公司及其车辆、驾驶员、押运员未依法取得交通部门核发的相应资质，却长期从事非经营性道路危险货物运输。英德市交通运输局以及清远市交通运输局综合行政执法局，对相关法律法规的认识和理解存在偏差，导致疏于对上述违法行为的查处，监管工作不到位。

10）英德市政府、英德市望埠镇政府贯彻落实国家安全生产工作方针政策和法律法规不到位。具体体现：

一是英德市政府贯彻执行国家安全生产工作方针政策不力，未能全面落实安全生产领导责任制，未有效督促公安部门加强民爆物品监管工作，未有效督促安监部门查处安全生产违法行为，也未有效督促交通部门查处非法运输行为。

二是英德市望埠镇政府开展安全生产宣传教育不到位，未有效督促镇有关部门及时巡查、制止辖区内安全生产违法行为。

3.2.3 吉林九台"6.17"永鑫采石场放炮事故

3.2.3.1 事故概况

2010 年 6 月 10 日，永鑫采石场从东湖火工品服务站领取 1680 千克火药、100 枚雷管，当日装填 37 个炮孔，最深孔为 13 米，最浅孔为 4 ~5 米。在实施爆破的过程中，有 16 个炮孔正常被引爆，21 个形成盲炮。6 月 15 日排除剩余 21 个盲炮，结果未被引爆。

　　6月17日下午，永鑫采石场副厂长、现场主任黄某（无爆破人员资质）在采石工作面现场指挥炮班进行排除盲炮。同时，命令铲车、挖沟机和翻斗车进行现场碎石的清理。16时20分，企业法人程某到达现场。17时20分，天气变化出现雷雨。17时50分，部分已连接好支线的盲炮炮孔被雷电突然引爆，发生爆炸。该事故造成7死1伤。

3.2.3.2　事故原因

具体原因：

（1）直接原因。雷电引爆残炮。

（2）间接原因。

1）事故责任人程某（企业法人代表）和黄某现场违章指挥，没有及时通报现场工人，致使现场出现违规交叉作业，东湖火工品服务站违规将火工品发放给永鑫采石场不具备民用爆破物品领取资格的代领人员。

2）永鑫采石场只有付某一人有爆破证，而企业的爆破安全员付某已于2009年6月离开企业，只是爆破安全员证留在企业，未按照《爆破安全规程》中的规定由具备资质的爆破员实施爆破双人作业。

3）程某、黄某和付某实施现场爆破作业未设警戒线，未按照职责对现场的交叉作业、违章操作和雷雨天爆破作业进行制止。此外，永鑫采石场未按照规定就6月10日爆破时剩余盲炮情况向有关部门进行报告，该采石场在排除盲炮期间未按照规定填写排盲炮卡片，也未制定排炮方案和应急救援预案。

3.2.4　镇江丹徒某采石场爆炸事故

3.2.4.1　事故概况

　　2008年5月31日下午13时40分，镇江丹徒某采石场爆破员朱某和安全员贡某二人从爆炸物品储存库领取217千克乳化炸药和12发电雷管，分两次送到爆破作业面。当时，该作业面五名打眼工正在使用电动90型潜孔钻打第6个炮孔，安全员贡某随即离开监护现场。这时，爆破员朱某开始将带来的炸药和电雷管，向已打好的5个炮孔装入炸药和电雷管。当装到第5个炮孔时，发现打眼工移机继续打第7个炮眼，朱某将炸药和电雷管装进第5个炮孔（未填塞）后，便离开作业面现场下山补领电雷管。14时50分，该作业面第5个炮孔突然发生意外爆炸，造成3人死亡2人重伤，其中2人当场死亡，一人因抢救无效于当晚死亡，其他2人全身炸伤面积80%致残。

3.2.4.2　事故原因

具体原因：

（1）直接原因。交叉作业，引爆了相近的未填塞炮孔炸药。

该作业面共钻打炮眼7个，每个炮眼间距为1.2米以上，炮眼呈单行排序不规则，炮眼间距不一致。爆炸时，第7个炮孔仍在钻孔作业。钻机电源线选用户外绝缘导线，电线为移动式临时绝缘导线，沿作业地面铺设。爆炸后经查确认，装药填塞完好的4个炮眼未炸，未作填塞的第5个炮眼为爆炸点。经安监、公安等部门人员和专家组成的事故技术组对现场勘查确认，意外事故是因严重违规违章交叉作业所致。

（2）间接原因。

1）事故肇事者爆破员朱某明知爆破预装药危险作业区域严禁任何作业和人员在场的严格规定，但仍然进行预装药危险操作，严重违反了国家《爆破安全规程》规定。

2）打眼作业负责人熊某从事打眼作业多年，对打眼与预装药同时交叉作业的违规违章行为所造成的严重后果估计不足，在爆破员预装药时仍然盲目冒险进行钻孔作业。

3）安全员兼监炮员贡某明知严重违规违章作业的事故隐患未排除，既没有强行制止，又擅离职守。企业内部安全管理制度落实不到位，对打眼和预装药同时交叉作业的严重违规违章等事故隐患采取的强制措施不力，单位主要负责人和安全管理人员工作责任性不强、安全意识淡薄。

3.2.5   修文县扎佐双前砂石厂"3.22"放炮事故

3.2.5.1   事故概况

2008年3月22日16时，砂石厂在进行采面布置时，3名凿眼人员（均无爆破员资质证）违规对已完成的炮眼进行装填炸药。19时10分，现场光线较暗，装载机操作工送电筒到作业场地，为3人提供照明。装药完成后，其中一名凿岩人员爬上采场山顶（距地面作业场高约50米）准备启动爆破，其余3人在山脚收拾工具，准备撤离。在未确认人员已撤离的情况下，已爬到山顶的人启动爆破，3人撤离不及，被爆破落下约15立方米岩石掩埋，事故造成3人当场死亡。

3.2.5.2   事故原因

具体原因：

（1）直接原因。修文县扎佐双前砂石厂违规、违法实施爆破作业。

（2）间接原因。

1）内部管理混乱，规章制度不健全，违规、违法使用爆炸物品。

2）在炸药配送和回收工作中未执行《民爆物品安全管理条例》，使炸药使用脱离监控程序。

3）公安部门对民爆物品监管未履行职责，在发现该厂民爆物品管理制度不健全的情况下，仍然同意其申领炸药。

3.2.6 会东铅锌矿爆炸事故

3.2.6.1 事故概况

1983 年 1 月 25 日，位于四川省会东县大桥区境内的会东铅锌矿因 3 号洞 18 号药室内照明电灯烤燃炸药，发生一起炸药爆炸事故。这起事故造成 49 人死亡。

事故发生在露天剥离大爆破，爆破岩石主要是白云岩，局部有黑色破碎带。爆破方法为硐室大爆破，共有 16 条导硐、67 个药室。早爆药室为 18 号药室，室内装入了计划装药量的 87%（其中，铵油炸药 29.2 吨、2 号岩石炸药 3.12 吨），并装有 3 个带导爆索的副起爆器（经 30 ~ 40 秒即可点燃）。当日，白班装药到 16 时暂停。9 时 35 分，在导硐内的 4 名守卫人员发现 18 号药室起火，并伴有远距离汽车启动似的响声，当即迅速向导硐外撤离，并报告现场技术人员。技术人员立刻组织指挥现场人员向安全地点撤退，19 时 45 分左右，18 号药室突然发生爆炸，使临近导硐垮塌，正在硐内装药的人员被砸死或闷死。

3.2.6.2 事故原因

具体原因：

（1）直接原因。室内照明电灯烤燃炸药，继而引发爆炸事故。

（2）间接原因。从工程技术人员到一般干部，对大爆破安全工作的认识都是不够全面的，缺乏基本的安全知识。特别是对炸药的安全性有片面的认识，认为硝铵、铵油炸药、桶外药烧不燃，枪打不着火。

3.2.7 深圳盐田九径口 "8.27" 特大爆炸事故

3.2.7.1 事故概况

1992 年 7 月 23 日，华海公司完成了盐田九径口工地爆破方量为 6.85 万立方米的爆破设计方案，Ⅰ号导硐和Ⅱ号导硐挖完后，8 月 26 日 12 时开始装药当天两个硐的 10 个药室装药完毕，总药量为 28.28 吨。接着按Ⅰ号硐和Ⅱ号硐回填，每硐 13 人作业。

1992 年 8 月 27 日 17 时，盐田港区域上空，天气较晴朗，工地硐室回填工作继续正常进行。大约到 17 时 20 分到 25 分，天气突然变化。天空白云密布，云层较低，天色变暗。云层从东北向西南方向移动，并刮有大风。随即开始下雨，雨点大而稀疏，而后骤变为大雨。于是在工地进行回填工作的硐外作业人员以及爆破队黄队长，都分别跑到工地Ⅰ号、Ⅱ号硐内避雨。这时，在盐田港九径口开山工地 2 千米范围上空发生强雷爆。大约在 17 时 35 分，一声巨雷霹雳，随即Ⅱ号硐装有 2.28 吨炸药的 3 号药室发生爆炸，致使Ⅱ号硐内 13 人全部遇难。由于Ⅰ、Ⅱ号两硐室相距仅 40 余米，Ⅰ号硐口发生垮塌，其中 2 人遇难。

3.2.7.2 事故原因

具体原因:

（1）直接原因。雷击引起Ⅱ号硐3号药室早爆。

（2）间接原因。国家《爆破安全规程》中规定："遇雷雨时应禁止爆破作业，并迅速撤离危险区"。但这次工程爆破施工没有严格按有关规定执行，致使在天气发生明显变化后，爆破作业的指挥人员和作业人员未能及时撤离现场，这是造成15人遇难的重要原因。

3.2.8 湖北利川市元堡乡官地采石场重大放炮事故

3.2.8.1 事故概况

2006年4月3日上午，按照采点负责人冉某的安排，王某等7人到采点作业面清除危石和装载石头，放炮员张某（持有利川市公安局核发的爆破员作业证）和放炮帮工甘某到采点作业面上方岩顶进行放炮排险作业。上午9时30分，放炮员张某对放炮帮工甘某说："你帮忙去喊一下下面工地上的工人，叫他们躲一下，我准备放炮了"。随后，甘某就往采点岩顶东侧走，去通知采石厂下属向益威采点的工人和车辆撤离。在这个过程中，甘某并向采石厂对面公路边的人挥手示意要放炮，站在公路边的牟某（负责放炮作业警戒）看到甘某在岩顶做手势并喊要放炮，于是拿着旗子和电喇叭准备去通知有关人员撤离并进行警戒。这时，张某突然起爆了炸药。放炮声响之后，大量石头崩塌到冉某所在的采点作业面上，将正在作业的王某、佐某、冉某、赵某4人当场砸倒或压埋，工人王某、夏某、张某3人在石头垮塌时，迅速跑出采点作业面而幸免于难。据幸免于难的现场作业工人工某、夏某陈述，事发前他们没有听到或看到任何要进行放炮作业的警示信号。据放炮帮工甘某陈述："以前，张某进行放炮作业，一般由我和牟某负责疏散放炮危险区域的人员并警戒，警戒完毕后，在我告诉张某说危险区内的工人和车辆都撤离到安全地带后，张某才启爆"。事故当天张某启爆前，甘某和牟某没来得及疏散放炮危险区域的人员并警戒，甘某也没有来得及向张某反馈任何信息张某就开始爆破了。事发之后，张某逃逸，虽经利川市公安局全力查找，但张某不知去向。为尽快找到张某，2006年7月，州安委会给利川市政府发函，要求督促利川市公交机关进一步采取措施，尽快找到张某。但截止到目前，张某仍查无消息。事故发生以后，事故采点负责人冉某迅速组织工人进行施救，施救人员进入事故现场后，发现工人工某因伤势过重已当场死亡，佐某、冉某、赵某3人身受重伤。随后，施救人员迅速将佐某等3人紧急送往利川市人民医院进行抢救。事故当晚，佐某、冉某2人在利川市人民医院抢救无效死亡。

3.2.8.2 事故原因

具体原因:

（1）直接原因。放炮作业人员张某违章放炮作业。在放炮作业危险区域内的人员还没有疏散到安全区域的情况下引爆炸药，导致放炮崩塌的大量岩石滚落到采石厂作业面，使正在作业面区域内的作业人员受到岩石的砸压而受伤、死亡。

（2）间接原因。

1）利川市元堡乡官地采石厂安全生产管理不到位，没有及时消除安全生产事故隐患。一是以包代管，安全生产管理责任制不落实，采石厂各采点日常安全生产管理特别是放炮作业现场管理松懈；二是对采石厂放炮员安全教育培训不到位，导致放炮员安全素质、安全意识不强。

2）有关政府和部门监管不力。一是利川市商务局、利川市元堡乡人民政府对元堡乡官地采石厂一证多点、以包代管等行为没有进行有效的监督检查并予以纠正，工作不力；二是利川市元堡乡派出所对该采石厂放炮员安全培训教育不到位，对该采石厂日常放炮作业监管不力。

3.2.9 四川巴丹银河矿业有限责任公司"11.2"铂镍露天矿重大爆炸事故

3.2.9.1 事故概况

2001年11月2日2时40分，丹巴银河矿业有限责任公司格宗乡杨柳坪铂镍矿区协作坪矿段民工住宿区2号简易工棚内发生爆炸事故，形成3.4米×3米×0.79米的炸坑，与2号工棚相连的1~6号简易工棚和相邻的7号、10号、11号简易工棚被炸毁，相邻的8号、9号、12号简易工棚被炸塌，简易工棚共住28人。爆炸造成死亡12人，失踪1人，重伤1人，轻伤6人。

3.2.9.2 事故原因

具体原因：

（1）直接原因。该公司爆破工违反民用爆炸物品管理规定，在工棚内放置爆炸物品，违章在工棚内接雷管导火线并吸烟，引发房间内炸药爆炸。

（2）间接原因。公司从管理层到员工，安全意识淡薄，随意将危险爆炸物品放置在工棚内；公司管理混乱。

3.2.10 江西铜业股份有限公司永平铜矿"3.21"爆炸事故

3.2.10.1 事故概况

2013年3月21日，江西铜业股份有限公司永平铜矿采矿场清洗台发生一起现场混装炸药车爆炸事故，造成4人死亡，9人受伤，直接经济损失750万元。

3.2.10.2 事故原因

现场炸药混装车在清洗过程中，安全联锁装置失灵，螺杆泵断料空转产生高温，操作人员没有及时采取紧急停车措施，引起螺杆泵内部发生爆炸而造成的一起责任事故。

3.2.11　大冶市金山店镇锡山村姜德伍石料厂"10.31"放炮事故

3.2.11.1　事故概况

2010 年 10 月 31 日 7 时，西采区负责人姜某主持召开班前会、安排当班工作。其中，安排凿岩工陈某、姜某两人为一组，凿岩工陈某、排险工陈某两人为一组，同到采场的西部开采边坡打眼作业，并强调了有关安全注意事项。当日从事打眼作业时，陈某按照分工安排在西部开采边坡的中上部打眼，而陈某、姜某两人则另到采场东部开采边坡的中上部打眼。陈某先在东部边坡排险，约 9 时左右转移到西部边坡配合陈某从事有关打眼辅助工作并就近进行排险。当天陈某等 4 人在开采边坡上从事打眼作业过程中，都戴有安全帽、身系安全带，且均将安全带的保险扣钩挂于各自的专用保险绳上，呈半悬空状悬挂高处作业。

9 时 45 分，正在西采区采场底盘向破碎机铲运石料的铲车工祝某突然听到"砰"的一声巨响。抬头看时，只见采场西段边坡中上部的上空腾起一片烟尘，即意识到是该处开采边坡上发生意外爆炸。与此同时，正在西采区采场底盘外附近不远处办公室内的姜某、姜某的同学罗某及刚领完雷管、炸药准备送往山上的安全员李某等多人，突然听到山场方向的爆炸声后，均意识到采场边坡上可能已出事，于是先后迅速赶往事故采场底盘。

姜某等人到达采场西部边坡底附近时，首先见到的是从开采边坡上部坠落至边坡底俯扑于地的陈某，其身上所系安全带完好无损，虽已不能说话，但尚有呼吸。再向前寻找时，发现陈某已死亡。随后赶往事故现场的有关人员将陈某被爆分离的躯干、头、手、足等收拢包裹在一起，并将陈某、陈某二人的尸体抬上"120"急救车送往黄石四医院，经黄石四医院医护人员检查后，确定陈某也已死亡。本次事故造成两人死亡。

3.2.11.2　事故原因

具体原因：

（1）直接原因。

1）发生事故采石场为高、陡边坡开采，违反《爆破安全规程》（GB 6722—2003）第 5.1.3.1 条："露天浅孔爆破宜采用台阶法爆破"之规定。采用此种高、陡边坡采矿法时，凿岩、爆破、排险作业人员均只能处于半悬空状态高处危险作业，其操作、活动空间受到极大限制，更不便于实施爆后安全确认检查，存在较多的不安全因素。

2）现场作业人员安全意识不强，缺乏应有的凿岩安全知识、违反《爆破安全规程》（GB 6722—2003）第 4.13.2.1 条之相关规定，盲目、冒险利用残眼（或已部分装药的疑似半成品炮眼）加深钻眼，由于钻头的强大冲击压力与摩擦高温的共同作用引爆眼底残存炸药而造成事故发生。

（2）间接原因。

1）现场安全管理不到位，违反《爆破安全规程》（GB 6722—2003）第5.2.14.1条："爆后检查工作由爆破现场技术负责人、起爆站站长和有经验的爆破员组成的检查小组实施"之规定，在上一次爆破后未对爆破区进行全面的安全检查、未确认有无残炮的情况下，盲目安排凿岩作业人员在该区域内从事凿岩作业。

2）相关生产安全管理规章制度、岗位（工种）安全操作规程中的规定条款内容不全面、不具体。该厂制订的《爆破工安全操作规程》中，无有关爆后必须进行检查、确认有无盲（残）炮及有关盲（残）炮处理方法、措施之规定。《风钻工安全生产责任制》中，无"不得利用残眼加深炮眼"等硬性安全管规定，导致现场生产安全管理人员、爆破、凿岩作业人员无章可循，盲目、冒险随意操作。

3）安全培训教育不扎实、不全面，致少数现场爆破、凿岩作业人员安全意识未得到应有的提高，岗位安全技术操作知识不足、不全面，个人自我安全保护意识差。

3.2.12　阳新县太子镇木兰山采石厂"1.29"放炮事故

3.2.12.1　事故概况

2010年1月29日上午，二采区采场生产安全管理、作业人员有：李某、爆破员李某、安全员李某（股东之一，兼放炮警戒）、铲车司机李某（股东之一，兼做杂工、放炮警戒）、李某（兼警戒放炮）、李某（兼警戒放炮），发货员李某及碎石机工刘某等。

上午8时，民用爆破品管理人员李某将二采区存放于东区炸药库的炸药、雷管送来后，由李某配合爆破员李某先于采场边坡底处对原爆落矿岩中的大块进行二次改炮爆破。9时30分后，再到开采边坡上部开采平台处，对前几天所打的五个深孔炮眼进行装药、联线，然后按现场分工进行清场准备放炮。其中，李某将铲车开至采场外300~400米处的进场公路入口处将路挡住以阻止车辆进入，并于该处进行警戒。李某两人分别于采场底盘左、右两侧约300米外的路口处放哨警戒。清场时，李某发现村民李某（聋哑人）尚逗留于附近的山坡上，于是将其带离现场。

当位于爆破点上方开采边坡顶处的安全员李某、爆破员李某见放炮警戒区内已无闲人逗留、行走时，即大声喊"放炮了！所有的人都撤离了！"。随后，由李某操控起爆器，先后于10时30分、11时30分分两次对已装药、联线的炮眼实施起爆。爆破结束后，采场作业人员下班各自回家吃午饭。

中午 12 时后，李姓村七组（白岩下自然村）村民李某（聋哑人）砍柴下山回家途中，发现同村村民李某倒卧于下山的林间小路处生死不明，急忙赶到李某家报信儿，李某之妻及多名村民迅速赶往李某所指的林坡处，见李某被爆破飞散物砸倒人已死亡。

由于事故发生时现场无直接目击者，对事故发生时的具体准确时间不详。但根据当天采场的爆破作业情况分析，李某应为当日 10 时 30 分、11 时 30 分所进行的两次大爆破时其中某一次的爆破飞散物打砸致死。

3.2.12.2 事故原因

具体原因：

（1）直接原因。爆破作业现场生产安全管理人员、警戒人员安全意识不强，麻痹大意。起爆前清场时，现场生产安全管理人员既未安排有关人员于采场东南方向林区山顶上部向下可进入爆破危险区的林间路口处放哨警戒，也未安排人员由下向上进入附近爆破危险区范围内的灌木林中全面检查清场。而爆破起爆人员又心存侥幸，仅凭个人远处观察（其所在位置根本无法观察到附近灌木林内的情况），误认为警戒区内无人而盲目起爆，致因不知情而未撤出爆破危险区的村民李某被突然而至的爆破飞散物打砸致死，是此次事故发生的直接原因。

（2）间接原因。

1）无专项爆破清场安全管理规定，实施起爆作业前未采用高音有效的安全预警信号，而仅凭人工喊话清场时，无法让逗留于爆破危险区内相对较远位置的人员听到，难以达到预警警示效果。

2）无专项放炮安全警戒制度。现有的《爆破现场安全管理制度》、《安全员职责》等安全管理规章制度不具体、不全面，导致爆破作业现场无专人统一指挥，爆破警戒职责分工不明，警戒岗哨之间及岗哨与指挥人员之间无有效讯信联络，起爆人员在无起爆信号的状况下实施起爆。

3）爆破危险区外围无爆破安全警戒警示标志。未根据实际环境状况明确规定并全面、合理设置爆破安全警戒，漏设警戒点。

4）安全培训教育不到位，致部分生产安全管理人员及岗位作业人员安全意识未得到应有的提高，缺乏应有的爆破安全管理常识，工作马虎、麻痹大意。

3.2.13 大冶市保安镇塘湾红中碎石厂"4.30"放炮事故

3.2.13.1 事故概况

2010 年 4 月 30 日 10 时 30 分，大冶市保安镇民爆办按计划给大冶市保安镇塘湾红中碎石厂送来炸药 900 千克、电雷管 40 发，由该厂民爆用品保管员陈某验收入库。

按照保安镇民爆办爆破队的事先安排，该队负责现场爆破施工作业的技术员冯某于 16 时左右来到该厂后,即按原计划安排有关爆破作业事项,并一人先至计划爆破作业地点查看炮眼布置情况。

经爆破员高某、安全员肖某两人同时签领,900 千克炸药(每包 25 千克、共 36 包)及 40 发雷管于 16 时 20 分出库。炸药装放于铲车铲斗上,由安全副厂长(兼铲车司机)陈某驾驶铲车送至采场西部爆破作业点附近。高某将 40 发雷管及几个空矿泉水瓶(具体个数不详)装在一个塑料袋内(其后裤袋内另装有一瓶未喝完的矿泉水),并肩扛着一根筑炮用的竹篙,与肖某、陈某三人跟随铲车之后到达采场西部爆破作业点。卸下炸药后,陈某驾驶铲车返回采场底盘东部从事石料铲运作业。随后,陈某也离开爆破装药作业点。

冯某对各炮眼位置进行检查确认后,安排高某先对采场开采台阶最西部边缘相对低凹位置的几个炮眼进行装药。正常情况下,冯某应亲自参与装药作业,或于现场亲自督促、指导其他爆破作业人员装药,但认为高某是曾与自己多次合作过的技术熟练的爆破员,故没有对其强调如何制作、投放起爆药包等具体操作方法及有关安全注意事项,只是向高某交代每个炮眼最多只能装两包半炸药。然后,将全部雷管拿到距爆破装药点约 40 米外的排土场西南边坡下部进行逐个检测(利用其当天所携带的 200 发起爆器检测雷管是否导通完好)。

高某从事装药作业时,肖某站于装药点西南侧约 5 ~ 6 米远的排土场处负责安全警戒。冯某将第一批检测合格的 15 发雷管送给高某后,又返回至原处继续从事雷管检测工作。17 时以后,陈某再次返回至山上,站在装药点西南侧约 10 米外的排土场边坡下部看高某装药。

冯某拿着第二批检测合格的雷管准备送给高某,中途到达陈某身后、距装药点约 10 余米处时,见高某正在装药炮眼旁边弯腰操作,突然听到“轰”的一声闷响,随即浓厚的炮烟飘漫于装药点周围的上空,高某正在装药的炮眼发生早爆。

事故发生时为 2010 年 4 月 30 日 17 时 30 分。

待炮烟稍飘散后,只见肖某左手捂着头部从排土场边坡处向下跑,一边对陈某说快找人去救高某,一边向山下厂办公室方向跑去。陈某、冯某赶紧跑到高某身旁,只见其被抛离事故炮眼约 2 ~ 3 米俯躺于地面,头部、脸部、胸部、腰部等多处伤口明显、流血不止,一边痛苦地呻吟和呼救,一边慢慢爬动。见此情况,陈某马上打电话给安检工陈某告知事故情况,叫其赶快派人前来施救,随后又拨打“120”急救电话。

正在从事石料铲运作业的陈某突然听到不正常的爆破声响,随即见肖某从采场西部跑过来,并大声喊“救人!救人!”。陈某知道出事了。随即,带领徐某等两名来厂装运石料的汽车司机驾驶铲车赶往事故现场,将高某送往山下厂办公室旁等候“120”急救车。

厂长黄某接到陈某的事故报告电话后，当即指示其迅速将高某、肖某二人送往大冶市人民医院抢救。在"120"急救车尚未到达的情况下，由陈某驾车将二人直接送往大冶市人民医院救治。

经医院检查，肖某仅右手臂骨折、无生命危险（大冶市人民医院的建议转往武汉同济医院接受治疗）。高某肝脾破裂伤情严重，经全力抢救无效，至次日6时左右，医生宣布高某病危。在其家人的一再要求下，于8时40分出院，安排急救车（车上配有随车护士为其输血、输氧）送其回家，中途于9时20分左右死亡。

3.2.13.2 事故原因

具体原因：

（1）直接原因。现场爆破作业人员安全意识不强、麻痹大意，违反《爆破安全规程》（GB 6722—2003）第4.10.6.4条之有关规定，因制作起爆药包及向炮眼内投放起爆药包时操作方法不当而造成硬拉雷管脚线，在起爆药包的下坠重力和雷管脚线被向上提拉反作用力的共同作用下，雷管脚线自雷管中突然强行脱出（或致雷管内部的点火桥丝松动）。而在其脱出（或雷管内部的点火桥丝松动）瞬间，致与雷管脚线相连接的桥丝摩擦发热使起爆药或引火头发火，从而使雷管发生爆炸，并由起爆药包引爆炮眼底部的已装炸药。

（2）间接原因。

1）现场爆破安全、技术管理人员安全意识淡薄、工作责任心不强，麻痹大意，对装药过程中起爆药包的安全制作方法及起爆药包的安全放置方法未予明确规定并正确指导，现场安全操作管理不到位。

2）爆破施工作业单位的爆破安全操作规程内容不全面、不具体，无起爆药包制作方法及起爆药包安全投放方法的具体规定要求，导致少数爆破作业人员盲目、随意操作。

3）安全培训教育不扎实、不全面，致少数现场爆破作业人员安全意识未得到应有的提高，爆破安全技术操作知识不足、不全面，个人自我安全保护意识差。

3.2.14 大冶市彭河湾帆鹏灰石厂"12.19"放炮事故

3.2.14.1 事故概况

2008年12月19日上午，按照该帆鹏灰石厂规定的正常作业时间，该厂采场各岗位共17名作业人于早7时上班。其中，有打眼爆破作业班班长兼爆破员（同时肩负起爆操作方向放炮安全警戒职责）彭某及另7名打眼工、空压机兼信号警戒工（放炮时负责清场、鸣锣警戒）田某、安全员曹某（负责民爆物品的登记、发放、回收、使用安全监督管理、放炮安全警戒）、破碎机生产线设备运行管理人员彭某及 3 名装渣工曹某等人。

当班 7 名打眼作业人员中，4 人被安排在采场开采边坡东端的中上部打炮眼（边坡东部布置开采台阶刚开始的第一个班），一人打杂；两人被安排在西部台阶处打眼；曹某 3 人则专门负责对来该厂购运石料的车辆进行装车。

8 时 30 分，爆破员彭某至该厂民爆物品库领取 4 包共 100 千克炸药、40 发雷管，由安全员曹某配合其将炸药、雷管搬扛至开采边坡西部布置台阶爆破作业处，对前两天已打好的炮眼进行装药、准备当日上午放炮。

当日，该厂第一负责人彭某未到采场。厂长王某当日上午先到大箕铺镇国土资源所、环保所联系有关工作，然后又到大冶购买油料。因而，当日事故发生前也未曾到过采场生产作业点。故当日上午采场作业区只有安全员曹某、生产管理人员彭某两名安全生产管理人员。

上午 10 时，爆破员彭某装药完毕（共装药 30 个炮眼，炮眼眼深约 4 米，用药 85～90 千克），至 11 时左右联炮完毕，于爆破台阶处等待到时起爆。

安全员曹某于爆破台阶装药现场处见彭某已装药、联炮完毕后，就从爆破台阶处下山到采场西面其祥湾后垴方向的放炮警戒点放哨警戒。当后来田某鸣第一遍锣前后，其本人均没有到采场底盘，也未安排其他人到采场底盘清场查看是否有人未撤离。

11 时 20 分，空压机兼信号警戒工田某关停空压机停止供风。当其走出空压机房（空压机房位于采场底盘东部外侧）准备下山去吃饭时，见彭某站于开采边坡西部的爆破台阶上喊叫田某，并打手势示意其鸣锣警戒。于是，田某转身回到空压机房将锣拿出，站在平时鸣锣警戒处（采场底盘公路入口处，由于采场底盘西部小山丘的遮挡，于该处观察不到底盘西部的现场实际情况）鸣锣。第一遍鸣锣为慢节奏，持续约 1 分钟。鸣锣后，田某见彭某于采场底盘内侧引导撤出一台铲车及一辆装满石料的汽车，但其本人未至采场底盘西部察看是否仍有人、车未撤出。约 2～3 分钟后，田某又以快节奏鸣第二遍锣，以示彭某可以起爆放炮。此次鸣锣持续时间仅约 20 秒。此时，曹某等 3 名装渣工仍在采场底盘最西端向一辆小型农车上搬装石料（当天上午所装的第 9 车），且已快装满，虽已听到鸣锣声，但均以为该处人、车未撤出，且信号、警戒人员在未至该处清场的情况下，不可能第二次鸣锣通知爆破员放炮，准备将该辆车的石料完全装满后再撤离。鸣完第二遍锣后，田某赶紧跑入空压机房内避炮，彭某也急忙进入附近的配电房避炮。

爆破员彭某站在西部爆破台阶处从上向下可观察到采场底盘的东部、中部和外侧较远处的情况，而对其下方边坡根底及右下方采场底盘西端角处的情况则无法观察得到（相对于边坡上部的爆破台阶处而言均为死角位置）。在鸣第一遍锣后，彭某见边坡东上部的打眼人员已撤离（西部的打眼人员炮眼装药完毕后即已提前撤离），且见有一台铲车和一辆装有石料的汽车驶离采场底盘，于是在第二遍鸣锣结束约1分钟后（田某刚进入空压机房躲避），彭某即退至20多米外的左侧山坡后的安全处操控起爆器（此前已将放炮母线连接好牵至该处）起爆放炮。放完炮后沿山坡下来，绕道到采场底盘西端边坡底处检查爆破效果（察看爆落岩石量的多少）。待其下至采场底盘西部边沿不远处时，发现该处停有一辆已装满石料的农用车，车头顶棚被砸严重变形。待其再走近观察时，见曹某、柯某两人被砸，分别倒卧于农用车车头的右前方和右后侧的爆石堆上。见此情况，彭某赶紧大声喊叫"不得了！不得了！有车子没走，人被砸了"。

爆破响声停止后，彭某下山到厂部吃饭，彭某的父亲（负责对前来购运石料的车辆放行、收款）问彭某说"山场上面还有车子，出来没有？"彭某回答说"我不清楚"。于是两人一道向山上采场跑去。田某从空压机房内出来下山准备去吃饭时，听到彭某在后面大声喊叫说出事了。恰好彭某等人赶到，于是一同赶往事故现场，见曹某已死，农用车司机柯某及装渣工曹某等人严重受伤倒卧于农用车两侧的爆石堆上。

大冶市新建医院"120"急救车于12时15分赶到事故现场，将柯某等三名伤员接往该院救治，随后将死者曹某的遗体抬至该厂厂部办公地点存放。柯某因伤势过重，在新建医院急救治疗过程中死亡。

本次事故造成两人死亡。根据专家事后分析，事故发生时间应为2008年12月19日11时25分左右。

3.2.14.2　事故原因

具体原因：

（1）直接原因。

1）放炮鸣锣警戒人员田某安全意识低下，违反《爆破安全规程》（GB 6722—2003）4.12.2.1款"预警信号：该信号发出后爆破警戒范围内开始清场工作"之规定。在第一次鸣锣后未进行清场，采场底盘西部尚有人、车未撤出的情况下，继而违反《爆破安全规程》4.12.2.2款"起爆信号：起爆信号应在确认人员、设备等全部撤离爆破警戒区，所有警戒人员到位，具备安全起爆条件时发出。起爆信号发出后，准许负责起爆的人员起爆"之规定，在仅约间隔2~3分钟后即进行第二次鸣锣发送起爆信号，致使爆破警戒区内的作业人员未能及时撤出。

2）现场生产安全管理人员安全意识不强。在当班放炮前第一次鸣锣（通知采场作业区及放炮危险警戒范围内的人员撤离）后，安全员曹某、当班采场现场生产管理人员彭某以及信号、警戒工田某本人均未至采场底盘西部进行清场检查是否仍有作业人员、车辆未撤出。

（2）间接原因。

1）安全生产管理规章制度不健全（爆破安全管理规章制度不细致、不具体、不完善），安全生产责任制未落实（安全生产管理责任、分工不明确），以致生产现场缺失必要的安全督管，是导致事故发生的重要间接原因。

2）现场生产安全管理责任未完全落实到岗、到人，现场安全管理松懈，放炮警戒、清场等现场安全管理职责、分工不明确，现场安全管理岗位人员安全意识淡薄、责任心不强（爆破预警信号前，安全员曹某未到现场指挥、布置安排清场工作；彭某虽到采场底盘处清场，但清场工作不到位、不彻底；田某鸣锣发送预警信号后，自己既未进行必要的清场工作，也未向彭某详细了解有关清场情况）等，是导致事故发生的另一重要间接原因。

3）爆破预警信号与起爆信号之间的时间间隔过短（仅约 2~3 分钟），致采场底盘西端的作业人员、设备没有从准备撤离到实际撤离所需的足够时间，也是造成事故发生的重要间接原因之一。

3.3 物体打击事故

3.3.1 湘东区湘东裕升联营采石场物体打击事故

3.3.1.1 事故概况

湘东区湘东裕升联营采石场为露天开采矿山，采场断面高约 60 米。由于接连下了两天雨，直到 9 月 15 日下午天气才转阴（9 月 15 日上午下小雨）。矿长肖某、生产矿长邓某决定断面排完险后，在地面打底板，9 月 15 日下午便开始生产。

2006 年 9 月 16 日（阴天）上午 8 时左右，生产矿长邓某在矿办公室召开进班会，并进行当天上午作业分工安排。根据分工：邓某负责矿山安全监管；冯某、刘某、彭某 3 名采石工在采场外侧打底板（准备中午放炮）；周某等 2 名采石工在采场内侧打解眼（靠高山一侧有两块较大的石头，铲车无法搬动，需要放解炮）。同时，铲车在采场内侧装车。约 10 分钟，进班会完毕，职工们按各自分工开始生产作业。上午 10 时 30 分，在采场内侧打解眼的采石工周某突然听到断面上部有响动，忙仰头向上察看，只见一块重约 0.5 千克的石头从断面顶部（顶部未排表土，有泥石）掉下，滚落到断面中部（离地 30 余米高）碎成 3~4 小块向地面飞落下来。在周某抬头仰视的时候，头上的安全帽随即朝后掉落到地，也就在这一瞬间，一块重约 0.1 千克的石头刚好击中他的头部，周某当即倒地。其他工友见状，急忙进行抢救，并拨打"120"急救电话。约上午 10 点 45 分，区中医院急救车赶到事故现场，经医师检查，发现周某已当场死亡。

3.3.1.2 事故原因

具体原因：

（1）直接原因。湘东区湘东裕升联营采石场严重违反《金属非金属露天矿山安全规程》和《开采设计方案》要求，采场断面高约 60 米，未形成台阶；断面上部未清表土，头两天又下了雨，泥石比较松动，采石工在高山未排险的情况下作业，是导致事故发生的直接原因。

（2）间接原因。生产矿长兼安全员邓某劳动组织不合理，安排未经专业培训并取得特种作业人员操作证的人员上岗作业（采石工周某、冯某、彭某，铲车司机向某等均无上岗证）；在没有清除断面浮石，彻底排除险情的情况下指挥生产，是导致事故发生的主要原因。

湘东区湘东裕升联营采石场未举办过一次安全技术培训班，进班会流于形式，无任务记录。企业内部管理混乱，制度执行不严，是事故发生的重要原因。

3.3.2 克拉玛依市新油建筑工程有限公司采石场"9.6"物体打击事故

3.3.2.1 事故概况

克拉玛依市新油建筑工程有限公司采石场为新油公司下属企业，隶属新油公司管理。新油公司受四川公路桥梁建设集团有限责任公司的委托，采石场所生产的片石供应给四川公路桥梁建设集团有限责任公司的新疆维吾尔自治区 G3014 克拉玛依至乌尔禾高速公路项目使用。因采石场生产的片石为高速公路项目所使用，所以采石场只在国土部门办理了临时开采的证照。

克拉玛依市新油建筑工程有限公司采石场未设立安全生产管理体系、机构，职工上岗前没有参加正规的三级安全教育培训，采石场现有安全管理人员未参加正式的安全资格培训，无证上岗。

2012 年 9 月 5 日 20 时，夜班凿岩工兼安全管理员刘某、挖机驾驶员杜某和安某（死者）3 人接班开始工作。工作至凌晨 2 时 20 分，3 人吃了加班饭并休息了一个小时。休息结束后，在 3 时 20 分又开始工作。在工作前，刘某给杜某和安某安排把白天扒下来的石头破碎完后就下班。由于杜某 9 月 4 日刚来工作，破碎石头时操作不熟练，刘某便在两台挖机中间靠近杜某处指导他干活，而安某在另一边破碎石头。9 月 6 日凌晨 5 时左右，杜某看到安某在扒山体上的石头，随后山体的一块岩石垮落下来砸中安某驾驶的挖机驾驶室（岩石长 2.8 米、宽 2.5 米、高 1.8 米），事故发生后刘某跑至安某驾驶的挖机上发现安某被压在挖机驾驶室内，刘某和杜某跑回采石场宿舍叫人抢救。随后，采石场承包人邱某、王某先后赶到现场，邱某打电话通知了"110"、"120"、"119"请求救援，同时调来了三台吊车配合救援工作。9 月 6 日 13 时左右，将安某从挖机驾驶室救出，后经和布克赛尔县慈善医院"120"工作人员检查确认人已死亡。

3.3.2.2 事故原因

具体原因：

（1）直接原因。采石场爆破后山体存在多处危石、险石而未及时排险处理，挖机驾驶员安某在夜班扒山体上的石头，导致岩石垮落后砸中挖机驾驶室，是造成本次事故的直接原因。

（2）间接原因。

1）现场作业人员安全意识淡薄。挖机驾驶员安某未听从安全管理人员安排，夜班去扒山体上的岩石，自身安全防范意识不强。

2）事故主体单位安全管理混乱。克拉玛依市新油建筑工程有限公司采石场未办理《采矿许可证》、《安全生产许可证》。未建立安全生产管理体系，未制定相应的岗位责任制和操作规程、作业规程，未设置专职的安全管理人员。企业单位主要负责人、安全管理人员、特种作业人员未进行安全培训。企业职工"三级安全教育"培训工作落实不到位。

3）现场监管不严格。现场管理人员对作业人员的盲目工作行为未及时予以制止。

3.3.3　舟山市定海临城俞家墩采石厂"8.21"物体打击事故

3.3.3.1　事故概况

2006年8月20日上午，舟山市定海临城俞家墩采石厂凿岩工臧某、李某、林某、杨某将空压机从低层搬运到上层作业面。臧某和李某一组、林某和杨某一组，臧某和李某靠近岩面的左侧，两个作业组相距20米左右，在作业面的底部进行凿岩作业（该作业坡面的左上部未进行排险处理，有浮石危石存在，作业面坡度近90度，高15米左右）。生产与安全主管人员陆某发现此情后，向臧某和某刚指出该处作业有危险，并要求他们从顶部自上而下凿岩，陆某随后到下层作业面做其他工作去了。臧某和李某没有听从陆某的劝阻和工作安排，在原处继续作业至傍晚6时左右，共打了4个半炮眼。8月21日，臧某和李某2人上班后继续在原作业点凿岩。陆某到现场后发现臧某和李某凿岩眼工作已接近完工，且凿岩时未发生险情，没提出任何意见，默许臧某和李某继续冒险作业。时至上午9时左右，在臧某和李某作业面上方的浮石危石崩塌，砸中正在岩底风钻作业的臧某和李某两人，林某和杨某闻声赶来抢救，不久唐某和陆某等人也闻讯陆续赶来抢救。等大家从碎石中将两人扒出后，送舟山人民医院抢救无效死亡。

3.3.3.2　事故原因

具体原因：

（1）直接原因。臧某、李某安全生产意识淡薄，掏底崩落开采，违规作业。

（2）间接原因。

1）舟山市定海临城俞家墩采石厂没有按有关规定，采用自上而下的开采工艺进行开采，没有采用先排险后作业的规定冒险作业。未在有较大危险因素的生产经营场所设置明显的安全警示标志，生产现场安全警示标志明显不足。

2）安全主管人员、生产现场负责人陆某安全生产意识淡薄，违反露天矿山开采规定，默许职工冒险作业。没有根据本单位的生产经营特点，对安全生产状况进行经常性检查，对工人违章作业、已发现事故的隐患处理不当，措施不力。

3）矿长何某（股东之一）没有认真履行"督促、检查本单位的安全生产工作，及时消除生产安全事故隐患"的法定职责，对本采石厂作业岩面存在严重安全隐患（未进行排险处理，有浮石危石存在，作业面坡度近90°）没有采取有效的安全防范措施，安全生产意识淡薄。

4）爆破组长林某安全生产意识淡薄，没有认真履行本职职责，对本组作业人员掏底崩落开采作业没有采取有效措施加以阻止。

3.3.4　大冶市金湖牯羊石料厂"6.4"物体打击事故

3.3.4.1　事故概况

2008年6月3日下午6时，由于操作人员不慎，将一个改破石料的大锤掉入该厂安装于采场底盘处正在生产运行中的破碎机的进料口内，致破碎机被卡、断轴不能运转。当晚一直抢修到21时，由于时间已较晚且又下起了大雨，只好暂时停止抢修。

2008年6月4日7时以后，厂长胡某、安全员谢某（胡某岳父）、铲车司机叶某、保管员胡某（胡某之父）4人先后到达采场，继续从事有关破碎机的拆、修工作。到8时左右，保管员谢某（胡某之妻）上班到达采场修理破碎机处。8时20分，爆破员兼凿岩工谢某两人上班到达采场时，谢某考虑到头天晚上下过大雨，采场边坡可能不安全，且破碎机也一时难以修好，就对二人说今天不生产。于是，谢某两人离开采场回家。9时以后，周某到达采场，在修理破碎机现场一旁观看时，谢某对周某说当天不生产，并告诉周某说谢某两人已回去了。此后，由于胡某、谢某等人一直忙于修理操作，至于周某什么时候离开修理现场、又到什么地方去了，在场人员都未予注意。

9时40分，胡某、谢某等人突然听到采场北边坡方向传来"啊"的一声叫喊。只见周某躺卧于北开采边坡中上部岩壁的爆破平台处，胡厂长意识到发生了事故。

发现此情况后，胡某一边大喊"不好，出事了！"一边赶紧从采场底盘处上来，沿外山坡绕道（约120米）向事故发生点上部的边坡顶跑去。到达事故点上方向下看时，见周某躺倒于该处一动也不动，其身上系着安全带，安全带仍钩挂于保险绳上。由于一人无法进行施救，于是站在山坡顶处大喊叫人帮忙，随后抓着安全绳由边坡顶下到事故点处，将周某抱起。只见其右胸部被砸出一个大窟窿、流血较多，就叫叶某赶快拨打120急救电话。待随后赶来的胡某及隔壁一采区的工人周某两人先后通过安全绳下到周某身旁后，胡某将周某身上所系的安全带解开，3 人将周某抬到距边坡根底约 10 米处的采场底盘平场处躺放于地面。10 时 20 分，大冶市人民医院急救车赶到现场，经随车医护人员对其进行检查（做心电图）后，确定周某已死亡。

3.3.4.2　事故原因

具体原因：

（1）直接原因。该采场已形成的开采边坡较长（超过 100 米），现正在生产开采的北部开采边坡的中上部多处存在明险的危石。事故点处上方边坡岩壁为山体浅表岩层，裂隙多，极破碎、极不完整，由于前一次放炮后未对该处边坡表面危石进行及时、彻底的撬排（排险）处理，为事故的发生埋下重大隐患。

根据事故施救时所见死者身系安全带，且安全带完好锁挂于保险绳上的情况分析：周某身系安全带通过安全绳由边坡顶下至距边坡底约 14 米高处的平台处（距边坡顶约 8 米）后，双手抓握安全绳、面向边坡面由左向右横向移走（向平台右侧插放凿岩机方向）。在其行走过程中，带动承负一定荷载（受力）的保险绳紧贴边坡岩壁表面由左向右移动。在保险绳的横向拉、刮作用下，致其上方岩壁表面的其中一块松动危石被绊动突然掉落砸中其胸部导致周某重伤死亡。

（2）间接原因。

1）开采台阶高度布置不合理，开采方式方法不规范。没有按照相关设计方案及有关行业规定标准合理安排开采台阶高度实行分台阶开采，开采台阶高度大、坡度陡，致打眼作业人员只能系挂安全带、安全绳悬吊于高陡边坡（悬岩峭壁）处打眼作业和攀抓安全绳上、下和左、右行走，一旦发生岩体片帮、上方掉物掉渣等险情时，作业人员根本无法避让。因此，开采布置不合理，台阶高度过大及边坡角度过陡，是造成事故发生的另一间接原因。

2）生产安全管理人员安全意识淡薄，重生产、轻安全，隐患（边坡危石）排查、整改（排险处理）不及时、不彻底。

3）岗位作业人员安全意识差。死者周某对作业场所所存在的明显不安全因素视而不见，麻痹大意。在未事先进行排险处理、且在另无他人一旁安全监护的情况下，麻痹大意，独自一人冒险下至危险岩壁处，终致事故的发生。

3.4　高处坠落事故

3.4.1　长沙县安沙镇兴龙麻石厂 "10.20" 高处坠落事故

3.4.1.1　事故概况

2006 年 10 月 20 日 8 时，按照矿长马某的安排，二组矿工张某、张某、余某、爆破员任某和三组矿工常某、黄某等 6 人先后到达采矿场作业。其中，二组 4 名矿工在西向坡面作业，三组矿工在坡底作业，安全员常某当天请假。9 时 30 分，股东熊某根据矿长的安排送炸药、雷管到采矿现场，并安排由二组放炮，嘱咐任某放大炮时要发出警告，要注意安全就离开采场。现场无负责人负责安全工作。10时，按照惯例，由张某送药、余某和张某打炮眼和装炮，张某点火，在采石场西向坡面高处放了一个大炮和两个小炮。放完炮，几人发现山顶出现一大块险石，就决定排完险后再回家吃饭。10时30分，余某叫任某下山将打风钻的常某、黄某喊开，自己和张某、张某一起到山顶准备人工将险石凿下。当时，张某走在众人最前面，当张某走到险石上方危险区域时，险石突然坍塌，张某随之从50多米高处坠落，造成一人死亡。

3.4.1.2　事故原因

具体原因：

（1）直接原因。

1）爆破作业后形成大块险石，险石附近岩体松动失稳。

2）死者安全意识淡薄，未系安全绳违规站在险石上人为加重险石压力，导致险石坍塌。

（2）间接原因。

1）主要负责人履行安全生产职责不到位。主要负责人未认真履行安全生产管理职责，未落实安全生产责任制，未经常督促、检查安全生产工作，默许非爆破员违规从事爆破作业，未及时消除生产安全事故隐患。

2）安全管理混乱。爆破作业时，无专职安全员或其他负责人在场指挥，由非爆破员领取火工品，在非放炮时间放炮；专职爆破员年事已高未及时更换，由非爆破员从事爆破作业，高处排除险石时作业工人未系安全绳等。安全管理相当混乱，工人违规违章作业现象严重。

3）安全教育培训不到位。未组织全矿从业人员进行正规的安全生产教育和培训，虽然以前在召开会议时讲过安全，但在近2个月没有再召开过安全会议，不能保证从业人员掌握必要的安全生产知识和本岗位的安全操作技能，从业人员安全意识差，安全素质低。

3.4.2　隆安县古潭乡育英村巴底弄采石场"4.26"高处坠落事故

3.4.2.1　事故概况

2011年4月26日16时许，古潭乡育英村巴底弄采石场发生一起民工何某在工作面山顶排除浮石过程中高处坠落事故，造成1人死亡，直接经济损失60万元。

3.4.2.2　事故原因

具体原因：

（1）直接原因。作业人员何某安全意识淡薄，违规违章作业，图省事，操作马虎，在开采边坡上进行排险作业时，自身安全带绑得不牢固；没有按照操作规程系上安全扣件带，冒险站立在自己将要撬动的浮石堆上，用钢纤撬动浮石，在浮石被撬动滚落的同时，自身的安全带松脱随浮石一起滚落至半山腰，从而导致了伤亡事故的发生。

（2）间接原因。

1）业主闭某对安全生产工作缺乏足够认识，忽视安全生产管理；未能认真履行安全生产管理职责，未能及时督促、检查安全生产工作。对安全隐患排查、安全防范措施以及现场安全监管不到位，采取以包代管的方式从事经营生产。

2）安全管理混乱。排险作业时，无专职安全员或其他负责人在场指挥。最突出的表现为事故发生当天单位无一管理人员值班和带班上岗。

3）安全教育培训不到位。业主未能组织全体从业人员进行系统地开展安全生产教育和培训，未能保证从业人员掌握必要的安全生产知识和本岗位的安全操作技能，随便安排民工上岗作业。

3.4.3　都昌县和谐碎石有限公司"4.2"高处坠落事故

3.4.3.1　事故概况

都昌县和谐碎石有限公司自1月份以来一直处于停产状态。2008年4月2日13时30分，员工李某等6人分别对机台机器进行检修保养。正在检修机台的张某寻找钢钎，叫郑某去取。大约中午2时，铲车司机张某正在机台口装碎石，眼见郑某戴着安全帽、手扶安全绳往上爬，在爬至离地面10米左右高处时从作业面上掉落下来，即通知其他人员，随即下车跑向塘口。其他人员迅速赶到现场抢救，发现郑某的安全帽已破碎，头部大量出血当场死亡。

3.4.3.2　事故原因

具体原因：

（1）直接原因。死者郑某，未经负责人同意擅自酒后违规操作，上到作业面拿工具。在换安全绳时双手没有握紧，双腿滑倒，摔到地面，而且是头部先着地，安全帽摔碎，当场死亡。

（2）间接原因。

1）该采石场作业面高达27米，坡度成90度，在原开采时未按规定自上而下、分级作业且已形成"一面墙"。

2）采石场现场管理混乱，安管员未履行安全职责，致使员工酒后冒险作业；在停产期间其设备、工具及安全防护用品未及时清理。

3）采石场管理不严，安全生产规章制度不完善，岗位操作规程不健全，日常的安全检查制度未建立，致使各项制度流于形式。

4）采石场安全防护用品不符合国家安全标准。

3.4.4　黄石市钟山灰石厂"3.27"高处坠落事故

3.4.4.1　事故概况

2010 年 3 月 27 日 6 时 30 分至 7 时，钟山灰石厂爆破班班长柏某与该班凿岩工万某、柏某（死者之兄）、华某及明某 5 人先后到厂。柏某对厂长周某说当天要放几个炮，周某说自己当天外出有事，炮班最好不要生产。而柏某坚持说："不要紧，你放心，我已申报了一包炸药、20 个雷管，计划在采场西边放炮"。周某听柏某如此说也就没有反对，只是提醒其一定要注意安全。随后，柏某带领该班另 4 人至西部边坡顶及采场底部，分 3 处 4 台凿岩机打眼。周某于 8 时 30 分离厂外出。9 时左右民爆站送来炸药、雷管，11 时 15 分分别于西边开采边坡顶布置台阶处及中间坡顶两处放炮（中间坡顶处为排险炮）。

13 时上班后，经柏某安排，爆破班 5 人中有两人在西部边坡顶布置台阶处打眼，一人在东部边坡顶处打眼，华某被安排在采场中段的坡顶处撬石排险，柏某自己则在采场边坡中间位置的坡顶距华某作业点不远处打排险炮眼。

15 时 50 分，位于采场底部作业的挖掘机司机发现挖掘的一根油管爆裂漏油，正当其于边坡底部停机检查、拆卸油管时，抬头见柏某站于边坡顶边沿，大声说他要到边坡处排险，并叫挖掘机司机将挖掘机开离远一点停放。而此时因挖掘机油管故障无法开动，该司机直到将破裂油管拆下后才离开边坡底。16 时以后，位于采场底盘处铲运石料的铲车司机卫某曾见柏某在开采边坡的中上部位置撬石排险，后见到有两三块岩石沿坡面滚下后，随之发现柏某俯贴于边坡面处向上攀爬。此时，其所在处周围的一大片危岩突然同时向下滚落，而柏某也随同边坡面滚落的石块一起坠落于边坡坡底。

正在距柏某打眼作业点不远处撬石的柏某和华某见柏某已滚落至坡底，赶紧从东边山坡处绕行跑到坡底。铲车司机卫某见柏某滚落于坡底时，立即大声呼救。听到卫某、华某的呼救声后，正在西部边坡顶打眼作业的万某及在采场底盘外边从事设备维修的修理工周某等人先后迅速赶往事故现场，见柏某俯躺于边坡坡底处，身上砸压有数块片石，但因边坡上部仍不时有石块向下滚落，现场人员一时不敢近前施救。于是，周某赶紧拨打"120"急救电话，待边坡上部稍稳定后，柏某再上前搬开砸压于柏某身上的石块后，由另两人帮忙将其抬离边坡底躺放于采场底盘中较安全处。其时，虽然柏某头部的左、后侧有明显外伤，鼻孔流血，但仍有呼吸和脉跳，于是找来一块旧门板将其抬到山下的厂办公室门前。

由于柏某伤势过重，经爱康医院医护人员抢救无效死亡。

3.4.4.2　事故原因

具体原因：

（1）直接原因。由于站位不当，被撬动向下滚落的石块撞砸而身体失衡、双足于陡岩壁处滑脱，全身重量完全作用于安全绳、保险绳上并呈悬空状态悬挂于陡岩壁处，且由于上部松动岩石继续滚落撞砸其身体时的下坠重力作用，安全挂绳与主保险绳打结连接的接头松脱，柏某从高约30米的边坡处坠落至边坡底部。

（2）间接原因。

1）发生事故采场原为高陡边坡顺层开采（没有按照有关规定实行分台阶开采）。由于开采方法不合理，事故前约6~7天于该处开采边坡实施爆破后，致使边坡中上部形成大面积呈不规则龟裂状厚层危岩，为事故的发生埋下了重大安全隐患。

2）现场作业人员安全意识不强，违反该厂《撬石工安全操作规程》第二条之有关规定，在现场无安全监护的情况下自己连接安全绳，且独自一人经系挂于边坡顶部的安全绳由坡顶下至高、陡开采边坡处冒险作业。

3）现场作业人员自我安全防护意识差，在存在大面积危岩的高陡边坡处从事撬石排险作业时，为图省力而站位不当，违反该厂《撬石工安全操作规程》第三条之有关规定，站于边坡表面大面积呈层状龟裂危岩的下方冒险操作。

4）现场作业人员习惯性违章。从事悬空高处作业时，在与身上所系安全带配套连接的安全挂绳端头无保险扣（属人为故意拆除）的情况下，仅采取将安全挂绳与主保险绳打结连接的方法高处悬吊作业。由于作业过程中突受上方滚落岩石砸撞失稳时的瞬间下坠重力作用，致绳结松脱而摔下边坡底部。

3.4.5　湖北大冶市东岳宝山灰石厂"5.15"高处坠落事故

3.4.5.1　事故概况

2008年5月15日上午8点40分，由采矿班班长柏某，带5名采矿工人背送爆破炸药到达山顶爆破采场。放好炸药后，本应从原路返回，由于想走捷径，便从山顶斜坡拉安全绳（麻绳直径25毫米）下山。当柏某下行离地面18米处，因其无力自然松手，人慢慢滚下山脚。

工友柏某看见后立即跑步到伤者面前，看见伤者头部摔伤，不省人事，但还有呼吸，立即向安全员李某报告，李某立即安排人员抢救，将伤者抬上汽车，直接送往市五医院抢救。经医院抢救无效，柏某于9点40分死亡。

3.4.5.2　事故原因

具体原因：

（1）直接原因。死者安全意识不强、麻痹大意。为走捷径，在身未系挂安全带的情况下，违章自山顶手拉安全绳沿高陡开采边坡下行。由于一时手无力松开绳索而坠落开采边坡底，重伤致死。

（2）间接原因。灰石厂管理存在缺陷，对习惯性违章作业制止不力，对特殊岗位人员身体未做定期体检。

3.5 机械伤害事故

3.5.1 辽宁鞍钢矿山公司大孤山铁矿列车相撞事故

3.5.1.1 事故概况

1981 年 12 月 2 日 8 时 45 分，辽宁省鞍钢矿山公司大孤山铁矿运输车间发生车辆伤害事故。死亡 6 人，重伤 3 人，轻伤 6 人。

当日 8 时 30 分许，该矿运输车间 030 号机车牵引着 10 台装满岩石的翻斗车，从采场负 6 米站开往排土场。当列车驶过 135 米站五成道岔南头 4.5 米时，第 10 节翻斗车与第 9 节翻斗车之间的连接器钩爪突然断裂，断钩爪的第 10 节翻斗车在惯性作用下，随机车前进几米后，即沿着来路顺 10‰的坡道下滑，开始时速度缓慢。调车员站在走台上喊 135 米站南头西侧搬道员，告之往运转室挂电话说跑车了。搬道员发现跑车，立即将机车上的调度员喊下车来，紧接着就通知 135 米站运转员 A。此时，135 米南头东侧搬道员也发现跑车，立即与运转室联系，该运转室运转员 A 分别接到两个搬道员报告跑车的电话后，立即跑去搬道，将 135 米站 6 号道岔对 117 米站的下行线。随运转员 A 后面出屋的排土车间党支部副书记 B 问他把道对哪条线上，运转员 A 回答说："对下行线"。B 说："应对上行线，上行线坡度小，线路长"。A 认为 B 言之有理，便喊："快将道岔搬过来！"这时，正在 6 号道岔的电路工随手把道岔又搬过来对上行线。A 立即给 117 米站运转室坐台的 C 打电话告之："从上行线跑车了"。C 听不清，无法对答。A 便叫找 C 的师傅和另一位运转员，但二人均不在。结果，错过了将跑车放入 25‰的上坡道 11 线的时机，致使列车沿 15‰的 117 米站 75 米站的上行线越跑越快，并在跑出 2746 米时（在 75 米站与 117 米站上行的涵洞外）与迎面正常行驶而来的排土车间检修车、移道车相撞，造成人员伤亡。

3.5.1.2 事故原因

具体原因：

（1）直接原因。运输车间 030 号机车尾部列车连接器钩爪突然裂断造成跑车。另外，跑车后，030 机车调车员、135 米站和 117 米站运转员在紧急情况下，有的没采取措施，有的措施不当，从而未能避免这次重大事故。

（2）间接原因。

1）该矿安全管理规章制度不够完善，安全教育和技术培训缺乏针对性，个别职工安全意识不强。

2）有关部门对安全生产工作的领导、检查和监督的力度不够，事故防范措施不力。

3.5.2 山东省乳山市王家口采石场起重机倒塌事故

3.5.2.1 事故概况

2001 年 4 月 3 日 10 时，威海乳山市王家口采石场的起重机倒塌，造成 2 人死亡，1 人重伤，1 人轻伤。

该起重机规格不详，提升力矩每米 1200 千牛，提升速度每分钟 20 米，工作半径 40 米。

当时，采石场使用桅杆式起重机吊约 2 立方米重、6 吨左右的石料时，吊杆朝西南方向，吊杆角度约 45 摄氏度，当石料起升约 2 米高时，起重机慢慢朝西南方倒塌，设备报废。

3.5.2.2 事故原因

具体原因：

（1）3 号锚固定不牢。在起吊过程中，3 号锚突然受力破坏抽出，导致 2 号、4 号风缆鼻断裂，5 号锚抽出，1 号风缆鼻单面断裂，起重机朝西南方倒塌。

（2）起重机风缆鼻使用材质不符合设计要求，使用中碳钢，且焊接成形差，易产生裂纹。

3.5.3 大冶市金山店镇金龙铁矿"9.21"车辆伤害事故

3.5.3.1 事故概况

大冶市金山店镇金龙铁矿始建于 1998 年，为民营股份制采矿生产企业。矿山设计矿石年生产能力 20 万吨，分东、西两个露天采区生产，并各自平行布置三条提升斜坡道相向下山开采同一铁矿矿脉（体）。由于某方面的原因，该矿自 2008 年年初起基本上未能正常生产，长期处于停产整改、待产状态。

2008 年 9 月 21 日上午，该矿东采区将附近已关停的某小选矿厂未及洗选的数百吨剩存铁矿石购进，并租用车辆运至该采区矿石堆场囤放，运矿工作到 14 时左右结束。因卸矿时矿石堆场周边的泼洒矿石及矿堆上的废石杂物需人工清场、分拣。另按该矿分析估计，近期内将有恢复生产的可能，而采区提升斜坡轨道由于长期停产失修而有多处轨枕腐烂需更换。于是，根据事先研究意见，东采区负责人胡某于 12 时左右回家吃饭途中遇到曾在该矿从事搬运工作的柯某时，即顺便通知其转告小工柯某两人。3 人一道于下午到矿从事有关临时清场工作。

柯某和其三哥、侄儿 3 人于 15 时左右到矿后，由胡某具体安排工作。先将矿石堆场外围靠路边一侧的抛撒矿石清收拢堆、清检矿石堆表面可见的废石杂物，然后再检查维修提升斜坡道的铁路、补插轨枕。胡某强调：铁路坡度较大，维修作业时一定要注意安全等一般性有关安全注意事项。胡某在布置完工作后即因事离矿。

因为是按工作时间的长短计付临时工工资，柯某等 3 人为了拖延时间，一直在采区办公室玩至 16 时 30 分以后才开始工作。在将矿石堆场靠路边一侧的抛撒矿石清收完毕、矿石堆表面的废石杂物等快清检完时，柯某提前离开矿石堆，将一辆空胶轮铁板车推至挂停于 1 号斜坡道最上部停置点处的提升斜坡平车上，然后从库房内将检修铁路所需的枕木搬扛出来、丢放于板车上。其间绞车工罗某曾问柯某"栓子（指销子）拴好没有，一段时间没做了，怕忘了。"，柯某则回答说他晓得。随后，柯某的哥哥也来帮忙搬运。其中，柯某搬了 4 根，柯某的哥哥也搬了 4 根。两人将 8 根枕木搬装完。

在休息了一会儿后，柯某对罗某说："我喊好了你就放（指开绞车将其上搁放有板车、板车上又装有枕木的斜坡提升平车放下去）"。然后，柯某在前、柯某哥哥居中、柯某侄子随后，3 人分别携带着钉道所需的工具、道钉等，沿 2 号、3 号斜坡轨道中间的行人踏步向下边走边检查。当自上而下检查至斜坡道中、上部处时，见左边的 1 号斜坡道有一处因原旧轨枕向下滑移后，致与其上方的一根轨枕之间的间距过远，另其下方不远处有一根轨枕已腐烂，而附近行人踏步旁正好丢放有两根未用过的新枕木，于是将该两根新枕木搬至 1 号斜坡道处进行补、换。

当 3 人协同将两根枕木换钉好后，柯某即向上面绞车房方向大声喊叫放下提升平车。根据事先约定，罗某在听到柯某的叫喊声后，即启动绞车下放平车。在柯某通知罗某开车下放平车后，柯某的哥哥和侄子分别向后退至 2 号斜坡道的中间及 2 号斜坡道右侧的行人踏步处避让等待。而柯某则站立于此前刚更换枕木处 1 号斜坡道的右轨与 2 号斜坡道的左轨之间的空档处。

当平车沿 1 号斜坡道下行至柯某站立处以上约 10 多米处时，柯某见胶轮铁板车突然于平车上滑落并向下翻滚，而原装于板车上的枕木也随之横七竖八的沿斜坡面向下滚、溜。在向下急速翻滚过程中，板车将尚来不及作出任何反应的柯某撞倒，并向下滚跌、躺卧于其原站立处下方约 10 米处 1 号、2 号斜坡道之间的斜坡面上。此时，绞车工罗某见绞车提升钢丝绳似有弹动（应为枕木掉落于轨面卡阻矿车轮运行时的反应）迹象，感觉不正常，于是立即刹停绞车，致平车挂停于柯某原站位置以上约 5~6 米处。

事故发生时为 2008 年 9 月 21 日 19 时 30 分。

事故发生时，柯某站立处距柯某的哥哥站立处仅 1 米远。但由于事发突然，板车向下翻滚速度快、且其二人所站立处坡陡且滑，柯某在来不及采取任何援手施救措施的情况下，柯某即已被撞倒并向坡下滚去。待其反应过来时，立即与侄子一道赶紧向坡下跑去将柯某扶抱起来。只见其脸部及右手肘部有明显擦伤、流血较多，头部右侧头发有小块擦脱痕迹，后脑部有一明显凹陷及少量血迹，双眼紧闭，呼吸急促，但已不能出声。柯某哥哥知其伤情严重，独力将其背至坡顶。当时，在矿值班、且正在绞车房内配合原带班人员罗某维修信号线路的另一采区负责人见此情况，立即安排有关施救事项，并叫当时正在该采区闲玩的罗某赶紧拨打"120"急救电话。

大冶市中医院"120"急救车于20时赶到现场，随车医护人员立即于现场对其进行简单包扎，并采取输氧、注射强心剂等急救措施。经现场诊断后，鉴于柯某伤情较重的实际情况，大冶市中医院"120"急救车随车医务人员的建议将其直接送往黄石市中心医院救治。由于柯某伤情过重，当急救车到达黄石市中心医院时，柯某已经死亡。

3.5.3.2 事故原因

具体原因：

（1）直接原因。

1）现场作业人员柯某工作马虎、麻痹大意，当其将空胶轮铁板车推置于斜坡提升平车上后插销固定板车时，未将插销插到底。由于插入长度过小，致插销位于板车固定栓桩的横向销孔处呈前翘、后垂的倾斜状。由于此后向板车上丢放枕木时，板车因受突然砸压而产生弹跳、晃动，导致插于平车固定栓桩销孔处卡固板车的圆钢插销也随之松动、于销孔处逐步向后退移，直至处于临界脱落状态。此后，在平车下放运行过程中，又由于车轮通过多组路轨接头时所产生颠簸振动的进一步作用，致原已处于临界脱落状态的插销于固定栓桩的横向销孔内完全脱出，致装有枕木的胶轮铁板车在失去插销闩固作用的情况下，突然从平车上滑落、并沿斜坡道急速向下翻滚。

2）板车的固定方式及插销的安全性能存在缺陷。横插于斜坡提升平车固定栓桩上固定板车的插销为一截直径14毫米小圆钢随意弯制而成，无防止自动向后退脱的安全保险机构，由于工作时为横向闩插，当操作失误（销插不到位等）或遇特殊情况（如空车装放物件时受频繁撞击振动、或平车运行时突然掉道的情况下）时，插销极易自动退脱。

（2）间接原因。

1）现场作业人员柯某安全意识淡薄，违反本矿有关"只准按矿内规定安全通道步行，不准在运矿通道行走，更不允许人货同行……"之有关规定，在通知绞车司机开车下放平车、且平车已开始向下运行时，仍站立于提升斜坡道旁等候，同行之人也未对其进行劝止、提醒而终致事故发生。

2）现场安全管理不到位，劳动纪律松懈。由于该矿处于长期的停产放假期间，生产安全培训教育工作脱节，致少数工人偶尔被临时安排从事一般性简单工作时，"安全第一"的思想放松，劳动纪律松懈，以及认为有关临时性维修工作简单量小而放松了现场安全督管而导致事故发生。

4　金属非金属露天矿山安全事故防范措施

4.1　坍塌事故防范措施

露天矿山坍塌事故主要表现为矿山边坡和排土场的失稳，坍塌事故防范措施为：

（1）边坡坍塌防范措施。

1）实行自上而下、分台阶（层）开采，禁止采用一面坡的开采方式，按要求设置台阶高度、台阶坡面角，按设计确定的宽度预留安全平台、清扫平台、运输平台，保证边坡角符合设计要求，严禁"掏采"作业行为。

2）合理地进行爆破作业，减少爆破振动对边坡稳定性的影响。边坡靠帮时应采取控制爆破措施。

3）加强边坡的安全检查工作。当发现台阶坡面有裂隙，可能发生坍塌或上部岩石松动垮落时，必须立即撤出人员和设备，组织有经验的人员进行处理。同时，制定可靠的安全措施。

4）加强雨季对边坡的管理。出现恶劣天气时，露天矿山应停止作业。雨季之前应加强对矿山排水系统的检查，及时疏通截洪沟。矿山恢复生产前应先对边坡进行安全检查，确认安全后方可进行作业。

5）对于顺层开采的边坡，可将工作线逐步改变成采剥工作面垂直矿体走向布置，沿矿体走向推进的横向采剥法。

6）及时清理平台上的疏松岩土和坡面上的浮石。边坡浮石清除完毕之前，其下方不应生产，人员和设备不应在边坡底部停留。同时，不应在开采境界外邻近地区堆卸矿（废）石，增加边坡荷载。

7）对节理、裂隙发育的边坡，应采取适当的人工加固措施。

8）建立边坡监测系统，对边坡应进行定点定期观测，对存在不稳定因素的最终边坡应长期监测，发现问题及时处理。

（2）排土场坍塌防范措施。

1）对排土场场址应进行专门的工程、水文地质勘探，工程、水文地质条件不良时应采取相应措施进行治理。

2）排土场的排土工艺、排土顺序、堆置高度、边坡角等参数，应符合设计要求，不得超能力排放。

3）建立排土场监测系统，定期进行排土场监测，对存在不稳定因素的要长期监测，发现问题及时处理。

4）排土场平台应平整。排土场工作面向坡顶线方向应有2%～5%的反坡，防止降雨冲刷排土场坡面。

5）排土场下游应按设计要求修筑挡墙。

6）对排土场周边（坡脚下）群众应搬迁撤离。

4.2 爆炸事故防范措施

具体防范措施：

（1）爆破作业人员应持证上岗，严格按设计布置炮孔、装药、堵塞、连接爆破网络。

（2）严禁采用扩壶爆破工艺。

（3）爆破作业应在白天进行，禁止在夜间、大雾天、雷电雨天气进行爆破作业。

（4）爆破技术人员应根据爆破作业的具体地点，确定爆破警戒范围，并严格按此范围加强警戒。

（5）爆破安全警戒范围以内的所有设施应停止生产，所有人员和车辆必须及时撤离到爆破安全警戒线以外的安全区，爆破人员应撤至指定的避炮设施内，严禁人员、车辆进入爆破警戒线以内。严禁违规交叉作业。

（6）爆破后，应对现场进行检查，检查人员发现盲炮及其他险情，应及时上报或处理。处理前应在现场设立危险标志，并采取相应的安全措施，无关人员不应接近。

（7）对于爆破使用的炸药、火工品，必须由专用车辆运输，专人负责，并保证装卸运输安全。运送炸药、火工品的车辆应保证设备的完好、安全、整洁，严禁带病作业。

（8）建立炸药与火工品的领用、消耗台账，数量要吻合，账目要清楚。

4.3 物体打击事故防范措施

具体防范措施：

（1）作业前应仔细检查边坡坡面，发现伞檐岩、浮石要及时正确处理，在确认安全的情况下进行作业。

（2）严禁采用掏底作业方式。

（3）当边坡上方有人作业时，上方作业人员的正下方不得有人作业。

（4）当人员在边坡面上作业时，应将安全绳移动范围内的浮石清理干净。

（5）禁止人员在坡底逗留、休息，不得在排土场作业区或排土场危险区内从事捡矿石、捡石材和其他活动。

（6）佩戴符合安全要求的劳动防护用品。

4.4　高处坠落事故防范措施

具体防范措施：

（1）采场边界必须设置可靠地围栏和醒目的安全警示标志，防止无关人员误入。对可能危及人员的树木及其他植物、不稳固的岩石等，应予以清除。采场边界上覆盖的松散岩土层，其倾角应小于自然安息角。

（2）在距坠落高度基准面2米以上（含2米）的高处作业时，应佩戴安全带或设置安全网、护栏等防护设施。

（3）建立高处作业的许可制度，严禁酒后登高作业。

（4）遇到大雾、大风、暴风雨、雪或有雷击危险时，应立即停止作业，并转移到安全地点。

（5）钻机作业时，应与台阶坡顶线保持足够的安全距离，防止坡顶线附近边坡失稳影响钻机作业安全。

（6）排土卸载平台边缘要设置安全车挡，其高度不小于轮胎直径的1/2；卸土时，汽车应垂直于排土工作线；严禁高速倒车、冲撞安全车挡。

（7）推土时，在排土场边缘严禁推土机沿平行坡顶线方向推土；禁止推土机后退开向平台边缘。

（8）夜间作业时，必须配备照明设备。

4.5　机械伤害事故防范措施

具体防范措施：

（1）在选择机械设备时，一定要选择有资质的正规厂商生产的机械设备，防护罩、保险、限位、信号等装置齐全，设备本身质量达到安全状态。

（2）专用设备必须配备专用的工具，设备设施上的安全附件有缺陷时，一定及时处理，处理不了的要及时更换设备，加工的零件等要装卡牢固，不得松动。

（3）加强对设备的使用、维护、保养、检查等工作，建立完善点巡检工作制，及早发现设备隐患并迅速处理，使机械设备不带病作业。不准随意拆除机械设备的安全装置。

（4）以制度为切入点，规范员工操作行为，进一步完善规章制度和安全技术操作规程，杜绝违章指挥和违章操作的行为。狠抓安全生产知识和安全操作技能培训工作，提高员工的自我保护意识。

（5）人手直接频繁接触的机械，必须有完好紧急制动装置，该制动钮位置必须使操作者在机械作业活动范围内随时可触及到。机械设备各传动部位必须有可靠防护装置。各入孔、投料口、螺旋输送机等部位必须有盖板、护栏和警示牌。

（6）各机械开关布局必须合理，必须符合两条标准：一是便于操作者紧急停车，二是避免误开动其他设备。

（7）严禁无关人员进入危险因素大的机械作业现场。非本机械作业人员因事必须进入的，要先与当班机械操作者取得联系，有安全措施才可同意进入。

（8）操作前应对机械设备进行安全检查，先空车运转，确认正常后，再投入运行。

（9）机械设备在运转时，严禁用手调整。不得用手测量零件或进行润滑、清扫杂物等。

（10）机械设备在运转时，操作者不得离开工作岗位。

（11）工作结束后，应检查机械停放是否安全可靠，人走前关闭电源开关并清理好工作场地，随时保持机械设备整洁卫生。

（12）操作各种机械人员必须经过专业培训，能掌握该设备性能的基础知识，经考试合格，持证上岗。上岗作业中，必须精心操作，严格执行有关规章制度，正确使用劳动防护用品，严禁无证人员开动机械设备。

4.6　其他安全管理措施

具体管理措施：

（1）矿山生产前必须取得合法许可手续，不得在未办理相关手续前违规组织生产。

（2）按要求配齐、配足各专业技术人员及安全管理人员，且学历应符合相关要求。

（3）加强对员工的安全教育培训，包括新员工的"三级"安全教育培训，复岗和转岗员工的安全教育培训，以及采用新工艺、新技术、新设备、新材料时，对受影响员工的培训，培训合格后方能上岗。

（4）安全管理人员、特种作业人员必须持证上岗。

（5）建立和完善作业人员岗位责任考核制度，不应流于形式，所有作业人员必须严格执行作业规程、操作规程，履行岗位责任，遵守劳动纪律。严肃查处"三违"行为，制定能够有效制止"三违"现象的管理规定。

（6）制定应急救援预案，建立事故应急救援组织，配备必要的应急救援器材、设备，并定期组织培训和演习。生产规模较小可以不建立事故应急救援组织的，应当指定兼职的应急救援人员，并与邻近的矿山救护队或者其他应急救援组织签订救护协议。

（7）保存矿山安全生产档案，如图纸、检查整改记录、教育培训记录、爆破记录、边坡监测记录等，并及时进行更新。

（8）确保安全生产投入，为员工提供符合要求的劳动防护用品。

（9）开展安全警示教育，认真吸取事故教训。

第二篇
金属非金属地下矿山

5　金属非金属地下矿山安全生产现状与事故特点

5.1　全国金属非金属地下矿山安全生产现状

根据《非煤矿山安全生产"十二五"规划》，截至 2010 年底，全国共有生产矿山 75937 座。其中，地下矿山 8032 座，占 10.58%，在建矿山 3730 座。

2013 年，地下矿山共发生事故 378 起、死亡 480 人，分别占事故总起数和死亡总人数的 57.4%、56.3%，事故起数占比较 2012 年上升 2.6 个百分点，而死亡人数占比下降 1.5 个百分点，较 2011 年分别上升 10.1 和 6.2 个百分点。

5.2　地下矿山的生产特点

地下矿山的生产作业是一项系统工程，涉及凿岩、爆破、采装、运输、排水、通风等工艺环节，矿山生产所需配备的专业技术人员涵盖地质、采矿、机电、土建、安全等专业，从安全角度分析，地下矿山的生产存在以下特点：

（1）地下矿山作业通道较为狭窄，较深的矿井地表与地下的联系需要提升设备，设备的可靠性与安全生产密切相关。

（2）井下能见度低，需要良好的照明设施，个人需要配戴照明灯具。

（3）井下空气流动性差，废气自然排出困难，易引起废气中毒事故。

（4）地下岩层地质条件不易直接观察，地压、水文等因素对安全生产影响较大，冒顶片帮、突然涌水等现象常有发生。

（5）井下设备复杂，操作要求较强的专业技能。

（6）井巷工程复杂、视线差，容易发生坠井事故。

（7）矿山均有油库、炸药库等重要危险品仓库，是安全的重要防守部位。

（8）地下采空区易引起地表塌陷，可能造成地表建筑物毁坏及地表水灌入井下引发重大地质灾害。

5.3　地下矿山安全事故特点

矿山生产属于高风险行业，发生事故及重特大事故的频率较高。非煤矿山企业生产条件复杂多变，作业环境差，大型机具及高风险作业在大部分生产过程中普遍存在。根据国内地下矿山的生产现状，地下矿山安全事故特点主要为以下几个方面。

（1）事故发生突然，迅速扩散。逃生通道狭小，救援困难。

（2）根据《企业职工伤亡事故分类》（GB 6441—1986），地下矿山常见的事故类型有坍塌、透水、中毒窒息、冒顶片帮、火灾、爆炸、物体打击、机械伤害、高处坠落。其中，坍塌、透水、中毒窒息、冒顶片帮是主要的事故，且易造成群死群伤。

（3）小型、私营地下矿山，事故多发。主要是因为矿山安全管理水平低，作业人员文化素质和技术水平低，未经过岗前培训，冒险蛮干，安全意识淡薄，企业主片面追求经济效益，忽视安全生产投入。

（4）矿山事故多是由"三违"引起。

6 金属非金属地下矿山典型安全事故案例分析

6.1 坍塌事故

6.1.1 河北省邢台县 "11.6" 石膏矿特别重大坍塌事故

6.1.1.1 事故概况

2005 年 11 月 6 日 19 时 40 分，河北省邢台县会宁镇尚汪庄康立石膏矿发生坍塌事故，波及太行、林旺两个石膏矿，直接塌陷区直径约 60 米，600 米×800 米范围的地面不同程度出现裂缝。事故造成 3 个矿的井巷严重破坏，地面生活区部分房屋倒塌，33 人死亡，4 人失踪，40 人受伤，直接经济损失 774 万元。见图 6-1。

图 6-1 邢台 3 家石膏矿特大坍塌事故直接原因示意图

6.1.1.2 事故原因

具体原因：

（1）直接原因。尚汪庄石膏矿区开采已十多年，积累了大量未经处理的采空区，形成大面积顶板冒落的隐患；矿房超宽、超高开挖，导致矿柱尺寸普遍偏小；无序开采，在无隔离矿柱的康立石膏矿和林旺石膏矿交界部位，形成薄弱地带，受蠕变作用的破坏，从而诱发了大面积采空区顶板冒落、地表塌陷事故。地面建筑物建在地下开采的影响范围（地表陷落带和移动带）内，是造成事故扩大的原因。

（2）间接原因。

1）采矿权设置不合理，在不足0.6平方千米的范围内设立了5个矿，开采影响范围重叠。

2）设计不规范，内容缺失。未明确竖井保安矿柱的范围，尤其是康立石膏矿和林旺石膏矿之间无隔离矿柱。

3）违规、越界开采。

4）企业安全管理混乱，安全责任制不落实。

5）有关部门未认真履行监管职责。

6）邢台县政府对非煤矿山安全生产专项整治工作领导不力，对有关职能部门履行职责督促检查不到位。尚汪庄石膏矿区曾两次发生过大面积顶板冒落和地面坍塌事故，都未引起重视。

6.1.2 庐江县龙桥镇龙潭冲铜矿"8.11"采空区坍塌事故

6.1.2.1 事故概况

2008年8月11日17时40分，庐江县龙桥镇龙潭冲矿采空区发生坍塌事故。井下垂直80米作业面上，坍塌带来的巨大冲力溅起一块块废石、矿石。该作业面作业的2名工人根本来不及反应便被压倒在地。与此同时，冲击波喷涌着奔向井外，3名在井口附近的工人也被击成重伤，不幸遇难。

6.1.2.2 事故原因

具体原因：

（1）直接原因。龙潭冲铜矿因老采空区未采纳有效治理举措，部分保安矿柱被采；频繁爆破，引发老采空区大面积突然整体性坍塌，产生的地压和冲击波将部分采掘巷道破坏，造成人员伤亡。

（2）间接原因。龙潭冲铜矿超规模出产，违规设计、评价，公司治理不到位，安全监管不力。

6.1.3 繁昌县马钢集团公司桃冲矿区"6.25"采空禁区塌陷事故

6.1.3.1 事故概况

6月25日12时30分，安徽省繁昌县境内马钢集团公司所属桃冲矿业公司崩落塌陷禁区发生地表坍塌，引起山体滑坡，正在非法捡矿的农民被埋，12人下落不明。见图6-2。

图 6-2　马钢集团公司桃冲矿区 "6.25" 采空禁区塌陷事故现场

6.1.3.2　事故原因

具体原因：

（1）直接原因。事故发生在马钢集团公司桃冲铁矿废弃的塌陷区内。由于当地百姓在塌陷区范围内盗采造成地表塌方、人员被埋，酿成此次事故。

（2）间接原因。间接原因是该矿区越界越层开采现象严重，矿区地表存在非法开采，有关部门对塌陷禁区监控管理不力。

6.1.4　随州市金泰矿业有限公司 "6.23" 老采空区坍塌事故

6.1.4.1　事故概况

2013 年 6 月 23 日凌晨 3 时，湖北省随州市金泰矿业有限公司 2 号矿区 5 号矿井附近老采空区发生坍塌，致使临时留宿在采空区上方 4 间废弃房屋中的 6 名矿工随坍塌体一起被掩埋地下。见图 6-3。

6.1.4.2　事故原因

具体原因：

（1）直接原因。老采空区失稳发生坍塌，致使采空区上方废弃房屋中工人随坍塌体一起被掩埋。

（2）间接原因。一是该矿没有按照设计要求对老采空区进行处理。设计文件要求该矿对矿区范围内 20 世纪 80 年代末形成的老采空区进行实测，在采空区塌陷范围周边设置安全警示标志，并加强巡查，但该矿未按设计要求开展上述工作。二是该矿管理混乱。

图 6-3 金泰矿业 "6.23" 老采空区坍塌事故救援现场

6.1.5 南丹县铜坑矿区 "12.18" 重大坍塌事故

6.1.5.1 事故概况

1998 年 12 月 17 日晚，居住在铜坑矿区细脉一带的外来民工，先后共有 65 人从隐蔽非法窿井口进入铜坑矿细脉带矿体 613 水平及 598 水平采空区偷采防火隔离层及矿柱，多数人在 613 水平 3 号采空区及附近处偷采。在偷采抢采过程中，12 月 18 日凌晨 1 时 50 分，由于采空区失稳突然发生了塌陷事故。陷落坑面积约 2400 平方米，陷落体积约 2.6 万立方米，陷落范围为 815 米水平至井下生产区 570 米水平之间。事故发生后，有 11 人从盗采窿口爬到地面。民工在抢险过程中有 1 人死亡，1 人伤势过重在送往医院抢救途中死亡，还有 10 多人失踪下落不明。事故共造成死亡 2 人，失踪 14 人，重伤 1 人，轻伤 7 人。

6.1.5.2 事故原因

具体原因：

（1）直接原因。盗采矿行为得不到有效制止，使民工长期进入铜坑矿细脉带矿体偷采防火隔离层及采场保安矿柱，破坏了防火隔离层的稳定性。

（2）直接原因。外来民工居住地属于铜坑矿区开采区域范围，偷矿者有机会经常进入采场内盗采防火隔离层和采场保安矿柱，说明了该矿采取的措施不力、不坚决。另外，矿区的采矿顺序不合原设计要求，矿房没有及时充填，在管理方面存在较大的漏洞和问题，也是造成事故的间接原因。

6.1.6 陕西宁强县锰矿矿石垮塌事故

6.1.6.1 事故概况

2003年9月23日13时，位于宁强县境内的陕西省锰矿发生一起矿井大面积垮塌事故，造成4人死亡8人受伤。事故发生后，陕西省省长批示要求汉中市和宁强县有关方面全力做好抢险救援工作。

据宁强县方面介绍，该锰矿位于距离宁强县城25千米处的东皇沟。当日13时许，10名民工正在一处编号为810矿洞的洞口往外运送矿石。由于矿洞的西部已被掏空，因此导致洞口的矿石发生大面积垮塌。正在矿洞内装载矿石的3名女工和一名男子（汽车司机）被深埋进塌方中当场死亡，另外8名民工被滚落的矿石砸伤，目前正在医院接受抢救。

6.1.6.2 事故原因

具体原因：

（1）该区自1983年开始开采锰矿，至今20余年，开采矿石20多万吨，已形成较大范围采空区，其顶板为板岩与千枚岩，强度较低。坑口堆积的矿石有2000多吨，装运矿石时上部矿石垮落，压埋装运矿石人员以及车辆等。矿石下泄的冲击力引发采空区塌陷，进一步诱发上部坡面风化堆积层垮塌，堵塞河道，使灾情扩大。

（2）自8月以来，该地区多次长时间强降雨，使斜坡土体水分达到饱和，自重增大，该处采空区塌陷诱发上部坡面堆积层垮塌。

6.1.7 安徽金日盛矿业有限公司周油坊铁矿"5.5"坍塌事故

6.1.7.1 事故概况

安徽金日盛矿业有限公司成立于2008年8月，由内蒙古众兴集团投资，属民营企业。周油坊铁矿由中冶京诚（秦皇岛）工程技术有限公司设计，设计年产原矿450万吨。建设项目相关程序符合有关规定，承担矿山工程的施工、监理单位等具备相关资质。2012年5月5日21时，位于周油坊铁矿南区2号主井正西约500米处的地表发生了塌陷沉降事故，造成地表两户民房倒塌，3人死亡，4人受伤。5月7日通过现场实测，沉降面积3556平方米，最大落差4.4米，沉降量5643立方米。同时，本次地表塌陷事故还造成井下1人死亡、1人轻伤，项目外包单位安徽铜陵万通有限责任公司项目部对此次事故隐瞒未报。

6.1.7.2 事故原因

安徽金日盛矿业有限公司布置试验采场过多，针对矿体顶盘围岩稳固性差的情况未能采取有效防范措施导致采场顶板垮塌引起地表塌陷。

6.1.8　浙江顺通建设有限公司驻湖北鸡笼山黄金矿业有限公司"7.7"坍塌事故

6.1.8.1　事故概况

2010 年 7 月 4 日，根据采矿作业需要，项目部安排有关打眼爆破作业人员于 -290 米中段 6 号采场溜矿井井口上方打眼爆破"压顶"，以使该处采场空间高度达到 3.5 米以上。而爆破后的矿岩堆积于溜矿井井口上方，形成一高约 2.5 米的矿石堆（为使该处"压顶"打眼爆破作业安全，此前溜矿井井筒内已积满未出存矿）。

2010 年 7 月 5 日早班，湖北鸡笼山黄金矿业有限公司采矿车间安排有关人员到 6 号采场溜矿井放（出）矿，放了 12 车矿后，中途因溜矿井上部发生卡堵，放矿工作被迫中止。

2010 年 7 月 6 日早班，经施工队队长桂某安排，风钻工谈某、石某两人到 6 号采场（靠五穿方向的联络道附近）打眼爆破拉底，14 时左右放炮。黄某、刘某两人到 6 号采场附近的充填井下部砌筑充填墙，该二人出班前曾到 6 号采场进行例行作业场所安全检查，且出班后填写了安全检查确认单。

桂某当天早班曾下井检查、督促有关工作，因前一天听采矿车间出矿人员反映 6 号采场溜矿井发生卡堵不下矿，故到该溜矿井上、下查看原因。桂某自溜矿井底部卸矿口处用矿灯向上照看时，发现有一杆铁锚杆横卡于溜矿井最上部的井口处，再到井口处查看时，见井口正上方压顶爆落的矿石仍为原状堆积，即判明为横搁于井口处的锚杆及大块矿石的相互撑挑作用而将井口卡堵，使堆积于其上方的矿石"蓬住"不能自行向下垮落。升井后，桂某即将此情况向项目部副经理石某汇报。石某听后安排桂某第二天下井用炸药爆破处理。鉴于溜矿井井口上方的矿石呈"悬空"状"蓬起"堆积，石某担心该处堆积矿石随时都有可能发生自然坍塌，于是对黄某、刘某等有可能进入 6 号采场作业的有关人员强调"不要在从那里（指三穿人行天井）上下"。此后，桂某于 16 时左右安排安全员汪某下井，将一块标写有"当心坑洞"字样的安全警示牌悬挂于溜矿井井口上方的顶板处。

2010 年 7 月 6 日下午，桂某提前安排黄某、刘某两人当晚上零点班（夜班）、到 -290 米中段 6 号采场耙矿（耙运 6 日早班的拉底爆落矿石，约 2~3 个小时的耙矿工作量）。根据 7 月 6 日下午的事前工作安排，黄某、刘某在夜班无人主持召开班前会的情况下，于 7 月 7 日零时左右自行入井。

2010 年 7 月 7 日 6 时左右，桂某发现黄某、刘某仍未升井，于是下井查看原因。6 时 40 分左右到达 -290 米中段运输巷，从五穿行人天井上至 6 号采场东部联络巷处向场内观察时，见前一天早班拉底爆破矿石堆无耙动痕迹，且未见到黄、刘两人，大声喊叫两人名字时也无人应答，于是返回至 -290 米中段运输。再从三穿行人天井上去，到达行人天井与 6 号采场之间的联络巷处时，见该处巷道右侧挂（放）有两件工作服及两瓶饮用水。再前行查看时，发现溜矿口正上方原堆积的矿石已陷落、形成一漏斗状凹坑，但未见到黄某、刘某。此时，桂某已意识到两人可能已随同井口坍塌的矿石坠落至溜矿井内被矿石埋压。

根据黄某、刘某各自带入井下的饮用水尚未饮用的情况分析，事故应发生于两人进班后自三穿人行天井口联络道向 6 号采场内行进的过程中。

据了解，自地面入井到达 -290 米中段 6 号采场附近，时间约需 30 分钟左右。而黄某、刘某两人于 7 日零时左右入井，从三穿人行天井到达井口与 6 号采场之间的联络道处后，于该处脱、挂身上所穿的外衣时需作短暂停留。

根据以上情况推算，事故发生时间应为 2010 年 7 月 7 日零时 40 分。

桂某见此情况，赶紧自 6 号采场处经三穿行人天井下来，跑到 -290 米中段马头门处向项目部办公室打电话报告情况，并请求赶紧派人入井施救。项目部办公室值班人员接到井下事故报告电话后告知副经理石某，石某立即向项目部经理陈某（当时出差在外）电话报告事故情况，并向湖北鸡笼山黄金矿业有限公司总调室报告事故情况并请求派人协助施救，随后带领该项目部安全员汪某等人迅速赶往井下事故现场。湖北鸡笼山黄金矿业有限公司有关值班领导接报后，立即安排该公司救护队队员于 7 时 30 分左右赶往井下。在 6 号采场上、下附近各处巷道寻找仍未发现黄某、刘某的情况下，判定两人确已被埋压于溜矿井的矿石里。于是，现场施救人员从溜矿漏斗处将溜矿井内的矿石扒卸出来，至当日 12 时才将黄某、刘某从溜矿井下部的溜矿漏斗内扒救出来，但两人均已死亡。

6.1.8.2 事故原因

具体原因：

（1）直接原因。现场两名作业人员安全意识不强、麻痹大意，未听从入井前有关生产安全管理人员的安全提醒而抄近经三穿人行天井到达上部的联络巷后，明知溜矿井井口上方的堆积矿随时都有可能坍塌，并可见到矿石堆上方悬挂有一"当心坑洞"字样的安全警示牌，但在见该处并无明显"坑洞"的情况下，冒险从溜井口上方的矿石堆表面通行。当两人正行走至溜矿井正上方的矿石堆表面处时，由于受踩动影响，该处溜井口上方已处于临界坍落状态的堆积矿石突然大面积坍塌，在来不及跑离的情况下，随同大量坍落矿石一起坠入溜矿井内被矿石埋压致死。

（2）间接原因。

1）现场安全隐患排除不及时。7 月 5 日早班出矿时发现溜矿石上部卡堵，至 7 月 6 日早班查明卡堵原因后，当天未及时处理。由于该处井口上方的堆积矿随时都有可能自然坍塌，作业人员由该处进、出采场通行时极不安全，为事故的发生留下了重大安全隐患。

2）安全警示措施不当。由于事故前溜矿井井口处并未形成"坑洞"，所挂"当心坑洞"安全警示牌的警示意义与现场实际存在隐患类型不符。因而，该安全警示牌不能起到有效的安全警示作用。

3）现场安全管理措施不力、不到位。在已知溜矿井井口上方的矿石上悬空状堆积、且意识到该处堆积矿石随时都有可能自然坍塌的情况下，仅于溜矿井外侧通道处悬挂一"当心坑洞"字样的安全警示牌，而未于溜矿井内、外两侧出入通道处悬挂"严禁入内"、"禁止通行"等类强制性安全示警牌，更未对存在有坍塌危险的溜矿井井口内、外侧通道处设置禁止人员通行的有效封闭、拦护设施。

4）安全培训教育不扎实、不全面，致少数生产作业人员安全意识未得到应有的提高，个人安全自保能力差。

6.1.9 湖北省随州市金泰矿业有限公司采空区坍塌事故

6.1.9.1 事故概况

随州市金泰矿业有限公司成立于 2004 年 8 月 27 日。公司位于随县淮河镇亮子河村，主要从事铁矿石的开采、加工和销售，法人代表赵伟，为私营企业，工商营业执照、采矿许可证、安全生产许可证齐全。公司下辖 3 个矿区，矿区面积 0.7631 平方千米，年生产规模 3 万吨。发生事故的 2 号矿区（安全生产许可证号为鄂 FM 安许可证字〔2012〕122949）开采方式为地下开采，竖井开拓，采矿方式为房柱法和崩落法。该矿春节后复产验收不具备复工条件，当地安监部门一直未批准复产。公司法人代表于 6 月 20 日又委托矿长向随县安监局申请复工，因正值市、县开展安全生产大检查，县安监局没有同意复工，发生事故前处于停产状态。企业召集矿工 90 余人开始进行岗前培训。

2013 年 6 月 23 日凌晨 3 时左右，随州市金泰矿业有限公司 2 号矿区 5 号井附近老采空区发生塌陷，在采空区上方已废弃房屋里休息的 6 名矿工被掩埋失踪。根据初步测算，地表塌陷面积大约 100 平方米，塌陷深度约 60 米。

6.1.9.2 事故原因

随州市金泰矿业有限公司矿区开拓系统布局不合理，通风系统混乱，无开采设计，乱采滥挖，仅 2 号矿区地面井口多达 7 个；矿井提升设备不符合基本安全条件，未装设防坠、防止过巷、防止过速、过负荷和欠电压、限速、深度指示器等保护装置；特种作业人员未取得特种作业操作资格证书；各井口分包，以包代管，隐患排查治理不力，企业安全生产现场和技术管理十分薄弱；塌陷区地表建构筑物未彻底拆除，未对塌陷区地表划定警戒范围，设置警示标志，进行有效管理，未对采空区进行监测监控和治理，对从业人员安全教育和管理不到位。

6.2 透水事故

6.2.1 黄石市阳新县鹏凌矿业有限公司 "6.16" 特大透水事故

6.2.1.1 事故概况

2004 年 6 月 16 日零时，鹏凌矿业有限公司班长尹某带领本班 13 名员工下井作业。其中，周某两人在－135米处负责提矿，尹某等12人到井下－345米处工作面负责运矿石。凌晨2点50分，在－345米处工作的员工詹某发现运矿吊桶速度偏慢，便主动向班长尹某要求到－135米处帮忙提矿，得到了尹某的同意。詹某上到－135米工作面后，推了两矿车矿石，在放到第三车时，突然听到一声巨响。随之，井下蹿出一股强大的冷风。詹某用矿灯朝竖井筒里面一照，看到下面不断有水向上翻腾，当即叫卷扬工放下吊桶到－345米中段准备救人，估计放到－260米水平左右，发现水位已升至该水平。因强大的水流冲击，提升机失灵，电机随之冒出火花，造成井下断电。詹某、周某3人迅速出井报告井下发生了事故。事故造成11人死亡，直接经济损失400多万元。

6.2.1.2　事故原因

具体原因：

（1）直接原因。该矿区岩溶特别发育，水文地质环境复杂，废弃老窑大量充水，加之事故发生前强降雨，地下承压水动水水压增大，穿透－193米Ⅳ号矿体采空区，导致事故的发生。

（2）间接原因。

1）在－193米Ⅳ号矿体采空区垮塌后，该公司未针对复杂的水文地质条件采取封闭充填，造成采空区护壁（或顶板）抗压力减弱，导致透水。

2）该公司对－193米Ⅳ号矿体重大水患没有给予足够重视，发现渗水问题，未制定监测监控措施，未能及时发现透水险情。

3）该公司未按安全规程要求编制－135米以下采矿工程施工设计和作业规程，未按规定进行设计审查和竣工验收，－135米以下开拓工程未经验收就开始进行采矿生产，也未形成第二安全通道。

4）该公司没有制订应急预案，对上级部门下达的有关整改指令未按时整改到位。

5）阳新县和白沙镇政府对鹏凌矿业公司水患治理没有督促落实到位。

6.2.2　湖南郴州市鲁塘镇积财石墨矿"4.29"特大水害事故

6.2.2.1　事故概况

2003年4月29日早班，积财石墨矿主井、风井井下作业人员共有41人。其中，主井井下12人，风井井下29人。风井井下29人的分布是：井下值班长1人，东二级下山14人，向北、向南平巷及西仰巷共14人。其中，向北平巷6人、向南平巷4人、西仰巷4人。11点30分左右，正在风井西东运输巷向北平巷作业的胡某正准备推第四斗空车进入装矿地点装矿时，在向北平巷前方突然刮来一阵风，紧接着一股水流向外冲出。此时，胡某在矿车外侧，借助矿车对水流的抵挡和缓冲作用，胡某立即向外边跑边喊"穿水了，赶快跑"。井下作业人员立即向外撤退，并报告井下值班长何某。何某立即通知在东巷作业的 14 人撤出了地面。风井西巷作业人员除 6 人跑出地面外其余 8 人被困井下。西巷北平巷透水后，水源通过天眼灌入主井，致使主井井下作业的 12 人被困。风井、主井共逃出 21 人。被困的 20 人中，除西仰巷作业的 3 人在被困 47 小时后获救外，其余 17 人中 7 人遇难，10 人失踪，直接经济损失 185 万元。见图 6-4。

图 6-4　鲁塘镇积财石墨矿特大水害事故救援现场

6.2.2.2　事故原因

具体原因：

（1）直接原因。矿主违章指挥，基建期间违法组织生产诱发透水事故。积财石墨矿主井、风井及上部的兴源矿、左边的立功背煤矿事故因"8.7"洪灾被淹，加上过去废弃的老窑积水，积财石墨矿处于水体包围中，仅靠矿井之间的20 余米矿柱隔水。该矿主井、风井巷道积水排干后，平衡被打破。在没有采取任何探放水措施的前提下组织井下采掘活动。至事故发生前，风井 +297 米水平向北平巷、向南平巷曾多次放炮落矿，高强度掠夺式采矿，最后一次放炮时间为4 月 23 日。4 月 29 日虽未放炮，但仍有 6 人在突水点附近作业。由于经 8 个月的浸泡后又受到开采影响，隔水矿柱遭到破坏，顶板失控面积增大，老窑水突然涌入，导致了特大水害事故的发生。

（2）间接原因。

1）矿井无安全防范措施，违章作业。积财石墨矿在生产过程中，对老窑、采空区分布位置不清，未采取任何安全防范，未落实探放水和隔水措施，盲目组织井下采掘活动。井下各采面只有一个安全出口，发生透水事故后，人员难以撤离灾区，难以避免和减小事故伤亡。

2）超深越界、乱采滥挖。该矿法定开采标高为 +330 米至 +390 米，但风井

自水排干后一直在 +297 米水平从事采掘活动。无正规的开采设计，矿井未形成生产系统，且多处独头采矿作业。

3) 安全检查流于形式。鲁塘矿区综合执法队分片安监员今年来只到过积财石墨矿两次，没有检查作业面，对该矿存在的老窑水威胁未提出任何整改要求和防范措施。特别是驻矿安监员于 4 月 25 日对该矿进行安全检查时，明知该矿风井有违法生产和违章作业行为，未进行制止，且无安全检查记录。

4) 有关部门监管措施不到位。

6.2.3　广西南丹 "7.17" 特别重大透水事故

6.2.3.1　事故概况

2001 年 7 月 17 日凌晨 3 点多钟，广西南丹拉甲坡矿 9 号井实施两次爆破后，造成 -166 米水平巷道的 3 号作业面与恒源矿最底部 -167 米水平巷道间的隔水岩体破坏，致使大量高压水涌出，淹没拉甲坡矿 3 个工作面、龙山矿 2 个工作面、田角锌矿 1 个工作面，造成井下 500 多名作业人员中 81 人死亡，直接经济损失 8000 余万元。事故发生后，矿主与当地地县官员隐瞒事故、封锁消息达半月之久。见图 6-5。

图 6-5　南丹特大透水事故现场

6.2.3.2　事故原因

具体原因：

(1) 直接原因。非法开采、乱采滥挖、违章爆破引发透水是导致 "7.17" 特大事故的直接原因。5 月 23 日，恒源矿及其连通的拉甲坡矿 9 号井 1 号、2 号工作面标高 -110 米以下采空巷道均被水淹，并与老塘积水相连通。恒源矿最底部 -167 米平巷顶板与拉甲坡 9 号井 -166 米平巷 3 号工作面之间的隔水岩体最薄处仅为 0.3 米，在 57 米的水头压力作用下已处于极限平衡状态。7 月 17 日凌晨3时，拉甲坡9号井两次实施爆破，使隔水岩体产生脆性破坏，形成一个长径3.5米、短径1.2米的椭圆形透水口，高压水急速涌入与此相通的几个井下作业区，导致特大透水事故发生。

（2）间接原因。

1）以采代探，滥采乱挖，矿业秩序混乱。1996～2001年，获取探矿权的南丹县政府所办富源公司和广西有色215地质队与无地质勘探资格的龙泉矿冶总厂等21家采矿企业签订了一系列关于105号矿体详查工程承包合同。承包探矿，实际上是非法采矿。全县263个矿井中绝大部分为非法矿井。

2）官商勾结，以矿养黑，以黑护矿，无视矿工生命安全。长期以来，以黎某为首的一伙非法矿主，用金钱铺路腐蚀拉拢政府官员。南丹县个别领导贪污腐败，与矿主相互勾结，通过官办的富源公司，一方面为矿主进行有组织的以采代探、非法采矿创造条件；另一方面大肆谋取非法利益。而对此，河池地区置若罔闻。由于得到当地政府、权力机关个别领导干部的支持庇护，一些非法矿历经数次整顿却长期存在。

3）河池地区、南丹县长期以来忽视安全生产，有关部门疏于执法、滥用职权。南丹县内的所有民营矿都不具备基本安全生产条件，作业环境非常恶劣，伤亡事故频繁发生，而有关领导却熟视无睹，长期瞒报、少报事故。

6.2.4　内蒙古包头市壕赖沟铁矿"1.16"重大透水事故

6.2.4.1　事故概况

2007年1月16日23时许，矿值班员刘某在7号井巡查时，接到矿另一值班员高某从值班室打来的电话说，1号斜井的操某从井下上来汇报，井下有事，让刘某回到值班室。刘某回到值班室问操某井下情况，操某说1号斜井出了一股水。刘某就打电话给1号竖井负责人王某，告诉他1号斜井出水了，把人撤上来。同时，又打电话给值班副矿长张某汇报了情况。张某让刘某到井口查看，刘某到1号斜井后，又问操某井下究竟是什么情况，用不用下井看一看，操某说人已撤上来了，不用下去了，电也已停了。随后刘某又给张某打电话汇报了情况，张某又让刘某和当晚另一值班员邬某到1号竖井看一看（这时王某也给刘某打来电话说，1号竖井水抽不完，刘某让王某赶快把人撤上来），刘某和邬某去1号竖井走到半路遇到1号竖井承包人蒋某，三人乘车到1号竖井，时间大约是23时30分左右，刘某让赶快往上撤人。此时，卷扬机已提不上来了。邬某又给张某打电话说，井下巷道被水淹了，赶快给公司打电话吧。随后，刘某和邬某又赶到2号竖井（在赶往2号竖井的中间，高某给刘某打来电话说，3号竖井也被水淹了），工人们也说井被淹了。于是刘某和邬某回到矿部，将情况向超越矿业有限责任公司法定代表人曹某作了汇报。此时的时间大约是1月16日23时40分左右，1号、2号、3号竖井井下巷道全部被泥浆和水淹没，井下人员无法撤出，35名矿工被困井下。值班副矿长张某大约在23时40分赶到1号竖井，让在现场的刘某（刘某之子）通知超越集团有限责任公司董事长刘某。17日4时，张某安排3号斜井负责人徐某开始打平巷，施救井下遇险矿工。事故救援现场见图6-6。

图6-6　壕赖沟铁矿"1.16"重大透水事故救援现场

6.2.4.2　事故原因

具体原因：

（1）直接原因。由于矿方既未执行开发利用方案，也未按照采矿设计（该矿设计采矿方法为上行采矿，大量放矿后，采用废石充填或低标号水泥尾砂胶结充填）进行采矿，致使采空区顶板应力平衡遭到破坏，引发采空区顶板的岩层移动。在冒落、导水裂隙、地层压力、静水压力等诸多因素的综合作用下，造成矿体顶板垮落，使第四系的水、泥砂涌入矿井，导致事故发生。

（2）间接原因。

1）企业管理混乱、以包代管。该矿业公司虽然制定了《安全生产管理条例手册》等规章制度，但没有落实到位。企业管理与承包作业队工作分离，以包代管。企业领导层和采矿队伍不稳定，给安全生产造成隐患。企业领导人安全生产意识差，对已发现的事故隐患没有进行整改。实际持大股投资人控制企业决策。矿业公司没有统一组织过对作业人员的安全生产教育培训。

2）培训中介机构不落实教学管理、考核等规章制度。包头市华学职业技能培训有限责任公司组织培训管理不严，不落实教学管理、考核等规章制度。在对壕赖沟铁矿安全管理人员和特殊工种作业人员资格培训时，没有按培训大纲规定的课时完成教学课时数。壕赖沟铁矿安全监察科长孙某，没有参加培训学习，由别人代考取得了安全管理人员资格证书。

3）包头市、东河区政府相关部门疏于管理、监管不到位。包头市国土资源对企业既不执行开发利用方案，也不按照采矿设计的开采顺序和开采方法进行开采的问题，疏于监管。对企业申请延续采矿权没有在法定时限内给予批复。包头市东河区安监局虽然也多次到超越矿业有限责任公司壕赖沟铁矿进行检查，但对企业不落实安全生产责任制度、安全生产管理制度、安全生产培训制度等，监管不到位。对矿山存在安全隐患和企业没有进行整改等情况，没有及时发现并纠正。包头市东河区人民政府作为安全生产监管的责任主体，对所属职能部门落实安全生产责任制、落实安全生产监管职责领导不力，安全生产监管主体的责任落实不到位。

6.2.5 山东潍坊市昌邑正东矿业有限公司"7.10"重大透水事故

6.2.5.1 事故概况

2011年7月10日21时30分，山东潍坊市昌邑正东矿业有限公司铁矿主井西南侧的采空区顶部（露天坑底部）垮塌，采空区上部露天坑内的大量积水和泥沙迅速泻入井下，发生重大透水事故，造成23人死亡，直接经济损失2864万元。透水事故示意图见图6-7。

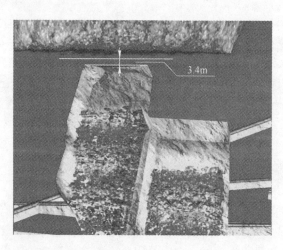

图6-7 昌邑正东矿业有限公司透水事故示意图

6.2.5.2 事故原因

具体原因：

（1）直接原因。采掘施工队伍非法违规开采露天坑下部的矿体（保安矿柱），造成保安矿柱远小于设计尺寸，致使保安矿柱冒落，露天坑内水、沙泻入井下，导致事故发生。由于开采区上方有历史形成的露天坑。因此，设计要求井下开采施工时 0 米水平以上不得采矿，露天坑底部必须保留 8~10 米的保安矿柱，且露天坑不能存水，以确保矿井安全。但是，该公司没有按设计要求组织生产，没有编制开采施工方案盲目施工，违规开采露天坑底部保安矿柱，使保安矿柱遭到严重破坏，最薄处仅为 3~4 米。又因该处岩层为强风化带，节理裂隙发育，进入 6 月份以后，几次连续降雨，露天坑水位不断上升。加之相邻的采场有采矿行为，不断放炮震动，致使采空区顶部与露天坑底部保安矿柱垮塌，形成溃水通道，使露天坑内水、沙泻入井下。

（2）间接原因。

1）昌邑正东矿业有限公司非法违规组织生产。该公司没有按照国家有关规定，及时到安监部门办理安全生产许可证审批手续，非法组织生产。该公司未建尾矿库，没有办理任何手续就向露天坑内非法排放尾矿，没有按照设计要求，配置专门排水设施，致使坑内存在大量积水和尾砂。

2）昌邑正东矿业有限公司安全管理混乱。该公司虽然建立了安全生产责任制、规章制度和操作规程等，但落实不到位，执行不力，安全生产管理机构形同虚设，无专职安全生产管理人员。企业负责人及安全生产管理人员未取得资格证书就上岗，企业主要负责人对安全生产法定职责不了解，领导下井带班制度不落实，没有对职工进行安全教育培训。缺乏工程技术人员，井下开采随意、盲目、混乱。对施工队安全生产工作没有统一指导、协调、监督、管理，以包代管。

3）矿山技术管理薄弱，对矿山隐患认识不足，处置不当。该公司技术管理和现场技术指导只有矿长王某（参加过不到两年的采矿专业学习，无毕业证和专业技术证书）1 人担任。井下开采无设计，随意开采可见矿体，开采高度仅凭目测。对露天坑的危害认识不足。

4）有关职能部门安全监管不到位、不细致，执法不严格。潍坊市、峡山区和峁山街道办事处三级安监部门对该公司未取得《安全生产许可证》非法生产问题，没有及时发现和制止，未能及时督促企业办理安全生产许可手续，履行监管职责不到位，执法不严格。潍坊市、峡山区国土资源部门在办理该矿《采矿许可证》转让变更手续时，没有按照国家和省有关规定严格审查企业上报的资质证明材料，审查把关不严格，监管不到位。

5）当地政府对安全生产工作重视不够，属地监管不到位。潍坊市政府对有关部门和地区履行安全生产监管职责督促不够。峡山区管委会对安全生产工作重视不够，认识不到位，没有区管委领导定期下矿井进行安全检查的记录。峡山区将该区 4 个街道办事处安监所各 6 名人员的编制缩减到 2~3 人，严重削弱了基层监管力量。峡山区管委会未设立安监机构，只设有安全生产委员会办公室，负责安委会日常工作，配备 1 人，无法有效开展安全监管和执法工作。对该矿存在的非法生产问题打击不力。

6.2.6 济南市章丘埠东黏土矿 "5.23" 重大透水事故

6.2.6.1 事故概况

2013 年 5 月 23 日，埠东黏土矿早班当班下井人员为 48 人。其中，管理人员 3 人，四层煤东平巷及下山平巷 14 名工人，四层煤西平巷 9 名工人，三层煤 22 名工人。8 时 20 分，四层煤 -5 米水平东平巷工作面 4 名工人正在非法盗采煤炭时，突然发生透水，水流迅速淹没该工作面，进入 -5 米东平巷、西平巷、下山集中巷及其 3 条水平巷道，现场勘查痕迹最高水位约 1.7 米，距巷道顶部约 0.2 米。约 11 时，透水点水量迅速衰减，水从多处泄入深部老空区，东、西平巷已基本不见明水。11 时 30 分，东平巷下山集中巷积水基本流干。此时，突水点剩余动水量约每小时 50~60 立方米。综合分析估算，本次总透水量约 5000~6000 立方米，透水瞬间最大透水量达到每小时 2000~3000 立方米。

6.2.6.2 事故原因

具体原因：

（1）直接原因。埠东黏土矿无视法律法规，在批复的黏土矿区域外，有目标、有目的地组织人员对黏土矿斜井进行掘进延伸，非法盗采已关闭的原埠村镇一号煤矿残留煤柱，并在 F16 断层和原埠村镇一号煤矿老空区附近，进行非法盗采活动，导致老空区积水溃入工作面，是透水事故发生的直接原因。

（2）间接原因。

1）章丘市埠村街道办事处安全生产属地监管责任落实不到位。未按照《国务院关于预防煤矿生产安全事故的特别规定》（国务院第 446 号令）要求，及时发现所辖区域内非法盗采煤炭行为，并采取有效制止措施。埠东黏土矿开展安全检查流于形式，多次检查都没有发现非法盗采煤炭问题。

2）章丘市地矿局对矿产资源监督管理责任落实不到位。未按照法律法规要求加大对非法采矿打击力度，对辖区内非法盗采煤炭资源问题监督检查不力，对埠东黏土矿长期非法盗采煤炭问题失察。对章丘市安监局《关于对非法开采煤炭黏土矿依法查办的转办函》，未引起足够重视，派员检查时未发现非法盗采煤炭问题。采矿许可证年检工作流于形式，对埠东黏土矿开展年检时未按照规定到现场进行检查。

3）章丘市安监局对非煤矿山安全生产监督管理责任落实不到位，对埠东黏土矿的监督检查流于形式。发现埠东黏土矿非法盗采煤炭行为后，仅以《关于对非法开采煤炭黏土矿依法查办的转办函》移交章丘市地矿局查处，没有暂扣《安全生产许可证》。

4）章丘市政府对"打非治违"重视程度不够，态度不坚决，工作不落实，对埠东黏土矿长期存在的非法生产经营行为失察，对地矿、安监等部门履行监管职责督促检查不够。

5）济南市国土资源局所聘用的矿产督查员监管责任落实不到位，工作流于形式，多次现场检查都没有发现企业长期非法盗采煤炭行为。

6.2.7 喀喇沁旗金峰萤石矿老洞积水淹没巷道事故

6.2.7.1 事故概况

喀喇沁旗金峰萤石矿为集体企业，隶属于喀喇沁旗王爷府镇经委。该矿持有采矿许可证、营业执照、火工产品证，无矿长安全资格证。该矿现有职工 28 名（均为当地农民工）。该矿从 2004 年 1 月开始做生产前的准备工作，修复原四监狱开拓的哑巴沟竖井和斜井，并于 2004 年 8 月 22 日从 455 米标高掘进运输巷道，截止到事故发生前共掘进了 260 多米巷道。

6.2.7.2 事故原因

具体原因：

（1）直接原因。该矿三中段以上的一支脉与三号脉采空区间的岩体突然垮落，落入三中段以下的积满水的采空区内，造成采空区水面急剧上升，快速涌入运输巷内，致使运输巷全部淹没，运输巷内的作业人员或被淹溺而死或被冲击物砸死。

（2）间接原因。

1）进行运输巷施工前，企业没做设计，没有按规定测绘井上、井下工程对照图，没有采取必要的安全生产措施，安全生产投入严重不足。

2）2003 年 9 月 30 日变更矿区范围（从 0.1657 平方千米扩大到 0.987 平方千米）和 2005 年 1 月 20 日变更企业名称并扩大年生产能力（从 0.20 万吨扩大到 0.50 万吨）两次变更采矿许可证，都没有按办理变更手续的规定编制开发利用方案和落实安全措施。

3）该矿未建立、健全安全生产责任制度，未组织制定安全生产规章制度和操作规程，未组织制定安全事故应急救援预案。

4）该矿区内采矿秩序混乱。在金峰萤石矿取得采矿权的矿区范围内，还有 9 家个体矿主非法开采。

5）喀喇沁旗人民政府根据自治区和赤峰市对深化非煤矿山专项整治工作的布置，于 2004 年 10 月份制定了《喀喇沁旗深化非煤矿山安全生产专项整治方案》，明确旗安监局和国土资源局开展非煤矿山采空区的调查工作，通过调查"及时采取防范措施，避免造成重大损失"。可是有关部门没有对该矿的采空区认真调查和落实防范措施。

6.2.8 湖南省花垣县磊鑫公司锰矿区"7.20"透水事故

6.2.8.1 事故概况

磊鑫公司锰矿区在掘进过程中（巷道标高 327 米），与邻近的花垣县中发锰业有限责任公司（以下简称中发锰业公司）巷道贯通（该公司已停产 4 个月左右，巷道标高 338 米，巷道内有约 3 万立方米积水），大量积水迅速涌进磊鑫公司锰矿区矿硐，造成该矿硐现场施工人员 8 人被困。因磊鑫公司锰矿硐与另一相邻的文华锰业公司矿硐也相通，又造成文华锰业公司 5 名作业人员被困。磊鑫公司采矿许可证已过期（有效期至 2010 年 4 月），未取得安全生产许可证，属整合矿硐；中发锰业公司各种证照齐全；文华锰业公司无任何证照。事故共造成 10 人死亡。

6.2.8.2　事故原因

具体原因：

（1）直接原因。花垣县磊鑫公司锰矿硐在掘进过程中，与邻近的花垣县中发锰业有限责任公司巷道贯通，是导致事故发生的直接原因。

（2）间接原因。磊鑫公司采矿许可证已过期，未取得安全生产许可证，文华锰业公司无任何证照，均违法开采。磊鑫公司锰矿硐与中发锰业公司巷道以及文华锰业公司矿硐相互贯通，相互影响，矿井安全管理混乱，造成巨大的安全隐患。水文地质工作不落实，防治水工作不落实，中发锰业公司标高 338 米巷道内有约 3 万立方米积水，没有及时进行处理。

6.2.9　陕西洛南金矿"12.8"重大透水事故

6.2.9.1　事故概况

12 月 8 日，铜马矿业公司在 4 号金矿坑道斜井面平巷非法进行探矿爆破作业时，将相近的废弃坑道打穿，使其里面的积水涌入平巷。当时，有 7 名出渣矿工在平巷作业，除 1 人逃生外，有 6 人被困井下。事故地点位于距洛南县城以北约 50 千米的驾鹿乡，发生事故的金矿属于在洛南县注册的铜马矿业公司所有。该公司成立于 2003 年 5 月，现有 150 名职工。事故共造成 6 人死亡。

6.2.9.2　事故原因

具体原因：

（1）直接原因。洛南县铜马矿冶有限公司在违规普查探矿中违规作业，在 4 号金矿坑道斜井面平巷放炮作业时，将相近的废弃坑道打穿，使其里面的积水涌入平巷，造成 6 名工人死亡的重大透水责任事故。

（2）间接原因。

1）水文地质资料不清，在矿井生产过程中，为确保安全生产所做的地质工作不足。

2）安全监督检查不到位，没有及时查明作业场所的危险源。

3）违反探放水原则，在没有探明废弃巷道情况的条件下，盲目作业。

4）安全教育培训不到位，员工的安全意识淡薄。

6.2.10 湖南邵东县石膏矿二井"8.20"重大透水事故

6.2.10.1 事故概况

石膏矿二井的前身是联合石膏矿,该矿始建于 1984 年,生产经营至 1998 年。由于资源枯竭的原因,原 144 个股东集体决定开办接替井(即联合二井)。联合石膏矿二井办理了采矿许可证、工商营业执照、税务登记和民爆器材使用等有关手续,属合法矿井。矿井设计年产量为 2 万吨,只开掘了一条井,属独眼井开采。开拓方式为斜井开拓,井硐坡度为 42 度,井下使用人力运输,斜井使用箕斗提升,电力由邵东县电力局直供。8 月 19 日白天照常上班生产。晚班 21 点 10 分进班,首先是石某等 5 个拖工和 1 个记码员、1 个排险员共 7 人下井。一个小时后,4 个炮班作业人员到位。大约 23 时 20 分,采场顶帮排险员孙某完成任务后升井回家。至 20 日零时 40 分透水遇难。事故共造成 10 人死亡,直接经济损失 70 万元。

6.2.10.2 事故原因

具体原因:

(1)直接原因。发现安全隐患不报告也不处理。在事发前 20 多天就有预兆,打工人员已报告该矿领导,矿领导也下井检查过,但都是敷衍了事。一是认为处理隐患要投入一大笔资金;二是错误地认为不是老窑水;三是不敢把真情实况向上级部门反映,侥幸心理,冒险生产。

(2)间接原因。

1)非法开采。6 月以来,市政府做出了对邵东的所有小石膏矿一律关闭的决定后,县政府依照指示及时做出了决定,并多次派员到该矿督查停产关闭情况,责令其迅速执行两市镇人民政府于 6 月 2 日以两政发〔2001〕08 号文对该矿下达的关闭矿井通知书。通知要求自 6 月 2 日起,解除内部管理班子,拆卸所有机械设备,铲平地面建筑,填平井口。同时,明确规定,如有违反,概由矿里承担全部责任。联合矿二井矿主和股东不积极执行县、镇政府的命令,而是采取阳奉阴违的态度,在政府管得严厉的时候,全停产两天,尔后采取白天停产晚上生产的做法,避开政府管理。进入七八月份以来,其活动更加明目张胆,分成两班,实行昼夜生产。

2)不具备开采所需要的基本安全条件和技术条件。由于丘田一带的石膏矿,历史上滥采乱挖而被河水淹没后,所剩资源都不完整。星星点点的边角废料都在积水区附近,无论在哪里开井采矿都将受到老空区压力水的威胁。这一点,作为在这一带办矿多年的矿主和股东都是清楚的。况且,该矿原来的老井硐与现在的二井距离只有 30 米远,已经被水淹没,只是侥幸没有发生安全事故。所以,在这种情况下开采矿完全不具备安全条件。以孙某为代表的矿管理班子都是农民出身，没有受过正规教育，对采矿安全所必备的专业知识一无所知，矿里也没有其他专业技术人员，既不懂开采时如何设置和保护隔水矿柱，也不懂得发现透水预兆时如何防治和处理，生产活动存在严重的盲目性。

3）事故发生后，矿领导和股东不依照程序及时向上级政府报告，全部负案潜逃，给事故抢险、调查增加了难度。同时，县镇两级政府投入大量资金用于迫逃，扩大了事故的直接经济损失。

6.2.11 贵州天柱县龙塘金矿"7.9"特大透水事故

6.2.11.1 事故概况

龙塘金矿建于2000年1月26日，2000年11月开始生产黄金，矿长无矿长资格证，采取投资入股方式，共集资96股（每股一万元办该矿，该矿系独眼井，斜井掘进坡度为36°），以掘代从开工至今已掘进巷通530米，垂直深度160米。该矿无采矿许可证，县地矿主管部门于2000年2月24日、3月18日、3月28日三次下达停产整改通知书。为得以继续生产，该矿便与有采矿许可证的布亚冲金矿（该矿没有矿山实体）达成挂靠协议，得以继续生产直至发生事故。

1998年上半年，天柱县坑头布亚冲金矿的法人代表朱某以贵州省天柱县恒发矿业有限责任公司申办采矿许可证，于1998年11月23日省地矿厅向其发放采矿许可证（证号5200009810118）。但是，该公司在所核定的矿产资源范围内没有建设矿山。2000年5月，该公司又以天柱县坑头布亚冲金矿名义于7月7日向县地矿部门申请扩大采矿范围。2000年7月25日经省地矿厅批准并发放了采矿许可证（证号526272900068）。朱某两次得到采矿证后，在所核定的范围均没有开办矿井，而是与原已在该矿区采矿的无证的9个独眼井签订承包合同，并获得股份作为回报。

2001年7月9日19时，洞长郑某、安全员杨某向矿长杨某反映洞内第4平台右侧约10米处渗水比平时大，没有引起矿长的重视。其后，安全员杨某出洞时找到矿长杨某反映洞内水大了。20时50分，杨某下洞查看井下情况。21时，白班下班人员朱某、金某等7人行至距4平台10米处发现巷道右侧有一股酒杯口粗的水柱向外涌出。当行走到三平台时，平台上的绞车工问道，下面是否在放炮？朱某回答说没有，当其回头看时，下面正在冒"雾气"，他们挂好车后就上车前行，当车行走10多米远时，就感到一股很大的气流直扑过来，随后巨大的水流把他们卷入水中。透水事故发生了，造成18人死亡，伤2人。

6.2.11.2 事故原因

具体原因：

（1）直接原因。

1）与事故矿井相邻已停产的 8 个矿井积水几万立方米，并相互贯通。发现有透水预兆后，并没有采取撤离、避让等断然的安全措施。

2）事故矿井巷道与相邻矿的巷道安全距离不够。在水压作用下，酿成透水事故。

（2）间接原因。

1）该矿为独眼井生产，不具备基本安全生产条件，没有建立健全管理制度和安全防范措施，管理极其混乱，工人没有进行安全教育培训、素质低、自我保护意识差。该矿拒不执行有关部门下达的停产整顿指令，冒险蛮干，违章指挥，是造成事故发生的主要原因之一。

2）坑头矿区管理混乱。布亚冲金矿在取得采矿许可证后，没有进行采矿生产，而是仅凭一纸承包合同，违反有关规定擅自将采矿权转让给包括事故矿井在内的无证开采的 10 个独眼井。这些矿井大部分井下贯通，安全隐患严重。

3）坑头矿区黄金指挥部（县地矿局派驻坑头矿区的管理单位）负责坑头矿区安全生产工作，没有认真履行职责，安全生产管理工作没有落到实处。对坑头矿区独眼井不具备基本安全条件进行生产，以及井下巷道相互贯通的重大事故隐患，没有采取得力措施予以治理。

4）县地矿局既是资源监督管理部门，又是黄金生产主管部门。制止无证非法开采不力。布亚冲金矿与坑头矿区无证金矿签订承包合同，非法转让采矿权，县地矿部门没有制止，监督管理不力，并收取税费，客观上对非法开采起到保护作用。作为安全生产主管部门对安全工作重视不够，没有设立专门安全管理机构；安全生产责任制不健全。对坑头黄金指挥部工作督促指导不力。安全生产管理不到位，没有落到实处。

5）县安全监督部门在安全生产工作中没有严格依法行政，对坑头矿区安全检查不到位，对安全事故查处力度不够。

6）县政府没有认真落实安全生产工作"包保"责任制，没有把坑头矿区安全生产工作纳入与镇政府签订的安全目标考核中。造成了该地区安全管理上的"条"、"块"分割。在安全生产工作上，开会多，落实少，监督检查不力。

6.2.12 宜宾市江安县金茨硫铁矿"12.7"透水事故

6.2.12.1 事故概况

2001 年 12 月 27 日，宜宾市江安县金茨硫铁矿发生透水事故。事故造成 3 名井下作业工人死亡，事故抢险排水历时 4 天时间。

6.2.12.2 事故原因

具体原因：

（1）直接原因。事故的直接原因是硫铁矿二水平回采上山击穿了原老窑采空区，采空区积水约 1200 立方米直接涌入二水平，将现场作业人员淹溺至死。

（2）间接原因。

1）硫铁矿建矿后没有对原历史开采情况进行调查，没有弄清老窑分布情况和开采情况。在发现有渗水现象后，没有及时采取措施，防止透水事故发生。

2）疏忽了对职工的安全教育。在发现透水征兆的情况下，没有及时撤出作业人员，致使发生透水时现场作业人员被水淹溺死亡。

6.2.13 兴文县周家镇龙洞硫铁矿涌水事故

6.2.13.1 事故概况

2002年6月19日，兴文县周家镇龙洞硫铁矿3名正在疏通尾矿排放沟的工人，被突然涌出的尾矿冲入溶洞暗河内淹溺死亡。原来，龙洞硫铁矿为了逃避环保检查，在矿井下修建了一个硫铁矿选矿车间，将选矿尾水、尾渣直接排入采矿过程中发现的溶洞内。由于空间和高程差的限制，排放沟平缓窄小，经常发生堵塞现象，工人需要经常用水冲洗排放沟以保证畅通。如果管理稍有不严，堵塞更加严重。事故前因为生产不正常，管理不到位发生了堵塞，在恢复生产前安排工人清理。

6.2.13.2 事故原因

具体原因：

（1）直接原因。这起事故的直接原因是硫铁矿开采过程中揭穿了底板暗河溶洞。

（2）间接原因。

1）溶洞、暗河本身属于巨大危险源，矿山没有对开采过程中发现的溶洞、暗河增设安全设施。

2）尾矿硫铁矿违法将选矿车间建在井下，直接将选矿废水、废渣排入溶洞，这本身违法而且不科学，存在隐患。

6.2.14 建平县中全矿业有限公司"9.14"透水事故

6.2.14.1 事故概况

2013年7月，通业公司卢某准备在苏子沟一采区一中段采矿，报告了中全矿业有限公司陈某。陈某安排人员测量了主井东南侧的2个小井深度及水位，了解老窑积水情况。经测量，2个小井的井底标高分别是530米和543米，水深为40~50米。陈某告诉卢某采矿10多米没问题。

7~9月，通业公司在一中段主井距井筒90米处左侧掘进装运平巷11米，布置了一个采场进行采矿，采场长7米、宽6米、高21.5米，顶部标高521.5米。又在采场顶部掘进一个直径约1.5米、倾角30°、斜长约14米的斜眼，眼顶端标高528.5米，穿进护顶矿柱8.5米。

9月13日，二中段470米水平采场两次大能量爆破。14日11时左右，二中段进行二次爆破。14时20分左右，老窑水突然从一中段斜眼突出，沿主井井筒倾泻而下，瞬间淹没了主副井四、五中段。井口喷出20多米高汽柱，并伴有呜呜的声响，透出的水含有硫化氢气体。二、三、四中段的23名作业人员逃生，五中段5名作业人员被困井下遇难。

6.2.14.2 事故原因

具体原因：

（1）直接原因。540米水平老窑大量积水，水压高程达60米，形成高压水体；通业公司违规在一中段布置采场采矿，又在采场上部挺眼，回采护顶矿柱，致使护顶矿柱变薄，强度降低；井下爆破地震波对护顶矿柱反复作用，造成护顶矿柱裂隙增多、扩张、延伸，强度降低，稳定性减弱，抗滑动力逐渐减小。最后，斜眼顶柱开始移动、下滑、冒落，老窑积水突出，发生透水事故。

（2）间接原因。

1）中全公司在建设期间超层越界非法采矿，擅自回采护顶矿柱；不按设计施工，违规在500米水平和470米水平布置巷道，未对周围小井及浅部采空区存在的隐患进行处理，未采取探放水措施。擅自篡改采矿证许可深度，提供给设计单位虚假数据，致使设计深度超出采矿证许可深度100米。

2）中全公司在项目发包过程中，未签订《安全管理协议》，未进行安全技术交底，未向施工单位进行必要的安全投入，以包代管，对建设项目不实施安全生产管理。明知施工单位非法开采护顶矿柱，以建代采，不及时制止，不采取有效防范措施。

3）通业公司违法出租资质，不对项目部进行安全管理。明知卢某未取得安全生产管理人员安全资格证，不具备项目负责人资质条件，仍任命其为中全公司项目部负责人，盲目组织该井建工程施工、采矿作业。该项目部未配备相应的工程技术人员，未建立健全安全生产管理体系，未建立落实安全管理制度及操作规程，对从业人员安全教育培训不到位。

4）辽宁地质工程勘察施工集团公司违反国家规范要求，仅依据建平县国土资源局出具的停产企业证明，未到现场勘查、监测，编写《矿山矿产资源储量（2012）年度报告》，核定苏子沟一采区在2012年初至年末期间，铁矿资源保有量均为269.74千吨，储量无变化，与企业实际的资源保有量不符，企业非法采矿行为不能被及时发现。

6.2.15 浙江省余杭市仇山磁土矿"6.18"透水事故

6.2.15.1 事故概况

2008年6月18日下午2时30分，杭州仇山漂土有限公司下属浙江省余杭市仇山磁土矿发生透水，造成井下 6 名工人死亡。该矿位于杭州市余杭区余杭镇，矿山采用斜井开拓，空场法采矿，年开采膨润土原矿 4.4 万吨左右。该矿山建于 20 世纪 50 年代，自上而下分 - 28 米、- 66 米、- 105 米、- 145 米、- 185 米 5 个中段开采。其中，- 145 米以上已开采完毕。目前，在 - 185 米中段采矿，并在进行 - 185 米到 - 218 米的开采准备工作。2008 年 6 月 18 日上午，仇山磁土矿 10 多名工人下井作业。14 时 20 分许，由于矿井二中段采空区发生透水事故后，携带大量泥石的水从提升斜井涌入 - 185 米及以下水平。当时，- 185 米及以下水平共有 16 人在作业。其中，10 人从另外一个斜井安全撤离，6 名工人被水淹没死亡。

6.2.15.2　事故原因

具体原因：

（1）直接原因。经杭州市安全生产监督管理局事故调查报告认定，事故发生的直接原因是由于矿井二中段采空区与地表裂缝沟通，由于连续大降雨，大量地表水经裂缝渗入采空区。同时，因积水区产生冒顶，使采空区挡水墙上部无法承受积水压力，挡墙上部被冲垮，积水冲毁斜井底板并携带泥石淹没挂钩房，泥石堵住通道，造成在挂钩房等待下班的 15 名矿工被困。

（2）间接原因。在该矿区安全生产条件不符合国家规定的情况下，华某等人未采取有效措施预防和排除危害安全的事故隐患，且在接到停产撤人的紧急通知后未及时彻底组织矿井作业人员撤离，致使该矿发生致 6 人死亡、多人受伤的重大伤亡事故。

6.2.16　融水铜矿透水事故

6.2.16.1　事故概况

融水苗族自治县四荣乡九溪村一铜矿于 26 日上午发生透水事故，导致下井作业的 3 人中一人逃出，另两人失踪。经过一天的搜救失踪人员仍未找到。事故原因为贝江河上游突然涨水，河水从通风口灌进矿井所致。

据了解，发生事故的铜矿井为广西融水溪鑫矿产有限公司的矿井。出事的矿井已经停产。事发时，工人正在拆除井下的机械设备。事故发生时有多个专业救援队在内的上百人在现场参加救援工作，不过受场地限制，抽水机等救援设备安装比较困难，直至 27 日才开始抽水，并且只能安装两台抽水机。此外，27 日上午，现场还下起了大雨，给救援增加了难度。经过连续不断地抽水，目前矿井内的水位已有所下降，但失踪人员仍未找到。

据事故中唯一逃生出来的矿工覃某介绍，26 日上午 7 时，他们一共 4 个人下井作业。其中，有一人在下井不久就升井拿东西去了，这才逃过一劫。上午 8 时许，他们正在作业时，井里突然发生透水，水流非常大。一下子就淹到了工人胸口。覃某说，他几乎是随着水流往外游的，在游到一处斜坡处时，他赶紧爬起来往外逃，并成功逃生。但另外两人却没有能游出来。

逃出来后，覃某赶紧找人报警求救。据参与救援的融水县消防中队官兵介绍，上午 11 时许，他们接到报警赶到现场时，矿井中的水已涨至距洞口只有五六十米的位置。

事故发生后，当地政府、安监、公安、消防等部门联合赶赴现场展开救援，26 日下午 4 时，广西矿山救援河池中队也到达救援现场。但截至 26 日晚上 7 时许，失踪两人仍未找到。

6.2.16.2 事故原因

矿山距离河流过近，未设置专人对河水水位进行警戒，矿山安全意识较差。矿山通风口未设置防水设施。

6.3 中毒窒息事故

6.3.1 河南灵宝市义寺山金矿"3.7"一氧化碳中毒事故

6.3.1.1 事故概况

2001 年 3 月 6 日晚 9 时，义寺山金矿五坑口下井 16 名矿工。在五坑口 8 中段以上作业的 12 名工人，发现巷道内有少量烟气从岳渡巷方向飘来。受其影响，民工出现头晕体软，轻度中毒症状，随即返回地面，向民工队负责人王中会（事故中死亡）汇报了情况。其他 4 人在 9 中段工作，因风钻有足够新鲜风供应未受其影响。与此同时，井下电路跳闸，送不上电。王某骑摩托车到岳渡口与马某（岳渡村村民、负责看护岳渡坑口）一同进岳渡巷查找故障。结果发现巷道内约 760 米处坑木着火，顶板冒落，便立即组织马某、毋某等人灭火。经过半小时扑救，将冒顶着火段外侧明火扑灭。

3 月 7 日上午，民工队主管生产负责人樊某（事故中死亡）到井下派完活后，带领民工谭某（事故中死亡）从 8 中段前往岳渡巷查看火情。下午 4 时中班上班后，民工队另一管生产的负责人赵某（事故中死亡）得知樊某和谭某查看火情后未返回地面，随即带领民工汪某（樊某的内弟）、谭某（谭某的哥哥）、韩某、史某、廖某（均在事故中死亡）下井到岳渡巷寻找樊某和谭某。至此，岳渡巷内已进入 8 人，一直未返回。这一情况被井下绞车工孙某（事故中死亡）发现后，通过电话报告了在地面的王某。王某立即带领 3 名民工下井寻找。此前，井下 4 点班工人上班途经岳渡巷与 8 中段之间的暗斜井时，鲍某（民工、风钻手）一氧化碳中毒晕倒，当班工人马上用矿车把他送到地面。同时在井下展开抢救工作。

3 月 7 日下午 4 时 30 分，井下第一名一氧化碳中毒民工鲍某被抢救出井。井下发生事故的消息被住在井口附近的民工得知，30 余名民工救人心切，盲目入井开展抢救。同时，岳渡村五坑口负责人之一阎某一面派人到医院取氧气袋并请求救援，一面亲自开车到灵宝市消防队报警。17 时 50 分，灵宝市医院急救中心两辆救护车和 6 名医护人员赶到五坑口，对一氧化碳中毒人员实施抢救。18 时 03 分，灵宝市消防大队赶到现场，简单了解情况后于 18 时 15 分向 110 报警。同时，组织消防队官兵立即投入抢救工作。18 时 40 分，20 名一氧化碳中毒人员被抢救出洞口，随即被救护车送往医院抢救。其中，廖某、汪某、韩某、孙某 4 人死亡，其余 16 人经抢救脱险。

事故共造成 10 人死亡，21 人中毒，直接经济损失 61 万元。

6.3.1.2　事故原因

具体原因：

（1）直接原因。经营方岳渡村及直接承包人马某违法启用已封闭的坑口。岳渡巷长年失修，750 米沙卵石构造段部分木支护腐朽，导致冒顶；冒落岩石砸伤电缆，引起短路起火，引燃塑料水管和坑木，造成着火点两侧 5～8 米巷道上部沙石冒落，致使通风不畅。坑木在不能充分燃烧情况下，一氧化碳大量产生、聚集，并向义寺山金矿五坑口巷道蔓延，是造成这起事故的直接原因。民工缺乏安全知识，盲目无序地进行抢救，造成了事故伤亡的扩大。

（2）间接原因。

1）经营方岳渡村及直接承包人马某无安全资质，不具备安全生产条件，对矿工不进行安全知识教育、培训，特种作业人员无证上岗，安全生产制度不健全。

2）义寺山金矿以包代管，放弃安全管理。

3）灵宝市黄金矿山管理部门主持协调矿山企业，将矿山抵押租赁给不具备法人资格，没有安全生产资质的岳渡村经营；听任岳渡村将经营权转让给村长马某，而马某又将矿山采掘工程发包给既无法人资格，又无安全生产资质的民工队，也是这起事故的间接原因。

6.3.2　新疆鄯善县彩霞山铅锌矿"5.25"重大炮烟（一氧化碳）中毒事故

6.3.2.1　事故概况

2006 年 5 月 25 日 9 时，彩霞山铅锌矿矿长谭某（已死亡）先到 3 号井检查废石分拣情况后，到了 3 号井井口与施工队队长陈某会合，准备从提升竖井下井检查井下作业情况，但这时施工队安全员王某（已死亡）和电焊工吴某（已死亡）正在对提升箕斗进行焊接。谭某和陈某看到箕斗暂时无法运行，两人就到 10 号天井从地表入口开始下井。谭某在前、陈某在后下至 20 米左右时，俩人往上爬，上爬了 5 米左右，陈某听见"扑通"一声，谭某已摔了下去。陈某连忙爬上井口连呼"救命"，并摇摇晃晃地跑到卷扬机房给井下打电话，但是井下没有人接电话，随后他也因中毒昏迷在井口。后来卷扬机工给井下打电话通报，20分钟后，井下工人没找到，就从竖井上来，跑到 10 号天井救援。正在离 10 号天井 30 多米的矿石堆拣废石的伍某看到出事后，立即跑到 2 号井叫人。这时，拉水车司机蒋某听到消息，马上开上拉水车到矿部去报告情况，之后又回到施工队大院用电话向七合台第 1 工程处的陈某报告情况，并抱着自救器跑到井口。其后，有 3 人受轻度炮烟中毒后自救和被他人抢救出来。在 2 号井的测量技术员谭某及邓某听到消息后，也连忙赶至 3 号井，立即布置用高压风管向 10 号天井送风并向下洒水，并下井救出 2 人后也都中毒昏迷。2 号井管工李某带领 33 名工人赶到 3 号井救援，组织装上局部通风机从 10 号井口向下压风。先后从 10 号天井地面出口救出 8 人，其中 4 人受伤，4 人死亡。此次事故共造成 8 人死亡，2 人重伤、7 人轻伤，直接经济损失 204 万元。

6.3.2.2 事故原因

具体原因：

（1）直接原因。由于三号井采掘作业面未安装局部机械通风系统，在爆破掘进施工中，堵塞了 10 号天井、炮烟聚集不散，造成死亡事故发生。在救援过程中，又没有启动应急救援预案，救援措施不当，工人盲目下井施救，扩大了事故。

（2）间接原因。

1）施工队对职工安全培训教育不到位。没有组织开展本矿山的应救援预案演练，职工不具备基本矿山事故救援的基本知识和自我保护意识。没有按照有关金属非金属矿山安全规程的要求安装局部通风设施。

2）温州第二井巷工程公司未履行对挂靠单位第二工程处的安全监管职责。未按规定对从业人员进行安全生产教育和培训、配备劳动防护用品，未在矿山危险场所设置明显的警示标志。

3）彩宏矿业公司铅锌矿管理混乱，安全生产责任制不落实，安全管理人员配备不足。以包代管，未认真履行对施工队作业的安全监督、检查和技术指导职责。未及时编录、综合绘制井下工程系统图，井下气、水、电管路安装混乱，事故隐患长期不消除。

4）相关施工单位缺乏管理人员，专业技术不高，未及时发现并采取有效措施消除隐患。

6.3.3 河源市紫金县宝山铁矿 "7.14" 炮烟中毒窒息较大事故

6.3.3.1 事故概况

7 月 14 日上午 8 时 30 分，紫金县宝山铁矿冶炼有限公司的外包单位温州通业建设工程有限公司，在宝山铁矿一平硐向上掘进通风天井（断面 1.6 米×1.8

米）时，2 名当班施工人员到矿井主平巷进行作业，其中 1 人先行爬上离主平巷约 30 米的通风天井工作面。约 20 分钟后，主平巷另 1 名当班施工人员发现上去天井工作面的工人没有反应，随即上去查看，结果因缺氧从通风天井坠落到主平巷导致死亡。待班的施工人员发现这一情况后，先后组织 4 人两次进入天井作业面营救被困人员，又造成 2 名营救人员因缺氧窒息从高处坠落，经送医院抢救无效死亡。后经梅州市矿山救护队、紫金县消防大队等部门多方努力、全力营救，终于在 15 日凌晨 4 时 30 分将被困的 1 人救出，经医护人员检查，确认已经死亡。事故共造成 4 人死亡。

6.3.3.2 事故原因

具体原因：

（1）直接原因。在施工过程中，承包施工的温州通业建设工程有限公司没有按照国家有关金属与非金属矿山安全规程的有关规定，制定必要的安全措施，井下没有完善的机械通风系统，虽然装有局部通风扇，但没有连接风筒，新鲜风流未能送到工作面，无法有效排出炮烟，导致进入的人员发生炮烟中毒窒息。事故发生后，施工人员在没有安全防护措施的情况下盲目施救，发生次生事故，导致伤亡扩大。

（2）间接原因。

1）宝山铁矿原取得的采矿许可证和安全生产许可证均是露天开采，但该企业在未报告当地市、县国土资源和安全监管部门的情况下，擅自组织井下作业。

2）员工自身的事故防范意识、自救及营救能力不足。

3）缺乏安全教育，没有应急事故演练。

6.3.4 环江县银达铅锌矿"3.4"重大中毒事故

6.3.4.1 事故概况

1999 年 3 月 4 日，环江毛南族自治县上朝镇的银达铅锌矿发生一起由于炸药燃烧的中毒、窒息事故。当日凌晨 3 时许，管道工夏某在井下巡查到右平巷时，发现右平巷内的炸药库内有浓烟冒出，因炸药库是用两道铁皮门锁着，无法打开，他只好跑向左巷道工作面报告险情。然而，只有 4 人跟随他打开库门用矿帽舀巷道内的积水救火。因烟太浓，工人们支持不住，只好撤出地面。到凌晨 5 时，烟雾散尽后他们再次下井时，发现左边平巷卷扬机旁的 5 个出渣工和右边平巷的 3 个钻工已经全部中毒死亡。事故共造成死亡 8 人，直接经济损失 40 多万元。

6.3.4.2 事故原因

具体原因：

（1）直接原因。银达铅锌矿严重违反了《爆破安全规程》关于"储存爆破器材的硐室不得安装灯具"的规定，违章在私设的炸药硐室中间安装了普通照明灯具，并长期使用致使线路老化破损造成短路产生火花引燃了存放在炸药硐室内的炸药。炸药着火后，该矿采取的灭火措施不恰当，致使火越烧越大，产生大量的有毒气体。同时该矿炸药库严重违反《金属非金属地下矿山安全规程》关于"井下炸药库必须有独立回风道"的规定，没有建立独立的炸药库回风道，致使大量毒气只能通过右边平巷涌向左平巷，然后出到采空区，造成右平巷3名钻工被毒气堵在里面中毒死亡，而左平巷的5名出渣工则因毒气经过巷道时中毒死亡。

（2）间接原因。

1）银达铅锌矿违反《矿产资源法》的规定，长期越界非法开采。特别是在多次矿业秩序整顿过程中，在管理部门责令其退回自己范围开采的情况下，不服从管理，拒不退回到该矿自己的开采范围，仍然在越界处非法开采，致使在越界处作业的8名作业人员中毒死亡。

2）朝镇化建站违反自治区公安厅、环江县公安局关于禁止在春节和矿山整顿期间供应爆炸物品的规定，擅自向整顿对象银达铅锌矿供应大量爆炸物品，致使银达铅锌矿仍然能组织非法开采，并因供应的炸药发生燃烧直接导致中毒死亡事故的发生。

3）银达铅锌矿安全管理混乱，以包代管，管理人员不具备安全生产常识，致使发生火灾时，处理不当，造成事故扩大。

4）矿业秩序整顿工作存在漏洞。银达铅锌矿虽然经多次整顿，但因其是县人大机关工会办的企业，管理部门对该矿不执行整顿要求无能为力，未能制止其越界开采。这同时也暴露出权力部门参与办矿办企业的严重问题，致使该矿仍能长期越界非法开采，留下后患。

6.3.5 南京市云台山硫铁矿炸药库较大中毒事故

6.3.5.1 事故概况

1971年2月17日20时10分，云台山硫铁矿的1名仓库管理员在井下炸药库内违章吸烟，并将未熄灭的烟蒂丢在库内，导致明火引燃了库内存放的炸药和导火索。炸药在燃烧过程中产生的大量一氧化碳、氮氧化物等有毒气体顺着运输巷道、盲斜井扩散到作业面，使正在井下作业的57人中毒。其中，7人中毒过重死亡，2人严重中毒。在抢救中毒人员过程中，又有18人轻度中毒。

6.3.5.2 事故原因

具体原因：

（1）直接原因。仓库管理员违反公安部颁布的有关规定，在井下炸药库内吸烟，并将未熄灭的烟蒂扔在库房内，而引燃炸药。参加抢救的人员违反有关规定，未佩戴防护用具，造成后续抢救人员的死亡。

（2）间接原因。

1）该井下炸药库不符合有关规定，将通向 4 号井的回流风道采用木板、油毛毡等隔成的一个长 7.3 米、宽 2 米，高 1.8 米的库房。

2）仓库管理人员违反有关规定，在第 1 间、第 2 间库房的木架上堆放着 743 千克 2 号岩石硝铵炸药，地面上倒放着 20 余包 3 千克的硝铵炸药，并在第 3 库房内堆放有 1000 余米导火索和 1032 只雷管。

3）仓库管理人员违反有关规定，在第 1 间、第 2 间库房存放炸药的木架下，堆放着包装纸、棉纱、麻纱、零散导火索及黑色炸药。

4）该炸药库的通风不符合化工部颁发的有关规定，无独立的排风系统，导致有毒烟雾被位于 3 号井的 75 千瓦离心式风机吹经运输巷、盲斜井面至作业面。

6.3.6 白银有色金属公司厂坝铅锌矿 "4.27" 中毒窒息事故

6.3.6.1 事故概况

2011 年 4 月 27 日 11 时许，白银有色金属公司厂坝铅锌矿护矿队在巡查矿区时，3 名职工进入一废弃矿硐查看。矿方在接到矿硐口留守监护人员报告 3 名职工未及时升井的情况下，先后组织两批 11 人入硐搜寻营救，最终导致 6 名职工不同程度中毒，8 名职工遇难。

6.3.6.2 事故原因

具体原因：

（1）直接原因。直接原因为一氧化碳中毒。事故局部区域一氧化碳浓度高达 1.24%，高出控制临界值 500 倍，矿山组织人员盲目施救是导致伤亡扩大的原因。

（2）间接原因。

1）矿方缺乏相关事故的救护知识及经验，盲目抢险。

2）未做好井下气体监测监控工作，做好隐患排查。

3）未落实金属非金属地下矿山通风安全管理规定。

4）相关人员缺乏防中毒窒息事故安全知识。

6.3.7 衡山县长江镇石子村金矿 "4.17" 中毒事故

6.3.7.1 事故概况

2011 年 4 月 17 日下午 14 时 43 分，衡山县长江镇石子村金矿井下发生中毒事故。该矿井属非法开采的矿井，井口小而隐蔽，独眼井又无任何通风设施，又无任何矿井图纸、资料，开采方法是采用氢氧化钠加水与矿石溶解提取金矿石的方法，因该化学物质在提炼过程中产生一种剧毒氰化物，对人体危害极大。当天 13 时，2 名矿工下井，一段时间后未出井，井口发出很浓的异味。矿井老板与 1

名家属感觉情况不妙，2 人未采取任何保护措施冲入井下施救，造成 4 人遇难事故。

6.3.7.2 事故原因

具体原因：

（1）直接原因。硫化氢中毒。事故发生区域硫化氢检测浓度为 32ppm（1ppm = 1×10^{-6}），高出安全临界浓度值 10～20ppm 将近两倍。盲目施救是导致伤亡扩大的原因。

（2）间接原因。矿主违反矿产资源保护法的规定，未取得采矿许可证擅自采矿；无任何通风设施，造成巨大的安全隐患；矿山管理混乱，没有设置安全生产管理机构或者配备专职安全生产管理人员。

6.3.8 湘东镇"7.24"无证矿井二氧化碳窒息事故

6.3.8.1 事故概况

该非法矿井位于湘东镇、新湄村湘东白云石矿原硐采采区洞内（湘东白云矿硐采区已被上级有关部门吊销证照）。该矿有正副两井，平硐开采，巷道长度 300 米左右（矿名叫联营煤矿，存在的时间不长，股份制合伙企业，矿主是刘某、兰某、叶某等人），由湘东白云矿供电和提供火工产品。

2006 年 7 月 24 日晚上 12 时，湘东镇新湄村（原湘东白云石矿硐内）非法无证矿井发生二氧化碳窒息事故。7 月 24 日晚上，大工兼瓦检员肖某在未送风的情况下，进入井下（因风机在湘东镇打非整治过程中已摧毁）。和其一同下井的还有一位姓叶的小工。在快进入到工作面时，小工发现情况不对，赶快向外退出，报告矿方肖某可能因二氧化碳中毒出事了。矿方负责人马上向市应急救援中心报警，并立即组织设备进行安装送风。市应急救援人员及时赶到了矿上，下井进行抢救未果，造成 1 人死亡。

6.3.8.2 事故原因

具体原因：

（1）直接原因。井下二氧化碳浓度过高，是造成该次事故的直接原因。

（2）间接原因。

1）矿主兰某、叶某、刘某等人违反国家政策、法律、法规，无证非法开采。

2）检查员在未送风的情况下进入井下，安全意识淡薄，安全管理混乱。

3）在矿方违章指挥，不顾矿工的生命安全，在即未送风又未检查的情况下，安排矿工下井施工。

4）湘东镇打非办对取缔以后的矿井，未及时进行跟踪查处，把关不严，监管不到位，使非法矿井死灰复燃。

6.3.9　安徽枞阳大刨山铜矿一氧化碳中毒事故

6.3.9.1　事故概况

2006 年 12 月 12 日凌晨 1 时 40 分许，大刨山铜矿 8 名施工队员在主竖井 +35 米水平采场第 3 号盲井进行作业。因前一个班次工作面放炮后，没有进行风扇送风，炮烟未排放，导致 46 岁的打眼工秦某和 35 岁的彭某进入盲井中（8 米处）工作时发生中毒。事发后，安庆市和枞阳县安监部门、专业救护队及矿上工作人员等立即组织参与抢救，最终 2 名矿工不幸遇难，3 人受伤。

6.3.9.2　事故原因

具体原因：

（1）直接原因。两名矿工在前一个班次工作面放炮后，没有进行风扇送风，炮烟未排放的情况下，进入井下工作，是导致事故发生的直接原因。

（2）间接原因。矿山安全教育不足，导致矿工安全意识淡薄，不能分辨工作场所的危险源；没有良好的事故防范制度，不能保证作业的人员工作场所的安全。

6.3.10　华县桃园金矿意外事故

6.3.10.1　事故概况

渭南市华县桃园金矿已停产 3 个多月。2004 年 11 月 1 日晚 5 时左右，彭某等 4 名矿工入矿洞检修电器，准备次日生产。4 人在矿洞 189 米处歇息时，彭独自向矿洞深处走去，20 分钟后其余 3 名矿工出洞后发现没有见彭出来，便入洞寻找。30 分钟后矿工李某发现这一情况后，到主巷道 200 米处呼喊找人，在没有结果的情况下，他出洞向（包工头）李某两人汇报情况。随即，李某二人带领矿工王某、方某和阮某入洞查看情况。到达 310 米处斜坡 18~20 米处，几人发现前边进入的 4 名矿工已因严重缺氧窒息倒在地上。此时，李某二人也因缺氧瘫倒在地，后面一矿工上前营救时，也险些晕倒。后在两名工人的协助下，3 人侥幸逃出矿井。

6.3.10.2　事故原因

具体原因：

（1）直接原因。该坑口为"独眼井"，并且没有机械通风设施，导致供氧不足。

（2）间接原因。

1）民工工头李某缺乏井巷通风知识，不具备矿山负责人资格。

2）该巷道转弯太多，影响正常通风。尤其是在春、秋季节坑口内外压差太小，通风不畅的情况下更为突出。

6.3.11 泸定县兴隆镇银厂沟铅锌矿"10.30"中毒窒息事故

6.3.11.1 事故概况

2011 年 10 月 30 日，泸定县兴隆镇银厂沟铅锌矿井下发生一起中毒窒息事故，造成 4 人死亡，9 人受伤。该矿于 10 月 29 日上午 11 时，在 11 号井洞实施了爆破作业。次日，有 3 名矿工进入 11 号井洞作业，因有毒有害气体中毒被困井下。随后，有 10 名矿工入井进行施救。其中，1 人中毒昏倒被困井下，其他 9 人成功出井，但不同程度中毒。截至 31 日 12 时，被困井下的 4 名遇难者遗体已全部找到。

6.3.11.2 事故原因

具体原因：

（1）直接原因。井下通风系统不完善，实施爆破作业后人员入井前未检测井下空气质量；发生事故后盲目施救，造成事故扩大。

（2）间接原因。

1）员工安全意识淡薄，在炮眼未完全排除的情况下进入采场作业。

2）施工队对职工安全培训教育不到位。

3）没有组织开展本矿山的应救援预案演练，职工不具备基本矿山事故救援的基本知识和自我保护意识。

6.3.12 承德铜兴矿业有限责任公司"1.17"中毒事故

6.3.12.1 事故概况

2013 年 1 月 17 日，承德铜兴矿业有限公司坑口下九中段掘进二区凿岩组职工孙某（组长）、姜某、宋某、张某在开完班前安全工作会议后，于 8 点乘坐人车入井。姜某、宋某、张某到下五中段火药库领取火工器材，孙某独自一人前往下九中段 11431 采场工作面。姜某、宋某、张某领取火工器材前往 11431 采场工作面，大约 9 时 30 分到达 11431 采场工作面 52 米处发现孙某瘫倒在地。姜某把孙某搂过来，并大声叫他的名字，当时孙某有呼吸，但神志不清，不能说话，事故现场有炮烟味。

6.3.12.2 事故原因

具体原因：

（1）直接原因。11431 采场于 1 月 16 日下午 2 时进行了爆破作业。1 月 17 日，孙某独自进入未开启局部通风设备的工作面，未进行有害气体检测，违章进入危险场所，导致孙某吸入炮烟（含一氧化碳）中毒死亡。

（2）间接原因。

1）作业人员违反操作规程，单人单岗作业。

2）作业人员违反安全技术操作规程，存在习惯性、随意性误区。

3）安全生产责任制落实不到位。安全管理松懈，存在麻痹大意思想，对安全工作重视不够。

4）安全教育培训不到位，对职工进行安全教育不够，职工自主保安、相互保安意识差，对掘进通风措施没有引起高度重视。

6.3.13 安徽东至县迈捷矿业公司锑金矿"3.8"较大窒息事故

6.3.13.1 事故概况

2009 年 3 月 8 日 15 时 10 分左右，东至县迈捷矿业有限公司锑金矿发生一起较大窒息事故，造成 5 人死亡。该矿建于 80 年代初，为一家民营企业，矿山主采锑矿石，副产品为金矿，年设计能力 1 万吨，职工 40 余人，相关证照齐全。由于市场因素影响，该矿于 2008 年 10 月份停产。

2009 年 3 月 8 日，该矿安排 6 名工人下井从事井巷维修。下午 3 时 10 分左右，1 名工人违规进入未封闭的盲巷，因长时间未出来，其他 4 名工人陆续进入盲巷寻找，造成 5 人全部窒息。井下另外 1 名工人经寻找发现 5 人躺在盲巷内，立即打电话向地面求救。施救人员进入井下，开启风扇进行通风，将 5 名遇险人员救至 +83 平硐绞车硐室，进行风筒吹氧和人工呼吸。但因窒息时间较长，经抢救无效 5 名工人全部死亡。

6.3.13.2 事故原因

具体原因：

（1）直接原因。工人违章作业，未严格执行安全规程，在没有任何局部通风措施情况下，违规进入独头盲巷。

（2）间接原因。

1）企业安全主体责任不落实，安全管理不到位，安全教育培训不到位，矿山复产前没有进行隐患排查，没有认真落实安全防范措施，违规安排工人下井作业。

2）从业人员安全意识淡薄，事故发生后，盲目进行施救，造成事故扩大。

6.3.14 城口县百步梯锰业有限责任公司"8.3"事故

6.3.14.1 事故概况

2006 年 8 月 3 日 18 时 30 分左右，城口县百步梯锰业有限责任公司吴家湾 24 号矿井发生瓦斯爆炸，正在井下作业的 1 名矿工被困其中。听到爆炸声后，正在附近矿井作业的 4 名矿工，在情况不明、没有任何救护措施的情况下，擅自冒险进入矿井施救，不幸身亡。随后，又有 6 名地面人员在未见施救人员的踪影时，又准备继续盲目冒险进入矿井施救，所幸被赶到现场的救援人员阻止，才幸免于难。事故先后共造成5人死亡。

6.3.14.2 事故原因

具体原因：

（1）直接原因。据初步调查分析，事故发生的直接原因是因作业人员违章操作，明火放炮引起瓦斯爆炸。

（2）间接原因。

1）无矿山开采利用方案，无矿山建设安全设施，无设计审查意见书，无矿山开采设计方案，属于典型的违规违法开采。

2）矿长及安全员无资质手续，不能胜任矿山安全生产工作。

3）缺乏管理制度、安全设施，设备严重缺乏，不具备安全生产条件而盲目生产。

6.3.15 陕西宝鸡凤县铅洞山铅锌矿中毒事故

6.3.15.1 事故概况

2005年1月14日凌晨1时许，宝鸡凤县铅洞山铅锌矿9名工人于当晚7时下井。14日凌晨1时左右下班，经过一爆破不久的作业面时，感到呼吸困难，随后就出现了胸闷、头晕、恶心等症状。上升到井口后，其中三四个人便支撑不住，倒在地上。经过一段时间的休息，几名工人感到有所好转。但到凌晨2时左右，其中1名工人病情突然加重，后经医院抢救无效于凌晨5时死亡。其他几人被迅速送往当地医院治疗，上午10时许又有1名工人死亡。其余7名中毒矿工中，1名工人重度中毒。

6.3.15.2 事故原因

按规定，在一处工作面放炮后，如果在有通风系统的情况下，至少得等2个小时后，另一工作面的工作人员才可以从放炮工作面通过。但据调查，"1.14"事故发生时，工人从放炮工作面经过时距放炮时间仅有20多分钟间隔。由于炮烟浓度太高，致工人出现中毒症状，随后两人死亡，数人受伤。发生这次事故与施工方的劳动组织不合理有很大关系。

6.3.16 兴安盟兴安埃玛矿业有限公司"3.21"较大事故

6.3.16.1 事故概况

2013年3月21日，兴安盟兴安埃玛矿业有限公司发生一起较大中毒窒息死亡事故，共造成3人死亡，1人轻伤。兴安埃玛矿业有限公司为一家在建非煤矿山，企业性质为股份有限公司，矿井建设规模为年采选铅锌矿石30万吨，企业采矿许可证等各种证照、"三同时"手续齐全。矿井施工单位为湖北营润矿山建设有限公司，资质为矿山工程总承包三级。

6.3.16.2 事故原因

具体原因：

（1）直接原因。经初步分析，事故发生的直接原因是在施工 920 中段 3 号天井过程中，爆破作业后未开启主扇和局部通风扇吹散炮烟，导致有毒有害气体集聚。

（2）间接原因。

1）春季复工后企业疏于安全管理，各项安全管理制度和措施落实不到位，员工作业前未对作业场所进行有毒有害气体检测。

2）企业未为员工佩备自救器等安全防护装备，导致中毒窒息事故的发生。

6.3.17 内蒙古齐华矿业有限责任公司"5.3"较大中毒窒息事故

6.3.17.1 事故概况

2013 年 5 月 3 日，内蒙古齐华矿业有限责任公司地下开采矿山发生一起较大中毒窒息事故，共造成 4 人死亡。该公司位于巴彦淖尔市乌拉特后旗境内，是一家集采矿、选矿、制酸、制肥、制铁、建材于一体的大型矿山化工联合企业。该公司年采选矿石 120 万吨，营业执照、采矿许可证、安全生产许可证等相关证照均在有效期范围内。该公司外包施工队伍为温州建设集团有限公司，具有矿山工程施工总承包壹级资质。

6.3.17.2 事故原因

具体原因：

（1）直接原因。经初步调查，事故发生的直接原因是给 1080 分段人行天井和 1030 分段东通风天井两个掘进工作面提供压缩空气的两台空压机储气罐由于安装位置不正确、未能及时维护清理等原因，导致罐体下部积聚大量油污、罐体内壁附着一定厚度的积碳，在较高排气温度等因素的综合作用下发生自燃，燃烧后形成的有毒有害气体由压风管道进入工作面，将正在进行吹扫和凿岩作业的人员熏倒。

（2）间接原因。

1）2 个天井掘进工作面均为独头巷道，未安装局部通风机，通风不良。

2）监测监控、通信联络等系统建设不完善和存在盲区，企业未为员工配备便携式一氧化碳检测仪和自救器等安全防护装备，导致中毒窒息事故的发生。

6.3.18 云锡集团新建矿业公司中毒窒息事故

6.3.18.1 事故概况

2007 年 6 月 28 日 10 时 20 分，云锡集团新建矿业有限责任公司 1613 坑 15 川天井上方平巷发生一起一氧化碳中毒的较大事故，造成 2 人当场死亡，因现场人员盲目施救又造成 3 人一氧化碳中毒死亡，事故共造成 5 人死亡，9 人住院治疗，直接经济损失达 80 万元。

1613 坑为平硐开拓，现开拓深度达 2.5 千米，通风方式以自然通风为主，辅助局部通风扇局部通风。事故点属 1613 坑 15 川，独头掘进，距坑口 2.4 千米，斜长 38 米、坡度 65°、规格 1.2 米 × 1.2 米的斜井上方有一约 8 米长的平巷。

2007 年 6 月 27 日 18 时，1613 坑 15 川 38 米斜井上方平巷进行了爆破作业，炸药使用量约 13.7 千克。6 月 28 日早 8 时，马某、黎某、黎某某、马某某到达 15 川准备再次进行爆破作业。他们按照惯例用高压风向作业面吹风约 1 个半小时左右。黎某、黎某某顺着梯子先行爬上斜井，随后，马某也爬上斜井。当马某看见前面两人坐在厢木上不会动后，退到了斜井脚，要另一名工人跑出坑叫人来救。当班安全管理员张某得知情况后带领代某等 6 人进坑，张某撕烂一件衣裳浸水后，每人发一条蒙住口鼻向斜井里爬。结果造成张某、代某等人先后中毒。其中张某、代某 2 人死亡，代某当场摔落斜井井底。10 时，闻讯前来救援的当班主要管理人员童某与卡房镇的医生马某带着急救箱赶到事故发生地。童某在不听马医生劝告的情况下，再次带人用撕碎的衣裳条浸湿后蒙着鼻子拿着氧气袋再次爬上斜井，又造成中毒死亡，其他人员被迫撤下。随后赶来的救援人员被医生马某所劝阻没有贸然施救，避免了事故的进一步扩大。

6.3.18.2　事故原因

具体原因：

（1）直接原因。

1）设备设施、环境存在严重缺陷。一是 15 穿探矿工程，通过 38 米斜井加 8 米平巷，属独头掘进，客观上导致通风不畅，有毒有害气体不能排出作业面，作业环境存在极大的事故隐患。二是 15 穿探矿工程通风设施、设备存在严重缺陷，在斜井掘进至 38 米，平巷掘进至 8 米时，通风设备设施未能及时跟进到位。虽在 15 穿探工程处设有局部通风扇，但设置位置不当，且风带未能跟进到作业面，仅靠打眼用 3.5 立方米的高压风进行送风，不能把炮烟等有毒有害气体排出，远不能满足作业安全要求。

2）人的不安全行为。一是作业者安全意识和安全技能低下，未能及时察觉作业面存在的危险。在出现中毒症状时，仍然冒进，导致事故发生；二是现场管理人员不具备基本的安全知识和技能，在未采取任何安全措施的前提下，严重违章指挥，贸然率领人员救援，导致事故的扩大和升级；三是作为当班主要管理人员童某的极端违章指挥行为，不能冷静分析现场情况，没有意识到可能产生的严重后果，不采取有效的安全措施，不听医生的劝阻，强行违章指挥，带领其他人员冒险施救，使事故更进一步扩大，也导致其自身死亡。

（2）间接原因。

1）现场安全管理存在严重缺陷，作业现场存在通风不良、设备设施存在严重缺陷的重大隐患，未能引起应有的重视。相关管理人员未能及时检查发现并采取有效措施整改。

2）生产技术管理工作严重滞后。作为坑下探矿工程，无最基本的施工设计和安全技术措施交底，盲目施工，导致危险因素不断增加，又未采取措施及时整改。

3）各级安全教育培训工作力度差。各级单位未按有关规定对从业人员和坑口安全管理人员进行安全教育培训，作业人员和管理人员安全意识和技术素质低，缺乏必要的安全知识和安全操作技能，对作业场所存在的危险因素不能及时察觉。在救援过程中，不采取安全有效措施而严重违章贸然施救，导致事故扩大。

4）安全基础管理工作差。一是1613坑口未建立安全生产管理的基础台账，安全管理无序，随意性大，对存在的各类隐患无整改措施和监督机制。二是森源公司对整合坑口的安全管理工作不重视，存在失管、漏管的现象。三是云锡新建公司对整合坑口及劳务队组安全管理力度、措施不到位。四是对工程项目未全面纳入管理和监控，对前期检查（6月12日）发现的1613坑15穿探工程处通风存在的问题未及时跟踪检查，督促整改。一些各级各类安全管理人员未持证上岗。五是缺乏事故应急救援预案、现场应急救援措施失当。森源公司未制定事故应急救援预案，各级各类人员缺乏必要的救援知识，事故发生后自己贸然组织救援，不及时向上级报告，从而进一步扩大了事故。

6.3.19 湖南瑶岗仙矿业有限责任公司"9.13"较大中毒事故

6.3.19.1 事故概况

2007年9月13日8时，王某带领6人到事故发生地点选矿。首先是2个人破碎砂子、5个人洗砂子。砂子粗选后，7个人便将本班粗洗的和原来已粗洗的约2000千克粗精矿按100毫米厚平铺在水泥地板上，王某将黄药均匀撒在砂子上，其余6个人用铁铲均匀搅拌，边撒边拌。待砂子与黄药搅拌均匀后，王某便安排其余6人撤到了有新鲜风流的刘某班组守护点，王某单独1人在粗精矿上洒浓硫酸，洒好后也撤到刘某班组守护点。此时，已到中午12时。13时，王某等3人先进到选矿作业地点，王某等4人也随后跟进。4个人进去后，发现王某等3人倒在地上，便向外大声呼救。此时，在15中段某班组守护点担任守护任务的胡某听到呼救后，立即叫醒正在睡觉的阳某去救人，阳某进去后发现7个人倒在拖拉机附近。

6.3.19.2 事故原因

具体原因：

（1）直接原因。

1）在有限空间内大量化学药物反应产生的有毒气体浓度严重超标，通风设施不完善，事故地点有毒气体无法排出。

2）平时选矿的矿砂500～600千克时，产生的有毒气体质量浓度。经专家事后计算没有达到使人致死的浓度。本班选矿的矿砂约2000千克，使用了大量丁基黄药和浓硫酸，药物与矿石反应后产生大量有毒气体。专家分析，事故地点的硫化氢质量浓度达0.392%，二氧化硫质量浓度达0.185%，分别为致死浓度的3.9倍和3.7倍（硫化氢质量浓度达到0.1%，二氧化硫质量浓度0.05%时，可使人短时间内死亡）。事故巷道是一条独头巷道，事故地点只有一台2.1千瓦离心风机打循环风，有毒有害气体无法排走。

3）王某等人违反《危险化学品安全管理条例》规定，在不具备使用条件的井下使用危险化学品——浓硫酸；违反《金属非金属矿山安全规程》规定，在无任何安全保障措施的情况下，违规、冒险进入独头巷道内作业，导致事故发生。

4）69号脉探矿平巷是2006年10月份报停的独头巷道。该巷道未安装合格的通风设备，未形成通风系统。王某等人在空间体积固定、无风的巷道内大量使用浓硫酸，浓硫酸与黄药和矿石反应后生成大量有毒气体，在没有检测有毒气体的情况下，违规、冒险进入该独头巷道进行选矿作业，导致事故发生。

（2）间接原因。

1）工区对残采区的管理混乱。一是残采作业点没有开采方案设计，没有制定安全技术措施。二是公司的安全生产规章制度在残采工区及班组落实不好，井下超计划作业、超定员作业现象严重，工区、班组没有专职安全员。三是对残采区的安全隐患排查重视不够，没有及时消除安全隐患。

2）工区和公司有关部门对井下采用化学药物选矿未及时发现和制止。在15中段69号脉计划作业停产后，对其独头盲巷没有按《规程》的要求进行密闭处理，防止人员进入，让刘某、王某等人有机会进入进行选矿。在重大安全隐患排查治理中，未按国务院和省政府的要求认真进行自查自纠和排查整改，对井下采用危险化学品选矿这样严重的安全隐患都未及时发现和治理。

3）公司对工区和班组的用工监管不力，从业人员出入井管理制度不落实。一是公司人教部只管用工指标，对班组招录临时作业人员放任不管，班组私招滥聘员工现象严重，致使不经培训、不签劳动合同、不办工伤保险的人入井作业。二是井下通地表的出口特别多，护矿办、保卫科的井口守护人员不严格执行公司的规定，无证人员入井、危险化学品入井、矿砂偷盗现象严重。三是事故发生后，因守护不力，导致事故现场钨砂被盗。

4）安全工作以包代管。九工区没有安全管理方面的规章制度或者措施，也没有严格执行公司的安全管理制度，残矿回收采掘作业无设计、无安全技术措施。安全管理责任不落实，安全员无证上岗，安全以包代管，作业现场安全管理混乱。

5）安全检查不到位，安全管理不力。工区及公司有关部门安全管理松懈，督促检查力度不够，对作业现场的安全管理未及时跟进，井下超作业区域的违规作业行为未及时发现和制止，在九工区没有建立安全检查及隐患整改工作台账。

6）应急救援预案没有组织学习、宣传和演练，井下也没有通信电话，导致事故发生后报告及救援不及时，井下人员盲目救援，扩大了事故范围。

6.3.20 建水县官厅镇牛滚塘铅锌矿二工区"11.9"中毒和窒息较大事故

6.3.20.1 事故概况

10月30日，牛滚塘铅锌矿二工区梁某和肖某带领工人下井，到26号坑清理坑道。当梁某走进坑道约200米时，看到坑道都是帮上掉下来的碴子，厚度不到1米。出坑口后，就清点坑口外面的东西（空压机、推车、飞兜）。肖某安排杨某负责找人来干此项工作。杨某找了杨某、李某、龙某、李某、马某5个人一起工作。11月8日晚，李某在清理维护巷道工作中，用手推车将巷道中废石运至距坑口约1400米处采空区内进行充填，不慎将自己专用推车挡板滚落于采空区回填坑中。当李某要下去捡挡车板时，被其他工人制止。

11月9日15时左右，李某和其他4名矿工一起去上班时，在坑口没有找到与自己手推车相匹配的挡车板。进入坑道后，李某还要去捡挡车板，一同上班的矿工龙某阻止李某。可李某不听劝阻，坚持下到回填坑中。龙某随后向工头杨某报告此事。工头杨某立即跑下坑去救人。看到杨某刚把李某抱起来后，两人就一同往后倒并往下滚到回填坑内。杨某的弟弟杨某看到哥哥下去没上来，就拖着风管要下去救人。结果杨某下到回填坑后，就倒在回填坑内。其中，1名工人跑出坑口用对讲机告诉26号坑开飞兜的工人白某，约16时30分白某打电话给肖某，肖某接着向工区长梁某电话报告，梁某赶到现场后，组织人员对矿洞进行通风，阻止其他人进入坑道，等待相关部门人员到来。

6.3.20.2 事故原因

具体原因：

（1）直接原因。牛滚塘铅锌矿二工区26号坑内，因长期开采形成了采空区，废弃后没有进行封堵。坑道内无机械通风和照明设施，经长时间停产后，二氧化碳聚集在采空区底部。作业人员李某缺乏自我保护意识，在没有安全防护和通风置换空气的情况下，贸然进入采空区，导致事故发生。其余2名人员杨某和杨某缺乏应急救援知识，在没有任何个人防护措施的情况下，相继冒险盲目施救，使事故后果扩大。

（2）间接原因。

1）牛滚塘铅锌矿二工区非法违法生产。未取得采掘施工企业的相关资质和证照，承包矿山施工作业。安全投入不足，未实行矿井机械通风。未按照《云南省安全生产条例》的规定，建立各项规章制度和安全操作规程，落实安全生产责任制。未经政府有关部门和管理单位的同意，擅自安排未经安全培训的作业人员进入无机械通风、无照明设施的坑道内非法违法生产。

2）云锡建水官厅矿业有限公司在资源整合中管理不到位。2012年1月20日对建水官厅矿区实施整合后，未认真检查各承包工区和坑口的业主是否具有采掘施工资质和持有相关证照。未认真督促各承包工区和坑口建立完善矿井机械通风系统和配备相应的检测设备。由于客观原因，未及时延续和变更《采矿许可证》、《安全生产许可证》，导致上述两证处于超期状态。

3）建水县官厅镇人民政府"打非治违"专项整治工作不到位。在实施资源整合过程中，对镇属有关部门履行资源管理、安全生产监督管理职责督促不力。未及时督促企业办理《采矿许可证》、《安全生产许可证》延期手续，资源管理和安全监督检查不到位。2012年3月矿区停产后，对工区、坑口是否停止生产的跟踪监督检查不到位，对辖区非法违法生产行为打击力度不够。存在少数工区、坑道非法违法生产问题。

4）建水县国土资源局"打非治违"专项整治工作不到位。开展打非治违专项整治和资源整合工作措施不到位，日常开展"矿山动态巡查"不深入，存在每月的巡查是为了完成任务的情况。特别是3月30日对牛滚塘铅锌矿发出《停工通知书》后，没有深入到工区、坑口、井下进行跟踪督促检查，也没有督促企业及时对26号坑进行封闭。

5）建水县安全生产监督管理局安全检查不到位。没有认真贯彻落实安全生产法律法规和相关要求，日常安全生产检查、巡查工作不到位。特别是8月8日对牛滚塘铅锌矿发出《强制措施决定书》后，没有深入到工区、坑口、井下进行跟踪督促检查，也没有督促企业及时对26号坑进行封闭。

6.3.21 核工业集团794矿"4.6"气体中毒事故

6.3.21.1 事故概况

核工业集团794矿地处陕西省蓝田县辋川乡境内，距蓝田县城13千米，距西安市60千米。该矿始建于1971年初，1993年正式投产，是核工业集团矿冶局下属铀矿山，涉及矿石年生产能力为4万吨。现已建成采矿、堆浸、地浸及水冶生产于一体的型铀矿山企业。

2002年4月3日凌晨2时20分，794矿二区七中段7-1-1采场进行大爆破作业，装药量为8067千克。整个爆破工作进展顺利。从4月3日~6日，井下所有作业面都停止工作。

2002 年 4 月 6 日晨 7 时 30 分，二工区三队职工 6 人、民工 1 人，前往十中段独头进行正常作业。先期到达十中段的 5 人中，走在前面的 3 人被炮烟熏倒，走在后面的 2 人（其中民工 1 人）也感觉不行了，要往回返，被后到的 2 人救上八中段。之后，他们向其他作业现场的职工报警。

此后，在职工自发下井抢救过程中，又有 2 人死亡。在工区区长组织的抢救过程中，有 5 人死亡（包括区长本人）。矿长到达后，又有 2 人不听劝阻强行进入十中段救人而亡。至 4 月 6 日 11 时 30 分，武警消防官兵到达现场时，共有 12 人死亡、2 人重伤、26 人轻伤。这次事故共死亡 12 人，其中 9 人为营救人员。

6.3.21.2 事故原因

具体原因：

（1）直接原因。经调查了解，井下通风系统已全部瘫痪。此次事故前，3 名死亡职工是在放炮后未进行通风的情况下进入工作面作业，造成炮烟中毒。而后，9 人盲目进入危险区域进行抢救工作，造成了事故扩大。

（2）间接原因。

1）重点放在了放射性的防护方面，忽视了有毒气体的防护。

2）安全管理渠道不畅通，对班组安全活动提出的隐患及炮烟问题没能引起足够的重视。

3）安全生产规章制度落实情况很差，有章不循，违章作业时有发生；对违章现象缺乏管理，整改措施不落实。

4）井下通风管理不善。两台主要风机均因缺陷不能正常启动，且风机没有专人负责管理。

5）应急措施不当。事故发生后，现场指挥没按预案规定的程序进行抢救，抢救现场混乱，指挥不力。紧急重大情况工作小组没配备必要的器材，平时也没有组织应急演习，对突发事故毫无准备。

6.3.22 福建隆盛建设工程有限公司咸宁分公司三鑫项目部 "8.25" 炮烟中毒事故

6.3.22.1 事故概况

2009 年 8 月 25 日 7 时 35 分，三鑫项目部周某在一采区斜井口主持召开早班班前会，安排本班各班组的生产作业任务。其中，安排风钻班炮工（兼凿岩工）虞某和其养子先去 -190 米水平接风水管，后到 -140 米水平 N4 采场打排险炮眼、放炮排险，最后再到 -150 米水平 W3 采场解大块（将大块矿石经爆破分解为小块）；安排风钻班炮工（兼凿岩工）虞某和其儿子到 -135 米水平临时水仓驳帮（打眼爆破扩大水仓断面），并强调了要按时放炮、做好安全确认和放炮安全警戒工作等有关安全注意事项。

虞某和其养子入井后于－130米水平井下炸药库领取6千克炸药、15枚非电导爆管。按照班前会的安排，首先到盲斜井－190米水平接风水管。11时左右结束该项工作后，由－190米水平上到－140米水平N4采场打顶板排险炮炮眼，打好两个排险炮炮眼（眼深约0.3米）、装药联线并进行安全警戒后，于14时10分左右放排险炮（用炸药2筒、导爆管3根）。然后，又下到－150米水平W3采场进行解大块爆破。

根据班前会的分工安排，虞某和其儿子入井后，一直在－135米水平临时水仓处从事驳帮打眼作业。

按照项目部的安排，当天上中班的王某于14时左右提前入井，到－135米水平溜矿井口处维修井口护栏，14时20分左右到达工作地点。

当班解大块爆破采取的是搭药（不打炮眼，将炸药直接搁（贴）放于大块矿石的表面）的爆破方法。在将当班所剩的炸药捆扎摆放在大块矿石表面，并将导爆管与炸药并、串联连接好后，负责放炮警戒的虞某经行人井上到－140米水平进行安全警戒，并站在－140米水平井口平台处向－135米水平临时水仓作业点方向大声喊叫其儿子"要放炮了，赶快撤走"。此时，虞某打眼工作已基本结束、正在做用风管清吹炮眼的准备工作。此时，王某正从事溜矿井井口护栏的加固工作，虞某当时正在－135米水平行人井口附近拆卸水管。听到父亲的喊声后，虞某的儿子大声回答说"知道了"。此时，虞某拆卸水管工作尚未结束，而虞某正在连接吹洗炮眼的风管，均企图将最后几分钟的工作完成，因而3人均未立即撤离。当时，王某曾提醒虞某父子"要放炮了、赶紧撤"，但该父子两人均回答说"没有事"。于是，王某大声对虞某喊"等一下，还有点没做完"。但虞某为广西人，未听懂王某（湖北竹山县人）的回话。

在听到虞某的应答声后，虞某对其养子说"可以放炮了"。于是，虞某将放炮母线由行人井牵到－160米水平，约5分钟后即启动放炮器起爆。

听到－150米水平的炮响后，王某大声说"下面放炮了，快走"。于是，当时正在－135米井口平台作业的虞某带头从W3-1号人行井由下向上撤退，虞某、王某紧跟其后，但此时，由－150米水平W3采场解大块爆破所产生的炮烟已随着回风上行到达该处，由于炮烟较浓（且特别呛喉、辣眼），3人在人行井内中部时已看不清梯踏，只能以手、足试探摸索着向上攀行。

解大块放炮起爆数秒钟后，位于－140米水平井口平台附近负责警戒的虞某感觉到由天井上来的炮烟特别呛鼻、刺眼、不正常，于是急忙由人行井下到－160米水平，并对虞某说"炮烟有点不对路，放炮线不要上去收"。于是，两人从北端人行井下到－160米水平，后经斜坡道上至－130米水平。

向上攀行撤离走在最前面的虞某上行到－130米水平井口平台处向外行走约

2～3米后突然晕倒于地，虞某、王某只好将虞某的父亲拉起来架扶着往外走，走了约七八米远后，虞某已完全无力行走而又瘫倒于地，喊叫他时已不能应答。此时王某、虞某也感到头晕、想呕吐，体力已极度不支，虞某仍要拉扶其父亲，但已力不从心。王某则劝阻说"你爸已倒在地上起不来了，我们也不行了，还是快走，否则我们两个都出不去"。于是王某走前、虞某随后，二人跟跟跄跄地向－130米水平马头门方向撤离。

按事后推算，事故发生时应为2009年8月25日14时35分左右。

王某、虞某两人沿－130米水平运输巷向外撤离时，中途遇中班刚进班的扒碴工某（与王某同班），虞某即大致告知其情况，说后面还有一人、赶快去救他。

工某听后，立即经联道迎着炮烟溢出方向（此时炮烟浓度已相对较淡）跑入－130米水平人行道内，见虞某俯躺于行人井－130米井口外不远处的巷底，即将其由内向外拖到联道风门外风流较好处仰放于巷底，然后返回－130米水平马头门信号室处，准备拿自救器进去为虞某输氧。当其到达马头门处时，见王某在该处呕吐，而虞某的养子则歪到于该处拿着话筒向地面电话报告事故情况，但虞某此时已神志不太清醒（一定程度的中毒加上着急、慌乱）、说话不清楚，地面接电话人员听不清其意。见此情况，工某叫王某赶快将话筒接过来向地面电话报告事故、请求施救。王某打完事故报告电话后，拿着一只自救器返回至联道外风门处（虞某随后也跟了进去），打开自救器盒盖，将呼吸嘴插含于虞某口中以助其吸氧、等待救援。

虞某父子经－160米斜坡道上至－130米水平到达马头门处时，才知道有人炮烟中毒。于是，虞某叫儿子再次向地面打电话报告事故，自己则急忙向内跑去。见王某正在用自救器对虞某进行输氧施救，虞某养子则无力地歪倒于一旁。虞某见该处巷道风流中仍有少量炮烟，于是将虞某拖至3米以外没有炮烟的地方，再将衣服浸湿捂住鼻子进去将虞某背出向外撤离。中途遇其他施救人员后，轮换着将虞某背到－130米马头门处，虞某则由随后赶到的救护队员背出。

三鑫项目部井口值班室值班人员夏某接到井下事故报告电话后，立即电话报告分管生产的副经理施某。施某接到事故报告电话后，赶紧打电话向湖北三鑫公司求助并拨打"120"急救电话。三鑫公司应急救援中心接到事故报告电话后，立即启动应急救援预案，安排救护队员及医务室有关医护人员及施维发等迅速赶往井下施救。

虞某王某3人于15时左右被护送出井后，立即将中毒的虞某抬上三鑫公司早已安排、待命于井口的救护车，准备将其送往大冶市人民医院抢救，随车的施某发现虞某脸色不对，为了争取抢救时间，中途决定将其就近改送大冶有色金属公司铜绿山铜铁矿医院抢救。王某、虞某两人中毒较轻，由随后赶达的"120"急救车接往大冶市人民医院治疗。

6.3.22.2 事故原因

具体原因：

（1）直接原因。

1）场爆破警戒人员安全意识不强、麻痹大意，违反《爆破安全规程》(GB 6722—2003)4.12.2条"起爆信号：起爆信号应在确认人员、设备等全部撤离爆破警戒区，所有警戒人员到位，具备安全起爆条件时发出……"之规定，以及三鑫公司制订的《井下爆破警戒制度》第四条之有关规定，在未确定爆破危险区内的人员是否完全撤离的情况下，违章、冒险发出起爆信号。

2）–135米水平现场作业人员安全意识不强、麻痹大意，在听到爆破预警信号后，为了完成最后剩下的少量工作而拖延了撤离时间，在炮响见烟后才开始撤离。由于炮烟浓度高、视线差，使正在撤离中的作业人员在攀爬天井时速度受到条件限制而相对较慢，受毒时间相对较长，吸入高浓度有毒有害气体相对过多，直至造成3名撤退人员不同程度中毒，是事故发生的直接原因。

（2）间接原因。

1）安全培训教育不扎实，培训学习内容不全、针对性不强。由于少数生产作业人员安全意识未得到应有的提高，生产作业过程中麻痹大意，习惯性违章冒险作业、有章不循、个人自我安全防范意识差及制度落实不到位等，是导致事故发生的主要间接原因。

2）井下作业用工把关不严。事故遇难者年龄偏大（已达井下退休年龄）、身体素质和状况相对较差，也是发生炮烟中毒后酿成严重恶果的原因之一。

6.3.23 青岛金星矿业"8.17"炮烟中毒事故

6.3.23.1 事故概况

2006年8月17日上午8时30分，青岛金星矿业股份有限公司调度室副主任周某、调度员张某和职工朱某，至12中段与13中段之间检查探矿情况。中途，朱某因身体不适，在一层平台天井入口附近等候。约9时20分，朱某听见天井内传出物体坠落和安全帽碰击井壁的声音。在喊话无回应后，意识到周某和张某可能坠井了，便立即跑到12中段马头门附近找人抢救。由于缺少救援器材，救援过程中，一名救援人员也中毒坠井。12时30分，3人被扒出，经医生诊断均已死亡，医学鉴定结果认为3人均系一氧化碳中毒致死。天井内发生重大炮烟中毒事故，先后造成3人死亡，直接经济损失91万元。

6.3.23.2 事故原因

具体原因：

（1）项目经理部在金星公司一采区12中段至13中段天井中穿巷道凿岩施工

中，违反公司《掘进作业规程》关于"天井作业时，第一排炮碴未挖净，禁止进行第二次爆破作业"的规定，8月14日爆破作业以后，15日晚将中穿巷道内残留的炮碴扒至井底。在没有及时进行清除的情况下，8月16日再次实施爆破作业，两次爆破产生的炮碴将天井下口堵塞，致使爆破产生的炮烟长时间滞留在天井和中穿巷道内不能散尽，是造成了事故发生的外部环境因素。

（2）周某作为有多年矿山工作经验的生产调度人员违反《掘进作业规程》关于"进入工作面前佩带个人防毒防尘口罩并打开局扇通风"的规定，在没有充分确认通风井巷畅通无杂物、不掌握井内风质情况下，没有采取局部通风和个人安全防护措施情况下，贸然带领张某下井，是事故发生的人为因素。

（3）事故扩大的原因。事故发生后，金星公司组织现场抢救的指挥人员，在没有对事故现场进行详细勘查，没有查明事故性质和发生原因的情况下，判断失误，救援组织和方法不当，未采取任何安全保障措施，违章安排人员下井救援，致使一名救援人员死亡，使事故死亡人数增加。

（4）管理方面原因。金星公司安全管理松懈。一是安全生产主体责任不落实，生产调度和安全管理等职能机构、采区和项目经理部对井下施工各环节的安全管理职责不明确不具体，生产调度对井下采掘施工的有关情况掌握不全面、检查确认不及时，组织井巷采掘施工前，安全技术交底不及时；二是安全管理制度不落实，井下作业和检查习惯性违章行为比较普遍；三是安全管理机构对项目经理部的井下施工安全综合监管不到位，对施工中的"三违"现象查处不力，与项目经理部签订的安全生产协议流于形式，以包代管问题比较突出；四是安全教育培训落实不到位；五是承包金星公司一采区井下采掘工程的项目经理部，采掘施工组织不严密，安全管理制度不健全不落实。施工中严重违反《掘进作业规程》的有关规定，没有按照采掘施工需要，制定各工序的作业规程和采取必要的安全技术措施，爆破炮碴清理不及时等违章作业行为。职工三级安全教育没有落实，实际从事爆破作业的人员，没有经过专业培训并取得爆破员资格证书，难以保证井巷采掘施工生产安全；六是金星公司应急救援体系建设不适应事故救援需要，应急救援预案实用性和可操作性差，没有针对可能发生的各类生产安全事故及时进行修订和演练，各工作面缺少必要的应急救援器材和设备。发生事故后，现场指挥人员缺乏事故救援的组织指挥和处置能力，在没有查明事故性质和原因的情况下，违章指挥，措施不力，盲目施救，导致事故伤亡扩大。同时，严重违反《伤亡事故报告和处理规定》，直到救援人员中毒坠井后，才将事故情况报告矿长，致使事故上报迟缓；七是山东黄金集团青岛有限公司对金星公司安全生产管理工作不到位，安全检查不深入，对该公司安全生产工作存在的问题，监督、检查和处理不及时，也是事故发生的管理原因。

6.3.24 湖南瑶岗仙矿业有限责任公司"3.10"较大中毒窒息事故

6.3.24.1 事故概况

2010年3月10日凌晨4时，6名作业人员进入二工区508采场进行钻孔放炮作业。此时9号~10号漏斗间有碎石堆积，碎石距巷道顶板仅0.7米，巷道通风不畅，工人未处理碎石，仍然进行了放炮作业，导致9号~10号漏斗间的碎石堆积进一步增加，并最终堵塞巷道，造成风流阻断，炮烟无法扩散排出。爆破产生的炮烟在508采场内积聚，并逐渐蔓延扩散至北人行天井中下部。20时30分，3名运矿工人由天井进入采场。由于天井及采场内炮烟浓度过高，3名工人中毒窒息倒地。事故发生30分钟后，在其他地点作业的3名工人感觉到可能发生了事故，便连同经过的两名工人前去救援。其中，4人由天井进入采场，1人在天井底部等待。由于炮烟仍未扩散排出，进入采场的4人在施救过程中先后中毒窒息倒地，位于天井底部的1人也因吸入炮烟而中毒窒息倒地。事故共造成8人死亡，直接经济损失578万元。事故现场示意图见图6-8。

图6-8 瑶岗仙矿业有限责任公司"3.10"较大中毒窒息事故现场示意图

6.3.24.2 事故原因

具体原因：

（1）直接原因。爆破作业形成的密实爆堆堵塞通风通道，造成炮烟积聚无法扩散，作业人员冒险进入危险场所导致事故发生，盲目施救又造成事故扩大。

（2）间接原因。

1）对风流阻塞的严重危害认识不足，未及时清理通风通道。

2）放炮后未检测有毒有害气体浓度冒险进入采场。

3）没有为入井作业人员配备自救器。

4）在未采取任何防护措施的情况下盲目施救。

6.4　冒顶片帮事故

6.4.1　百色市龙川镇后龙山金矿"12.11"特大冒顶事故

6.4.1.1　事故概况

2000年12月11日下午，百色市龙川镇后龙山金矿矿洞大面积塌方。后龙山金矿位于百色市龙川镇平乐村平维屯西边的龙山上，离平维屯一千米，在龙川镇政府南边。12月11日早上，数十名群众趁矿山整治工作组全体人员在镇政府开会之机，公开在白天挖通已炸封的3个洞口进入矿洞内乱采滥挖金矿。在抢挖金矿过程中，把原留有的五条矿柱挖掉，造成大面积的采空区。偷挖金矿至下午14时左右，一些群众发现顶板有掉泥和掉石头的现象。但此时，人们的注意力都集中在金矿之上，谁也没有想到一场致命的悲剧正在向自己迅速逼近。下午15时左右，轰然一声巨响，发生了大面积塌方，把正在洞内偷挖金矿的23人埋在了洞中，造成死亡20人，伤3人。

6.4.1.2　事故原因

具体原因：

（1）直接原因。采空区内矿柱被挖掉失稳，造成大面积塌方，致使人员被掩埋。

（2）间接原因。当地少数群众安全和法律意识淡薄，不顾政府禁令，偷挖政府已多次炸封严禁开采的金矿矿洞，造成在洞内有大面积采空区。在进入矿洞内后，见矿挖矿，把原留有的五条矿柱挖掉。

6.4.2　浙江省建德县建德铜矿重大冒顶片帮事故

6.4.2.1　事故概况

1992年11月19日上午，建德铜矿井下采掘工区T2机班周某、邵某在检查采场顶板安全无异常后开始装运作业。约10时25分装运结束，然后进行大块石头二次破碎。装好炮后，邵某发现顶板有碎石脱落，看见周邻近位置有大片矿石冒落，便大叫周，见没有回音，便急速向领导报告。矿领导接到事故报告后，立即赶赴事故现场组织抢救。首先检查现场情况，急速确定抢救方案。经两次反复检查发现，冒落处左面塌得高，有裂缝，不安全；右面经过第一次冒顶，已形成自然拱，帮壁平整，比较稳固，抢救路线近。经商量，决定抢救路线从右边进，指定两人安全监护，通知其他工作暂停，增设碘钨灯。抢救人员分批进入，每批10人，工作10分钟。抢救工作于当日11时10分开始，当抢救工作进行到第六批人次时，右面顶板再次冒落，5名抢救人员又被石块压埋住。此时，抢救队伍中又有人冲进去抢救，瞬间采场右壁又片帮了，冲进去抢救的8人又被压进去，先后共压进去了14人。事故共造成死亡8人，直接经济损失27.45万元。

6.4.2.2 事故原因

具体原因：

（1）直接原因。直接原因为采场突发性冒顶。主要由于矿体顶部层间节理发育，有岩脉穿插，并受断裂错动影响，形成大的三角体，引起了突发性冒顶。在2小时后，由于矿体层间水渗透，使矿体岩脉的高岭土吸水后膨胀软化，采场的应力集中，引发了再次大面积冒顶片帮。

（2）间接原因。

1）抢险人员事故抢救过程中经验不足，安全措施不够完善。事故发生后，立即组织了抢救，抢救进入2小时后，再次发生冒顶事故。

2）生产中地质勘察基础工作与采矿的要求有一定的距离。

6.4.3 宜都市松木坪镇双井寺村茶湾非法泥炭矿"3.3"较大冒顶事故

6.4.3.1 事故概况

2012年3月3日16时，茶湾泥炭矿共14人上班作业。其中，王某负责井下安全管理，向某（班长）、赵某、曹某3人在+200米平巷上山采矿，吴某在+200米平巷装车，刘某2人在+204米平巷上山采矿，刘某在+244米平巷维修，绞车司机及挂钩工6人（地面、+244米平巷、+219米平巷三级提升各2人）负责矿石提升运输。18时，向某等4人将坑木运到作业地点，对工作面稍作整理后开始采矿，向某、赵某、曹某3人在工作面用拖篓装运矿石，吴某在下部平巷装车。装运第4车矿时，王某来到工作面检查风袋及安全。22时，王某忽然听见顶板一声炸响，一股气浪冲来，将王某、向某、赵某、曹某埋压。王某被埋住身体下半部，经挣脱出来，急忙叫吴某喊其他工人前来救援。正在地面值班的孙某得知井下发生事故后，立即派人打电话向杜某报告。杜某迅速赶到现场组织人员下井施救，先后将赵某、曹某救出。赵某在送医院途中死亡，曹某当场窒息死亡，向某失踪。事故总造成3人死亡，直接经济损失215.45万元。

6.4.3.2 事故原因

具体原因：

（1）直接原因。工作面支护质量差，随意挖矿作业导致大面积悬空顶板突然冒落，推倒木支护，掩埋作业人员。

（2）间接原因。

1）矿山非法开采，不具备基本安全生产条件。茶湾泥炭矿未取得任何证照，未进行安全设施设计，未经任何部门审批，非法开采矿产资源达18个月，矿山安全生产条件毫无保障。

2）当地政府及国土资源管理部门未认真贯彻国家相关规定要求，对茶湾泥炭矿非法生产查处不及时、打击不彻底，工作不落实，导致非法开采造成3人死亡的较大事故发生。

6.4.4 河北省平泉金宝矿业"12.16"冒顶片帮事故

6.4.4.1 事故概况

2013年12月16日上午11时10分,辽宁光大建设工程有限公司第四项目部撬碴工巩某、胡某和监护员任某在金宝矿业井下+476米水平掘进工作面进行炮后排险撬碴作业。胡某和巩某二人采取一人照明、一人撬碴,交替轮换作业,任某负责监护。轮到第三轮由胡某撬碴,巩某照明,撬碴过程中胡某站立位置头顶上部石头突然落下。其中,一块长约40厘米、宽约30厘米、厚约20厘米的石头将胡某头部砸中,致其死亡。事故共造成1人死亡,直接经济损失78万元。

6.4.4.2 事故原因

具体原因:

(1) 直接原因。辽宁光大建设工程有限公司第四项目部撬碴工胡某安全意识淡薄,违反撬碴工操作规程,撬碴时站在巷道排险作业点同一侧,被下落的岩石砸中头部,导致其死亡。

(2) 间接原因。

1) 项目部对顶板管理的安全措施落实不到位,且对排险撬碴安全工作重视不够。

2) 辽宁光大建设工程有限公司现场监护人员对工作面地质变化认识不足,现场安全管理经验欠缺,监护不到位。

3) 项目部安全培训教育不到位,工人安全意识差。

4) 平泉县金宝矿业有限公司对辽宁光大建设工程有限公司第四项目部承包的施工作业现场监督检查不力。

6.4.5 湖南省祁阳县黎家坪镇重晶石矿"8.16"冒顶事故

6.4.5.1 事故概况

2002年8月,桂某与桂某合伙在桂某老屋侧面非法开采重晶石矿。2003年7月5日,合伙在桂某的自留山潘家坳又开了一个新矿井,并请了桂某等6人帮其挖矿。

8月16日,桂某安排桂某和刘某5人在竖井底部支护8月15日晚的采空区。当他们作业到上午10时,桂某发现竖井壁有小块的松土慢慢掉下来,便发出警报。于是,大家就急忙爬到竖井上面的平巷,坐在井边往下观看。桂某和刘某因事走出了井外。这时,在外割茅柴的桂某走了进去,也坐在竖井边往下观看动静。过了10多分钟,桂某见没什么事,就叫人下去把工具拿上来。于是,桂某3人又下到竖井底部去收拾工具。作业时,桂某发现还有掉土下来。3人收拾好工具又爬到了竖井边缘，他们刚上井一会儿，竖井边缘开始垮塌，在平巷开绞车的桂某因听到井下有"轧轧"的响声马上就跑了出来，其余4人则因竖井整体坍塌被困于井内。事故共造成2人死亡，1人失踪，1人重伤。

6.4.5.2　事故原因

具体原因：

（1）直接原因。支护材料不合要求，离竖井底部约有1米高度的四面井壁无支撑，致使竖井上部支撑架无脚。没有采用砌碹或圆弧形水泥支架支护，支挡不了来自四周及顶板的压力而导致竖井坍塌。

（2）间接原因。

1）矿主及从业人员安全意识差，安全投入少，技术力量薄弱。

2）矿主严重违章指挥，强令从业人员冒险蛮干。

3）矿主桂某两人擅自非法开矿且拒不执行县国土资源局和黎家坪镇政府下达的停产关闭通知书，非法生产。

4）镇政府、九龙寺办事处和县国土资源局对非法开采整顿不到位。在县里非煤矿山专项整治期间，虽然分别下达了《停产关闭通知书》和《制止无证非法开采通知书》，但没有采取得力措施，没有达到关闭的具体要求。

6.4.6　广西合浦县恒大石膏矿"5.18"重大冒顶事故

6.4.6.1　事故概况

2001年5月18日2时，广西合浦县恒大石膏矿北翼210下山开始冒顶，3时30分北翼三水平发生更大范围的冒顶。当班矿领导接到通知后立即到井下组织抢救。此时，井下已停电，北翼二水平、三水平塌方的响声不断，无法进入工作面。事故造成该矿当班井下96名作业人员中的29人被困遇难，直接经济损失465万元。

6.4.6.2　事故原因

具体原因：

（1）直接原因。由于主要巷道护巷矿柱明显偏小又不进行整体有效支护，且矿房矿柱留设不规则，随着采空区面积不断增加，形成局部应力集中。在围岩遇水而强度降低情况下，首先在局部应力集中处产生冒顶，之后出现连锁反应，导致北翼采区大面积顶板冒落，通往三水平北翼作业区的所有通道垮塌、堵死，导致事故发生。

（2）间接原因。

1）矿主忽视安全生产，急功近利。在矿井不具备基本安全生产条件的情况下，心存侥幸，冒险蛮干。该矿所有巷道都是在软岩中开掘，但矿主为节省投资不对巷道进行有效支护。在已发生多起冒顶事故的情况下，矿主仍不认真研究防范措施加大巷道支护投入。同时，该矿又采取独眼井开采方法，致使事故发生后因通风不良和无法保证抢险人员安全而严重影响及时救援。

2）该矿违反基本建设程序，技术管理混乱。没有进行正规的初步设计，在主体工程未建成的情况下擅自投入大规模生产。没有编制采掘作业规程和顶板管理制度，主要巷道保安矿柱留设过小。没有制定矿井灾害预防处理计划。

3）矿井现场安全管理不到位，缺乏有效的安全监督检查。该矿虽设有安全管理机构，但井下缺乏专门的安全管理人员，井下安全监督管理工作基本由值班长和带班人员代替，难以发现重大事故隐患。

4）政府有关部门把关不严、监管不力。在该矿未经严格的可行性研究，也未作初步设计的情况下批准开办此项目，颁发各种证照。在发现该矿未达到基本安全生产条件就投入大规模生产时不及时制止，特别是在该矿发生多起冒顶事故后仍没有采取果断的关停措施。

5）县政府对安全生产工作领导不力，对外来投资企业安全管理经验严重不足管理不到位。

6.4.7 锡林郭勒盟苏尼特右旗富山鸿矿业公司冒顶事故

6.4.7.1 事故概况

2007 年 5 月 10 日 16 时，富山鸿 M20 铁矿 1 号矿井中班熊某（领班员）带全某、邓某、黄某、徐某入井出渣，作业地点在 1 号主采空区（空区长度大约 35 米，宽度 30 米，高大约 35 米）。另有 2 名凿岩工在 2 号采空区打眼作采场放矿。19 时 30 分，主采空区发生冒顶。熊某等 4 人跑入 1 号主采空区，看见徐某、黄某均倒在爆堆边，黄某脑浆外溢，斜卧在右侧爆堆上；徐某面朝下，趴在小推车外侧左边，邓某被一块 1.4 米×2.0 米×0.3 米的巨石压在小推车推把下面。熊某等 4 个人一边抢救一边升井，向 1 号井长龚某报告井下出事了。龚某带领熊某、周某到负责人王某的住处汇报事故。王某问人都怎么样了，熊某说"三个人都死了"，王某要他们不要声张，便给公司常务副总经理倪某打电话报告事故。倪某接电话后就往矿山赶。王某叫龚某组织几名工人下井，将已经死亡的徐某、黄某、邓某抬出矿井。同时，各有关责任人开始商量死亡矿工遗体处理、赔偿等问题。11 日 14 时 30 分倪某给总经理打电话，报告事故经过。总经理立即给法人代表李某和内蒙矿业开发公司的负责人李某打电话，两人指示其立即查明事故情况，赶快去现场并向有关部门报告。14 日晚，富山鸿矿业公司法人代表李某、倪某等到达西苏旗并接受事故调查组的调查。

6.4.7.2 事故原因

具体原因：

（1）直接原因。矿长王某违章指挥作业人员在采空区内进行采矿作业和出渣，导致空区顶板冒落将3名渣工当场砸死。

（2）间接原因。

1）富山鸿矿业公司无视国家法律法规，在只取得探矿权证未取得采矿许可证、安全生产许可证和营业执照（提供的营业执照为临时执照，注明仅适用于公司筹备）的情况下，非法组织生产。没有建立安全生产管理机构，没有工程技术机构，以及配备相应的安全管理人员和工程技术人员，安全生产管理制度和操作规程不全，矿山设备设施达不到最基本的安全要求，以包代管。

2）富山鸿矿业公司和M20铁矿生产作业承包单位秦巴公司无视当地政府监管，拒不执行当地复工验收工作组下达的立即整改指令，继续冒险组织生产作业，劳动组织和生产技术组织混乱。

3）当地政府有关职能部门未能认真履行职责，在富山鸿公司未取得合法有效证照的情况下核发民用爆炸物品使用许可证。在下达停止违反矿产资源法行为告知书和整改指令后，没有采取有效的措施防止其继续非法组织生产并督促该矿落实整改指令。为此，西苏旗政府轻信富山鸿矿业公司承包者在10月底前办理完相关手续，对富山鸿矿业开发公司以采代探的问题失察。

6.4.8 河北江峰矿业有限公司红土坡铁矿"1.16"冒顶片帮事故

6.4.8.1 事故概况

2013年1月16日凌晨2时，安全矿长杨某在井下带班时发现该矿 - 180米水平防水闸门以里20米处运输巷发生了冒顶，冒落的矿岩封堵了巷道，影响到了通风和排水。杨某随即升井组织王某5人到井下清理巷道。清理人员到达现场后，杨某进行清理浮石后，6人便开始清巷作业。16日凌晨5时，顶板再次冒落，一块岩石砸伤正在进行清巷作业的碴工王某头部。

事故发生后，在场的5名人员将王某背到离罐笼大概二三十米的安全地方。然后，由杨某先升井去找司机安排车辆到主井口等候，其他4名人员随后护送王某升井。6时左右，王某4人护送王某升井，将王某抬到已等候在井口的车上。随后，汪某等3人驾车只用了20分钟左右的时间将王某送至沙河明华医院抢救室。8时10分，王某经抢救无效死亡。至此，本次事故造成一人死亡。

6.4.8.2 事故原因

具体原因：

（1）直接原因。该矿清巷作业前，杨某只用铁锹、排险杆清理浮石。在未采取安全防护措施的情况下，几人盲目进行清巷作业，导致事故发生。

（2）间接原因。

1）该矿"三项制度"执行和安全教育培训不到位，员工安全意识不强。

2）该矿隐患排查不彻底，未制定实施安全保障措施，盲目组织施工。

3）该矿现场安全管理混乱，缺乏有效的应急机制。

6.4.9 河北恒辉矿业有限公司"6.12"冒顶片帮事故

6.4.9.1 事故概况

2013 年 6 月 12 日 12 时 40 分，李某在 -100 米水平 177 号充填现场查看充填情况时发现左帮锚杆网片变形，随即到 -90 米水平查看有无异常，发现 1 号铲车巷设置的栅栏及警示标志被移开，里面李某在拆卸废弃注浆机配件。李某喊话通知李某赶快撤离。李某出来后因忘记带出工具包，随即又返回拿工具包，出来时旁边采空区发生片帮，将李某陷入。事故发生后，恒辉铁矿积极抢救。7 月 3 日早 7 时搜救到李某尸体。至此，恒辉铁矿"6.12"冒顶片帮事故共造成李某 1 人死亡。

6.4.9.2 事故原因

具体原因：

（1）直接原因。

1）177 号采空区由于充填管道损坏未能及时对采空区进行充填，致使采空区片帮冒顶。

2）注浆工李某安全意识淡薄而违章作业，私自到早已设置栅栏和警示标志的 1 号铲车巷拆除旧注浆机配件。

（2）间接原因。

1）该矿安全教育培训不到位，员工安全意识不强，自我保护意识差。

2）该矿现场安全管理混乱，未严格执行安全管理制度，工人违章作业，未能及时发现并制止。

3）该矿在反"三违"工作中，工作不细、力度不够。

6.4.10 江西龙南县蒲罗合铜矿冒顶事故

6.4.10.1 事故概况

蒲罗合铜矿是龙南县龙纪庆达矿产品有限公司的下设单位，地处龙南县汶龙镇，开采铜、钨原矿，年生产规模 3 万吨。

12 月 5 日上午 10 时，坑口安全员缪某带领孙某、侯某、番某等 4 人往南沿脉巷道寻找掘进工作面。后来到南头穿脉巷道的 10 号矿脉的一个有"废巷危险、严禁进入"警示牌的岔巷，岔巷有 6 米长，当头与老窿贯穿，之间有上山巷道。缪某在岔巷对孙某等人说："上面有矿，你们自己去看看"。缪某说完就到其他工作面了。侯某、番某两人一同沿上山巷道爬上去，孙某在下面抽烟并听到侯某、番某他们说"这里有矿"，大约过了两三分钟，孙某就听到上面有响声，当时约 11 时 30 分。孙某立即爬上去查看，在上山巷道五六米处，看到有冒落的石头把番某、侯某压埋着。孙某跑出井口向坑长赖某、安全员缪某等人报告情况。

接到报告后，赖某、缪某立即组织了六七个人下井参加抢救。大约10分钟就把候某救出，把他抱上拖拉机车斗并由孙某抱着运出井口；随后抢救番某，很快也把番某救出并用拖拉机运出井口。中午13时"120"救护车赶到，经医生诊断两人已经死亡。

6.4.10.2　事故原因

具体原因：

（1）直接原因。作业人员进入废弃巷道，敲帮问顶不到位。没有认真检查巷道顶帮的松石危岩，冒险作业，是事故发生的直接原因。

（2）间接原因。

1）坑口安全员违章指挥安排作业人员到禁止进入的废巷作业，没有告知作业场所存在的危险因素、防范措施和事故应急措施，是事故发生的主要原因。

2）蒲罗合铜矿、788坑口安全管理不到位，督促、检查本单位的安全生产工作不够，未及时消除生产安全事故隐患。未按规定对新工人进行上岗前的安全教育培训，从业人员未掌握安全操作技能。未督促从业人员严格执行安全操作规程，是事故发生的重要原因。

3）坑探工程未按要求进行设计、施工，坑探巷道布置不规范，也是事故发生的重要原因。

6.4.11　吉林桦甸大线沟金矿新源坑"10.30"冒顶片帮事故

6.4.11.1　事故概况

2006年10月30日16时许，大线沟金矿新源坑3班班长徐某带安全员（专职）李某和搬运工白某、孙某3人按照当天坑口生产计划到400米中段C-21线采矿场7号放矿斗处进行放矿作业。19时许，360米中段混凝土人工假底突然坍塌，将正在下面作业的白某、徐某、孙某困于井下。

事故发生后，桦甸市黄金有限责任公司及桦甸市、吉林市政府分别紧急启动应急救援预案实施抢险救援。10月31日13时35分，被困工人白某被救出，但经医护人员全力抢救无效死亡；11月4日11时26分和19时03分，被困工人徐某、孙某的遗体先后被找到。

6.4.11.2　事故原因

该矿发生事故的400米中段C-21采场，长120米左右，采用外来料人工假底充填采矿法，上向分层爆破落矿，人工运搬；矿体厚度1.5~2米，矿块高40米。事故发生地点位于该采场7号放矿斗两侧，距360米中段底板向下3米左右，该处矿脉宽1.5米左右，塌落长度在15米左右。经过技术勘察分析，认为事故主要原因是由于局部地压加大，该处采场围岩不稳固，上下盘围岩脱落，导致混凝土人工假底及上一中段充填料突然冒落产生冒顶片帮事故。

6.4.12　陆川县恒安铁沙岗铁矿"12.20"冒顶片帮事故

6.4.12.1　事故概况

2012 年 12 月 20 日 15 时 30 分，陆川县恒安铁沙岗铁矿 338 中段东采场发生一起冒顶片帮事故，造成 3 人死亡、1 人轻伤。

2012 年 12 月 20 日 15 时 30 分，该矿 338 中段的李某等 2 位员工在 338 东采场边（采场采空区长约 11 米、宽约 8.5 米、高约 8 米）排险。巷道边帮冒落（离巷底约 2.5 米高）一块大石头（约长 0.9 米、宽 0.5 米、厚 0.3 米左右）把李某压在下面，另一人受轻伤。轻伤者见自己一人施救不了，就跑到 314 中段叫人。坑内打钻工彭某等 3 人知道后立即赶到事发地点救人，刚开始搬石头时边帮又冒落一大块石头（约长 1 米、宽 0.8 米、厚 0.7 米左右），造成 4 人受伤。之后经组织救援，把伤员送往陆川县人民医院抢救。其中，3 名伤者因伤势过重，经抢救无效死亡，另 1 名伤者为轻伤。

6.4.12.2　事故原因

矿山从业人员安全意识淡薄，进入作业场所安全检查不够细，未进行安全确认；矿山安全管理松散，盲目施救，造成伤亡人员扩大；采场未按照设计安装电耙，采矿装备落后，仍为人工出渣。

6.4.13　梅州市丰顺县八乡银河铁矿"10.14"冒顶较大事故

6.4.13.1　事故概况

2012 年 10 月 14 日 8 时，梅州市丰顺珠丰矿业股份有限公司八乡银河铁矿发生冒顶较大事故，造成 3 人死亡，1 人轻伤。

丰顺珠丰矿业股份有限公司八乡银河铁矿原名丰顺宝丰球团矿有限公司八乡银河铁矿，于 2012 年 3 月份变更现名。八乡银河铁矿为其下属分支机构，为地下开采铁矿山。开采范围划分为东矿区和西矿区，分别采用独立的开拓运输及通风系统进行开采，年生产规模 20 万吨。企业《工商营业执照》、《采矿许可证》、《安全生产许可证》等相关证照均齐全有效。

6.4.13.2　事故原因

具体原因：

（1）直接原因。据初步了解，发生事故的作业面岩层水平裂隙较发育，造成放炮后顶板不明显破碎下沉；作业人员处理松石方法不当，造成大面积冒顶引发事故；现场人员在未排除次生事故隐患的情况下盲目施救，造成事故扩大，增加伤亡人数。

（2）间接原因。

1）安全生产主体责任不落实，安全管理不到位，规章制度不落实，隐患排查治理不认真、不细致、不彻底，施工现场安全措施执行不严格。

2）是对员工安全教育培训不得力，缺乏应急演练，盲目施救。

6.4.14 温州兴安矿山建设有限公司"9.16"冒顶片帮事故

6.4.14.1 事故概况

2008 年 9 月 16 日上午 8 时，温州兴安矿山建设有限公司金山店项目部从业人员刘某、李某、戴某 3 人在井下 - 270 米水平项目部值班室参加完值班长召开的班前会后，按作业指令到 - 312 米水平 21 号进路进行掘进作业。到达 21 号进路后，对现场进行牵灯照明、对进路进行撬帮问顶，确认安全后开始作业。15 时 15 分掘进打孔完毕，共计打孔 41 个。李某、戴某在巷道中部清理作业机具，刘某在掌子面用风管吹扫钻孔，15 时 40 分掌子面顶部突然冒落一块矿石（重约 50 千克）砸在刘某头部后脑。李某、戴某听见异常响声回头看时，见刘某前倾半跪在地上，后脑鲜血往外冒。两人将刘某平躺在地面进行紧急抢救，然后由李某守护，戴某去通知值班长刘某，17 时，将刘某救出地面，用救护车送往医院，经医护人员抢救无效死亡。

6.4.14.2 事故原因

具体原因：

（1）直接原因。作业人员在作业前虽然对巷道顶板，两帮进行了撬帮问顶。但对作业后的迎头掌子面没有认真检查是否有松动矿石，埋下了安全隐患。迎头掌子面矿石突然冒落造成刘某头部受重创而亡，是造成此次事故的直接原因。

（2）间接原因。

1）李某、戴某打眼作业完毕，也没有认真检查迎头掌子面是否有松动的矿石，两人却去清理作业机具，没有起到联保监护作用。

2）职工安全意识和自我防范意识不强。

6.4.15 大冶市猴头山铜钼矿"12.2"冒顶事故

6.4.15.1 事故概况

2009 年 12 月 2 日 7 时 20 分，温州建峰矿山工程有限公司驻大冶市猴头山铜钼矿项目部副队长余某主持召开班前会、布置当班井下各作业班组工作任务。其中，安排采矿班汪某（爆破工兼凿岩工）、陈某（小工）两人到 - 125 米中段 201 二采场打排险爆破眼修顶，并强调了有关一般性安全注意事项。因 201 二采场曾于 1 日下午进行过采矿爆破，入井前，技术副矿长张某曾对矿方安全员程某及项目部安全员彭某等人说："采场左边矿岩交接处附近约 6 ~ 7 平方米的顶板较破碎，且有一个'吊包'（指顶板局部向下凸出的矿岩形体），对该处要进行认真排险、注意安全。"

按照惯例，矿方安全员程某、项目部安全员彭某及排险工罗某于 7 时 40 分提前下井，首先到－125 米中段 201 二采场进行例行安全检查（顶板安全）和排险。因采场左边矿岩交接带附近顶板处向下凸出的"吊包"状矿岩厚度较大、且周边裂隙细微，排险时撬杠无处着力，经罗某等人从多个方向对其撬拨都未能将其撬排下来。程某、彭某见该处无明显冒落征兆，以为不会发生冒落危险而停止对"吊包"处的排险工作。当凿岩工汪某、小工陈某两人到达采场对顶板安全状况进行一般性例行检查后，程某、彭某现场交代汪某先在"吊包"处打排险炮眼，并签发安全确认票。汪某、陈某于 9 时左右开始打眼作业。

采矿班班长苏某于 10 时左右来到 201 二采场时，见打眼作业正常，未听到汪某等人说有什么不正常情况后即离开此处。技术副矿长张某于 10 时 30 分以后巡查到 201 二采场时，见程某签发安全确认票后已离开该采场，检查采场顶板时，也未见"吊包"周边有明显裂隙，而其他地方有裂纹，即交代汪某先排险后再打浅眼爆破"吊包"，然后也离开该采场。

汪某在打完"吊包"处两个排险炮眼后，没有立即对其进行装药爆破排除，而是继续在采场其他位置向顶板上方打正常落矿爆破炮眼。11 时 30 分后出井领取炸药，然后再入井接着打眼。由于当班打眼工作量大，至 15 时 30 分左右打眼工作才结束，然后由陈某吹洗炮眼、汪某负责装药。

17 时 30 分，冯某经该班某人安排送钻头至－181 米采场。因此前见本班（早班）的 201 二采场两名打眼作业人员仍未出井，便于 17 时 45 分来到－125 米中段 201 二采场探看情况。此时，汪某装药作业已结束正在联接导爆管，陈某正在清收风管、水管等工具准备清场放炮。冯某见该两人工作尚未完工而主动上前帮忙，见采场左帮顶板"吊包"下方矿石堆表面有一根钻杆尚未收走时，即上前拿取时，当其正弯腰抽拿钻杆时，其站立处上方的大块顶板矿岩突然冒落将其砸压。

正在距事故点约 5 米处联接导爆管的汪某突然听到顶板矿岩冒落砸于矿石堆上的沉闷声响，抬头看时未见冯某其人，大声喊叫他的名字时也无人答应，即知道其已出事。汪某、陈某赶忙上前察看，见冯某呈俯伏状被冒落顶板矿岩砸压于矿石堆上，其上身仅头部露于冒落矿岩岩块之外。于是，汪某赶紧上前搬移覆压于冯某身体上方的散碎岩块（其中大块矿岩一人无法搬动），陈某则赶紧到三川采矿作业点向安全员彭某、程某报告事故情况。彭某、程某闻讯后，立即安排有关人员向地面电话报告事故情况，并迅速赶往事故现场，与汪某、陈某等人合力搬移开大块矿岩后将冯某抬出采场。其时，冯某尚有微弱呼吸。

矿长张某接到井下事故报告电话后，立即带领技术矿长张某、外包队副队长余某及苏某等人迅速赶往井下。到达－125 米中段平巷处时，彭某、汪某等人已将冯某救出抬至安全处，见冯某伤情严重。立即指挥现场人员将其抬上罐笼，于

18 时 20 分提升至地面，用本矿车辆迅速送往大冶市人民医院救治。在前往医院途中，随车人员发现冯某已停止呼吸、脉跳。至医院经医生检查后，确定冯某已死亡。

6.4.15.2　事故原因

具体原因：

（1）直接原因。现场生产安全管理人员和作业人员经验不足，隐患识别能力差，麻痹大意，对采场内局部呈"吊包"状且体积、面积相对较大的顶板危岩可能随时发生冒落的危险性认识不足，未能及时、果断采取相应有效措施进行处理。此后，在较长时间的凿岩振动影响以及"吊包"状体矿岩自身下坠重力的共同作用下，致该块顶板矿岩沿矿岩结构面逐步产生离层直至处于临界冒落状态。当冯某在不明情况下至该处拿取钻杆时，恰遇此前已处于临界冒落状态的顶板离层矿岩突然冒落将其砸压致死，是此次事故发生的直接原因。

（2）间接原因。

1）顶板隐患整改、处理措施不力。大冶市猴头山铜钼矿制订的《平撬工安全操作规程》第一条第 2 款规定"撬浮时必须有两人……撬不下来的浮石给上临时支柱或划上标志，并及时向有关领导汇报"。事故发生时，当班曾有两名生产安全管理人员到现场检查、指导撬石排险，在对采场顶板局部存在的"吊包"危岩撬不下来且又知其存在一定危险性的情况下，既未采取打临时支柱支护等相应有效安全措施，也未及时向有关领导汇报，而是心存侥幸，仅安排凿岩工于该处打排险炮眼后，即盲目签发安全确认票。

2）现场安全督管不力、隐患整改不及时。由于现场生产安全管理人员工作安排不果断、不具体，现场作业人员在"吊包"危岩体处打好浅排炮眼后，由于缺失现场督管而未及时对其进行装药爆破、控制处理，致"吊包"状顶板危岩经受长时间的凿岩振动及其自身下坠重力作用而逐渐产生离层随机自然冒落。

6.4.16　湖北鑫力井巷有限公司"6.1"冒顶事故

6.4.16.1　事故概况

2009 年 6 月 1 日 8 时，福建省海天工程建设有限公司第一施工队掘进班安全员刘某，召集当班下井作业人李某（爆破员兼凿岩）、丁某（凿岩工）2 人召开完班前会，布置当班作业任务并强调了有关一般性安全注意事项。之后，3 人于 9 时左右一起通过地面 +38 米水平平峒口处的出入井刷卡管理口，至副井（为暗竖井）井口马头门处乘罐笼入井。

根据工作职责要求，李某 1 人于 −100 米中段马头门处先下罐，准备去井下火药库领取当班应用的民爆物品。刘某与丁某二人乘罐到达 −260 米北沿沿脉平巷后，刘某去 16 川搬运风机（局扇），叫丁某在前方等他，不要一个人去作业现场。约 10 时左右，当刘某将风机推运至北沿沿脉平巷掘进工作面处时，发现丁某仰躺于掘进工作面迎头的巷底处，头部朝着掘进迎头方向，安全帽已被砸破，右肩、右手及胸部被冒落的岩块砸压覆盖。刘某马上与谈某 3 人一起将丁某抬离事故地点。

项目部经理刘某接到事故报告电话后，立即向有关上级单位负责人汇报事故情况，并组织有关人员携带担架赶往井下施救。鑫力井巷有限公司及丰山铜业有限公司有关领导也立即安排救护车和救护人员赶往 +38 米平峒口等待。11 时 10 分，受伤人员被抬到地面后，并紧急就近送往丰山铜业有限公司医院。由于丁某伤情过重，经医护人员抢救无效，于 11 时 30 分宣布其死亡。

6.4.16.2　事故原因

具体原因：

（1）直接原因。凿岩工丁某安全意识不强，岗位操作技能水平差，麻痹大意。在对工作面顶板危岩厚度、面积、范围大小等基本情况未予仔细观察、认真判明的情况下，违章单人冒险作业，且由于站位不当，其站立处上方已处于临界冒落状态的大块危岩，经其撬拨而突然整体冒落、将其本人砸压致死，是事故发生的直接原因。

（2）间接原因。

1）支护措施不到位，作业环境不安全。发生事故的 −260 米中段北沿沿脉平巷掘进工作面顶帮围岩层节理明显、裂隙发育，属易风化、遇水易膨胀的较松软岩层，其稳固性较差，易发生冒落。根据矿方（丰山铜业有限公司）设计、安排，对该巷道采取永久性滞后锚、喷支护。但在掘进工作面顶帮岩层较松软、破碎的情况下，未及时采取相应有效的临时支护措施，是造成事故发生的主要间接原因。

2）现场安全隐患排查、处理不力。发生事故工作面的上一掘进循环（也即上一爆破作业班）爆破后，施工单位现场生产安全管理人员及排险作业人员，没有对工作面顶板进行认真、全面的检查和及时、彻底的撬排处理，为事故的发生留下了潜伏性隐患，是导致事故发生的重要间接原因。

3）安全培训教育不扎实、不全面，致使少数生产作业人员安全意识未得到应有的提高，现场安全操作知识不足，顶板隐患识别、处理能力差，生产作业过程中的习惯性违章、冒险操作现象禁而不止，有章不循，是导致事故发生的另一重要间接原因。

6.4.17　温州矿山井巷工程有限公司驻大冶市兴红矿业有限公司项目部 "6.28" 冒顶事故

6.4.17.1　事故概况

2009 年 6 月 28 日 7 时 30 分左右，杨某从地面库房领取一节新风筒后，于地面井口处与陈某、小工杨某两人会合,按照例行工作分工安排,三人一道乘罐下井。8时左右,到达-370米中段701号一1采场。因原向采场内供风的局部扇风机的送风风筒(采用塑料彩条布制作)破损严重、采场内风量不足。于是,3人相互配合,先停止风机,将从地面带入井下的一节新风筒换上后,经行人天井向上延接至701号一1采场内,重新启动风机向采场内供风。

采场通风约30分钟后,杨某叫小工杨某暂在采场进口联络巷处等待,其本人则与陈某两人相互配合:一人具体操作、一人在旁用矿灯照亮、指挥并负责安全监护,按照由外向里的顺序对采场顶板进行"敲帮问顶"、撬毛排险。排险作业中途,两人至联络巷处休息时,杨某仍坐在联络巷处休息等待。

杨某、陈某两人休息十多分钟后再次进入采场内从事排险作业。当两人排险作业快接触时,突然听到后方传来一大块顶板矿岩掉落的闷响声。回头看时,见采场中部有一大块数吨重的顶板冒落矿石,但未见到小工杨某。当走近冒落矿岩旁观察时,才发现小工杨某被压在矿岩底下,从侧面仅可见其头部,其时已死亡。

6.4.17.2　事故原因

具体原因:

(1)直接原因。小工杨某安全意识不强,缺乏顶板隐患排查处理方面的操作技能及相关安全知识。在未经安排、无人一旁安全监护并对采场顶板危岩厚度、面积、范围大小等基本情况完全不了解的情况下,独自一人违章冒险进入冒落征兆不明显、但实际已处于临界冒落状态的大块危岩底下,恰遇该处顶板大块危岩突然整体冒落,并将其本人当场砸压致死,是事故发生的直接原因。

(2)间接原因。

1)现场顶板安全隐患排查、处理不力。当班采场现场安全管理人员及撬石排险作业人员工作马虎,没有对采场顶板进行认真、全面、细致的检查和及时、彻底的撬排处理,为事故的发生留下了潜伏性隐患,是导致事故发生的主要间接原因。

2)安全培训教育不全面,致个别生产作业人员安全意识未得到应有的提高,现场安全操作知识不足,顶板隐患识别能力差,是导致事故发生的重要间接原因。

6.4.18　大冶市成金矿业有限公司"5.29"冒顶事故

6.4.18.1　事故概况

2009年5月29日15时30分,生产副矿长黄某主持召开中班班前会,布置当班井下有关采掘某修作业事项。其中,安排采矿某修班副班长黄某等4人到副井-35米水平出矿,由班长陈某带领大工黄某及小工黄某、范某进共4人到-51

米水平 4 号采矿进路与 5 号采矿进路之间的原垮冒联络巷处，接着上一班的作业面继续向前清疏"吞巷"，并强调了有关支护质量要求及一般性巷道维修安全注意事项。

班前会结束后，中班井下作业人员于 16 时左右先后乘罐入井。黄某及安全员柯某两人入井后，首先到主井 −51 米水平 4 号与 5 号采矿进路之间的联络巷吞扩某修作业点，见新吞扩段巷道已溜抬了一合门，工作面迎头挖下的粉状矿岩比较干散。经检查，工作面后方的支护完好、稳固。在判断工作面相对安全后，黄某安排柯某留在该处督促有关现场作业、负责安全监护，自己则带领黄某等 4 人到副井 −35 米水平的采矿工作面安排、督导有关工作。

黄某离开此处后，陈某与黄某两人轮换在工作面前方分别用锄头和铁锹挖、装矿（矿岩呈松散黄土状），小工黄某、范某进两人负责推板车和矿车，柯某则在工作面后方负责安全监护。至 17 时 10 分已挖装完 5 板车矿。当陈某正开始装第 6 板车矿时，站在工作面后方负责安全监护的安全员柯某发现工作面前端的巷顶处向下掉落粉矿，立即对现场人员（当时范某进推矿车至井底尚未返回）报警。陈某、黄某、小工黄某 3 人听后一时尚未反应过来，都站在原处未动。柯某再次大声报警。于是，柯某带头跑、黄某与小工黄某两人紧跟其后，由 4 号采矿进路跑至 −51 米水平运输巷左拐弯向外跑离。由于，陈某当时站于工作面的最前端，因而跑在最后。当前面的柯某等 3 人跑离清疏某修作业点约 8〜9 米，并沿 −51 米水平运输巷继续向外跑离的过程中，黄某听到跟在其后的陈某"哎哟"的叫喊了一声，随后又听到工作面内"轰"的一声响，类似泥石流状的稀矿泥沿 4 号采矿进路巷道急速向外涌出。当柯某等人在 −51 米水平运输巷跑到距 4 号采矿进路巷口较远处停下清点人员时，发现陈某未出来。于是，柯某一人返回寻找，只见 4 号采矿进路巷口附近已堆满稀矿泥，但未见到陈某。即意识到陈某已被埋压于 4 号采矿进路巷口附近巷底堆积的稀矿泥内。

由于施救工作量较大，柯某安排黄某向生产副矿长黄某报告，自己则用井下电话向矿长张某汇报事故情况。黄某接到事故报告后，立即带领黄某等 4 人迅速赶往事故现场施救。

矿长张某于 17 时 15 分接到井下事故报告电话，将事故情况向矿支部书记柯某作简要汇报后，立即启动事故救援预案，并安排拨打"120"急救电话，带领有关人员迅速赶往井下事故现场参与施救。约 15 分钟后，还地桥镇政府有关领导及还地桥镇安监中心、还地桥镇矿业集团有关负责人先后赶到现场，并成立"5.29"事故救援指挥部，组织人员全力施救。在清理出约 5 米矿泥淤塞巷道后，至 5 月 30 日 4 时 30 分，才于 4 号采矿进路巷口以里约 1 米的 −51 米水平运输巷右帮巷底处将陈某扒救出来，但因陈某被埋压时间过长已当场死亡。

6.4.18.2 事故原因

具体原因：

（1）直接原因。现场生产安全管理人员和作业人员经验不足，隐患判别能力差，没有意识到正在进行维修作业的联络巷巷顶原垮冒点上部纵深处存在有大量水饱和泥状松散粉矿物。事故当班吞巷维修作业抵近原垮冒点附近时，由于巷道底部的出矿掏挖，造成原垮冒"漏斗"口下方相对虚空、破坏了原有的暂时稳定状态，导致积聚于该处巷顶上方的大量水饱和泥状矿物在其自重与高位势能的双重作用下，将垮冒"漏斗"口下方的支护摧垮，于瞬间突然整体冒落，并呈泥石流状沿4号采矿进路急速向外倾泻。由于流体状泥矿物的冒落势能大、泻出速度极快，将跑离方向错误且摔倒于地的陈某埋压致死，是事故发生的直接原因。

（2）间接原因。

1）地表防渗水及－35米水平已采区的矿井水疏导工作做得不彻底。由于少量矿井水经矿体裂隙向下渗入，并潜积于失修巷道冒落"漏斗"口以上的松散粉矿层内，直至饱和。致使该一定范围内的松散粉矿物成为富含水分的流体状泥矿，形成不可见的隐伏性安全隐患，是造成事故发生的主要间接原因。

2）采掘部署安排不合理，4号、5号采矿进路及该两巷道之间的联络巷开掘、布置过早。由于矿体赋存垂直厚度大，且为富含泥质的粉粒状结构，极松软，易下沉、自然崩落，布置于矿体内的采矿巷道无直接顶底板，巷道顶、侧压大，支护易变形、断折，巷道服务时间特别短。4号、5号采矿进路之间的联络巷施工完成后不久，即因巷道压力过大而变形。发生局部漏顶造成巷道堵塞后，因短期内不使用该巷道而未及时对其进行维修恢复，致使巷道顶部的隐性冒落空间不断增大，而该冒落空间顶部及周边的松软矿层又自然崩落、下沉，周而复始，直至松散粉矿又将该隐性冒落空间填满，为－35米水平已采区向该处渗水并积聚、形成富含水分的泥矿创造了条件，是导致事故发生的重要间接原因。

6.4.19 大冶市灵乡正旺铁矿"4.12"冒顶事故

6.4.19.1 事故概况

2009年4月12日15时30分，跟班副矿长陈某主持召开中班班前会，布置当班井下各生产班组的作业任务并强调了有关排险作业时的安全注意事项等，其中，安排炮工姜某、汪某、陈某及小工张某4人到二井－646米水平西探矿平巷掘进工作面从事打眼爆破作业。16时班前会结束后，陈某带领当班安全员（兼排险工）陈某华、陈某强及3名炮工、1名小工、1名卷扬工、1名铲运机工、5名运输推车工（含－300米水平3人）共14人，先后乘坐架子车入井。

二井－646米水平共有3个探矿掘进工作面，由于早班铲运机发生机械故障，致当日早班及上一班 3 个工作面爆落的岩碴都未出完。陈某等人到达 - 646 米水平西探矿平巷后，在各工作面后方均堆满爆落岩碴的情况下，陈某安排陈某华、陈某强两人先至西探矿平巷进行排险，姜某等 4 名打眼作业人员则坐在后方的巷道内休息等待。陈某华、陈某强两人在该处排险约一小时后再到其他工作面排险。铲运机机械故障排除后，陈某安排铲运机工先对北探矿平巷工作面后方的岩碴进行铲装转运，至 20 时 30 分才将该处矿渣铲运完毕。此后，陈某华、陈某强两人又返回至该工作面排险约 30 分钟。排险工作完毕，并经陈某检查确认该处巷道顶帮无浮石、无险情后，姜某等人于 21 时开始打眼作业。

当班该工作面两台凿岩机同时作业。其中，炮工陈某强由小工张某配合在工作面的左边打眼；姜某、汪某两人共一台凿岩机于工作面的右半部打眼。

23 时，安全员陈某带领铲运机工、运输推车工等人提前下班。23 时 20 分，陈某、张某二人负责的工作面左半部打眼完毕，姜某、汪某两人开始打右边中下部位置的最后一个炮眼。陈某强两人即协助陈某华、张某先行将凿岩机和风、水软管等拆除、清收至西探矿平巷后方约 30 米处存放。约 20 分钟后，陈某等人听到工作面内凿岩机的运转声突然停止，而传来风管断脱时所发出的"嘶嘶"尖啸声。抬头向内看时，只见工作面方向的巷道内充满水雾气。当时，陈某等人以为仅是一般的风管断脱或爆裂所致。但等了一会，既不见姜某、汪某两人从里面出来、也没有听到两人的说话声。陈某、张某两人听到工作面方向风管漏风声响一直不停，觉得情况有点不正常，于是一同返回至里面查看情况，并将姜某、汪某两人所用凿岩机的供风管闸阀关闭。再走近工作面察看时，发现姜某、汪某两人被巷顶冒落的岩石埋压于工作面最前方的巷底处。

事故发生时为 2009 年 4 月 12 日 23 时 40 分。

陈某、张某两人见此情况，即大声喊叫说"出事了"。当时，正在西探矿平巷巷口附近等待的陈某、陈某两人听到叫喊声，迅速赶往事故现场，见姜某呈俯伏状被顶板冒落矿岩埋压，仅能从冒落岩堆的石缝处见到其臀部外露，汪某则被顶板冒落矿岩完全埋压。由于冒落矿岩块度较大搬移困难，于是陈某安排现场另 3 人留在原地继续抢救，自己则跑到外面的联络巷处打电话向地面值班人报告事故情况，同时与一井跟班副矿长陈某电话联系，请陈矿长迅速带领一井的井下作业人员前来协助抢救。

陈矿长接到二井事故救援电话后，立即带领数名工人赶往二井事故现场施救。经多人合力，约 20 分后才将汪某、姜某二人先后扒救出来，由本矿车辆将二人就近送往武钢灵乡铁矿医院抢救。由于汪某、姜某二人伤势过重，经抢救无效于 1 小时后死亡。

6.4.19.2 事故原因

具体原因：

（1）直接原因。现场生产安全管理人员和作业人员经验不足，隐患识别能力差，麻痹大意，对巷顶右上方两结构面之间的局部顶板岩体已处于临界冒落状态的隐伏性重大隐患，未能及时判别与认识并采取相应的处理措施。是造成事故发生的直接原因。

（2）间接原因。

1）作业环境不安全。事故发生点后方约 7 ~ 8 米长的一段巷道顶帮岩体岩性结构相对破碎，属不稳固岩层，且对工作面右上方巷顶局部岩层被两条斜交结构面隐伏性切割破坏的状况难以直观发现，致现场作业人员处于不安全环境下作业，是导致事故发生的主要间接原因。

2）安全培训教育针对性不强，致使部分生产安全管理人员和现场施工作业人员顶板安全管理知识不足，现场安全隐患识别能力差，是导致事故发生的重要间接原因。

3）在巷道顶板岩体岩性结构相对破碎、不稳固巷道掘进施工时，无具体指导、规范现场安全生产的专项顶板管理安全技术措施，致掘进施工过程中进入软岩段时，未能及时采取相应有效的支护措施，是导致事故发生的另一重要间接原因。

6.4.20　阳新县三江矿业有限责任公司"7.27"冒顶事故

6.4.20.1　事故概况

2008 年 7 月 27 日 7 时 30 分，矿长李某于井口主持召开早班班前会，矿坑采车间当班应下井的有关负责人、早班井下有关生产安全管理人员及各出渣（矿）班、风钻班和运输班班长参加。班前会上除对当班井下有关生产作业事项进行了安排外，并强调了一般性安全注意事项。根据矿长的布置，当班井下值班负责人、坑采车间副主任吴某又对各班组、各作业点的有关工作进行了进一步的分工。其中，安排风钻班班长兼爆破员林某（兼负排险职责）、风钻工鄂某（兼负排险职责）两人到 –160 米中段掘进工作面打眼放炮。8 时，吴某及各作业班人员先后入井。

吴某下井后，按照先近后远的顺序至 –60 米中段、–100 米中段和 –160 米中段各掘进工作面、各采场进行例行安全督查、指导工作。当其中途巡查至 –100 米中段东上山采场处时（该处当班末生产），发现该采场自上旬初放炮后一直未进行排险，顶板裂隙明显、危石较多。于是，安排林某等二人早班打完眼放完炮后再到 –100 米中段东上山采场排险（以备在其他采场无矿可出的情况下可随时安排于该处接替生产），并交代该两人进入该处从事排险操作时要注意安全，撬拨顶板危石时要选好站立位置。吴某在对井下各处生产作业点督查并布置完有关工作后，于 12 时升井。

12 时以后，林某、鄂某两人将 –160 米中段掘进工作面一个循环的炮眼打完并装药放炮后，即按坑采车间副主任吴某的安排转至 -100 米中段东上山采场排险。

进入采场后，林某安排鄂某从事撬毛排险操作，其本人则手持电筒始终站在鄂某的后上方或左右约 2 米处照亮、望高（现场安全监护）并指挥。撬毛排险操作自上而下、先中间后两边逐步向下进行。当排险作业由上向下到达采场下部靠近右帮处时，排险工作已近结束。林某见鄂某连续作业时间长、显得较累，且此时剩余工作量已不多，于是提议其稍歇一会。此时，林某由原位于鄂某的后上方位置向下移行，并拿出自己身上所携带的香烟递给鄂某一支。然后，又向下移行至鄂某站立处的右下方位置、面向左背靠右帮方向站立。鄂某接烟后掏出自己的打火机将烟点燃刚吸两口。这时，林某站立处上方顶板一块松动矿岩岩块突然冒落，正好砸中其头部。鄂某见林某被突然冒落矿岩砸中，即赶紧上前施救。此时，林某的矿帽已被砸掉，一块重约 100 千克的矿石块压在其双足及小腿之上。但见林某血流满面，面部表情非常痛苦，且呼吸非常粗重。地面有关人员赶到事故现场后，将林某送往阳新县人民医院救治。由于林某伤势过重，经抢救无效于当日 16 时 30 分死亡。

6.4.20.2 事故原因

具体原因：

（1）直接原因。林某安全意识不强、麻痹大意。在指挥、监护排险作业的中途停下休息时，向下绕行站立于靠帮右帮有明显裂隙、尚未进行排险段的顶板下方休息准备吸烟。是事故发生的直接原因。

（2）间接原因。

1）安全培训教育不力，有关安全规章制度、操作规程贯彻不具体、不到位。该公司曾制订有《撬毛工安全操作规程》，其中规程第三条规定："要看好顶板冒落范围，选好站立位置，使顶板落下时不致打倒本人"。但该操作规程既未组织从事该项作业的岗位人员认真贯彻学习，也未制成板牌张挂上墙，未达到指导该工种岗位人员规范操作的实际效果。由于"安全第一"思想树立不牢，安全培训教育不力，现场安全操作要求不严，导致少数工人思想麻痹，对某些习惯性违章、冒险作业等行为、现象习以为常，终致酿成事故的发生。

2）采掘生产安排不合理。采场底盘及顶板倾斜坡度过大，采场底部留矿层相对较薄、采场空间过高，不利于排险作业人员观察顶板隐患与安全排险操作。

3）由于该采场为临时间断性接替生产（出矿）的备用采场，采场生产期间，未编制回采作业规程或专项回采安全技术措施以指导、规范生产作业人员安全操作，以及采场内无相对固定的照明设施（仅以手电筒照明），不便于排险作业人员全面、细致、有效的观察顶板险情等，也是造成事故发生的间接原因之一。

6.4.21 龙烟矿山分公司平龙大洞鬼门关通风井"4.7"冒顶片帮事故

6.4.21.1 事故概况

2014年4月7日7时许，周某、武某、马某雇佣村民张某等5人前往河北钢铁集团矿业有限公司矿山分公司平龙大洞鬼门关通风井附近的作业点盗采矿石。约8时许，5人从通风井旁边的盗洞口进入通风井，下到距地面约240米的废弃矿井4平巷道内，开始进行巷道清理作业。约11时，在巷道内里侧进行清渣作业的张某发现有小碎石块从巷道顶部落下，躲避不及被砸中左肩膀，意识到可能会发生冒顶片帮事故。于是，赶紧大声招呼前方距离其七八米、正在清理作业的张某兄弟2人注意安全。约11时5分，张某兄弟2人作业处的顶部和侧帮废渣突然冒落坍塌，将已经靠在巷道侧帮边躲避的张某兄弟瞬间埋住。

张某赶紧呼喊在巷道外侧作业的崔某、马某和在3平巷道内作业的另外4个人一同来抢救。崔某用井下电话通知了在洞口的雇主周某救援。约15时，张某兄弟2人先后被挖出，紧急送往龙烟矿山分公司医院，经医生确认2人已经死亡。事故发生后，周某、武某、马某未向当地政府和有关部门报告，后经举报，被张家口市政府和相关部门查处。直接经济损失130万元。

6.4.21.2 事故原因

具体原因：

（1）直接原因。张某兄弟在清理巷道作业过程中，顶板、侧帮矿石、废渣冒落坍塌，将2人砸中并掩埋，是事故发生的直接原因。

（2）间接原因。安全设施不健全。作业矿井巷道长期废置无支护，不具备安全生产条件。安全管理和防护不到位。盗采人员由于是临时雇佣，没有经过正规安全教育培训，自身安全防范意识差，作业现场隐患排查治理不彻底。政府有关部门监管不到位，打非治违不彻底。宣化区国土分局对发现的盗采洞口毁闭不及时不彻底，致盗采行为时有发生。宣化区庞家堡镇政府虽投入大量的人力物力严厉打击非法盗采行为，但未从根本上采取有效措施以取得实效。

6.4.22 宽城铧尖金矿有限公司"7.11"冒顶片帮事故

6.4.22.1 事故概况

宽城铧尖金矿有限公司千金矿为了解决井下掘进废石不出坑的问题，7月份计划从247米水平原有巷道向前掘进透至270米至247米斜井底，将井下废石倒入270米斜井内用电耙作业将废石回填。

2014年7月11日7时，班长叶某和本班工人叶某土、徐某、吴某和张某在千金矿井口开完班前会后乘罐笼下井到达5中段。班长叶某进行了组织分工，徐某在5中段运输大巷驾驶电机车负责运料，其余3人由叶某土带领到247米水平掘进面进行出渣作业。8 时 40 分左右，在进行排险和洒水消尘后 4 人开始向两个手推车上装渣，装满后由 1 人负责将车推到溜井处倒料（作业面距溜井约 50 米），轮流推车。约 9 时 50 分，吴某推车已经离开作业面，张某和叶班长在作业面靠南侧，叶某士在北侧装渣。此时，北侧顶板突然冒落一块六七百斤的毛石，将叶某士砸中并压在身上。

事故发生后，张某和叶班长立即查看顶板，发现无冒落危险后迅速跑到叶某士身边施救。待叶班长 4 人将叶某士从石块下掏出来时，发现其已经没有呼吸。10 时 20 分，公司和千金矿领导组织人员赶到现场，经医护人员检查，发现叶某士已经死亡。

6.4.22.2　事故原因

具体原因：

（1）直接原因。根据现场地质构造，作业面北侧顶板节理面明显，下方为构造破碎带岩体，随着巷道掘进该处岩体暴露后，支撑力削弱，形成下向自重力，使节理面下方一块岩体沿节理面脱离。工人叶某士作业中未随时观察作业环境的变化造成事故。

（2）间接原因。

1）现场安全管理人员和作业人员，在"敲帮问顶"排查过程中不细致，未能及时发现存在的安全隐患。

2）职工对周围作业环境危险因素辨识能力不足，安全确认制度未得到有效落实。

3）企业对从业人员的安全培训教育不到位，工人安全意识不强，自保互保能力不强。

6.4.23　云南省香格里拉县洪鑫矿业有限责任公司"11.28"冒顶事故

6.4.23.1　事故概况

2010 年 11 月 28 日凌晨 3 时 30 分，云南省香格里拉县洪鑫矿业有限责任公司雪鸡坪铜矿发生较大冒顶事故。

洪鑫矿业有限责任公司雪鸡坪铜矿采用平硐开拓，事故发生在 +3560 米中段采区 19 号穿脉与 19 号穿左沿 1 交叉口位置，见图 6-9。

2010 年 10 月 13 日起，雪鸡坪铜矿开始掘进 +3560 米中段 19 号穿脉凿岩。掘进作业需穿越断层，掘进进入断层破碎带后，巷道分别约 11 月 1 日、11 月 16 日两次出现冒落，现场作业人员停止施工并上报洪鑫公司，

洪鑫公司随后与施工、监理单位研究确定，对冒落地段采用混凝土支护。11 月 24 日，在组织混凝土支护浇灌时，巷道再次发生冒落。三方随后对支护方案进行了修订，决定采用工字钢搭建安全棚，圆木回填后再进行混凝土支护。11 月 25 日，在确定新的支护方案后，工人运送支护材料并开始在 19 号穿脉内进行

图 6-9 洪鑫矿业有限责任公司"11.28"冒顶事故巷道冒顶前工人作业示意图

支护作业。作业过程中，顶板岩石不断开裂，但由于噪声过大，作业人员并未察觉，顶板岩石突然发生大面积额冒落，冒落的岩石和支护材料直接掩埋现场 7 名作业人员，并造成 6 名工人当场死亡。见图 6-10。

图 6-10 巷道冒顶后现场示意图

6.4.23.2 事故原因

具体原因：

（1）直接原因。支护方案不合理，工字钢间距过大，安全棚不能承受顶板压力，导致顶板冒落。

（2）间接原因。

1）对围岩冒落情况认识不足，制定的支护方案不合理。

2）现场作业时未安排专人观察监护。

3）没有建立相关安全生产规章制度，施工现场安全管理混乱。

6.5　火灾事故

6.5.1　陕西省澄城县硫磺矿"7.23"井下重大火灾事故

6.5.1.1　事故概况

2013 年 7 月 23 日 10 时 30 分，陕西省澄城县硫磺矿井下炸药库炸药自燃，发生火灾，造成 10 人一氧化碳中毒死亡，9 人受伤。事故现场见图 6-11。

图 6-11　澄城县硫磺矿"7.23"井下重大火灾事故现场

6.5.1.2　事故原因

具体原因：

（1）直接原因。澄城县硫磺矿 3 号矿井井下南侧绕行巷道炸药库内湿度大，通风不畅，空气潮湿，造成长期储存的硝铵炸药发生化学反应导致自燃。同时，产生大量烟雾，并逐步引发周围物品着火。

（2）间接原因。澄城县硫磺矿借非煤矿山建设名义长期非法开采原煤，非法购买储存使用硝铵炸药；该矿法人代表及各承包人将 3 号矿井非法发包、层层转包、包而不管；采掘施工队无任何相关资质，非法承揽工程，非法转包采掘作业面。澄城县政府等管理部门履职不力。

6.5.2　金川"7.9"运矿卡车重大失火事故

6.5.2.1　事故概况

2000 年 7 月 9 日零点班接班后，9 号车司机赵某下井与维修工修理 9 号车。凌晨 1 时多，经试车仍不能正常运行。赵某因无活可干便步行到 1150 计量室，遇见 12 号车司机王某在计量室休息。王某得知赵某的车未修好，便将 12 号车借给赵某。这时约是凌晨 2 时。当赵某拉完第 7 车矿石后，看到车上温度表已达到摄氏 170 度，便驾车到 1138-1118 水平的斜坡道岔口处熄火降温不到 10 分钟。大约凌晨 4 时 40 分再次启动后，发现发动机右后脚下面着火，就取下车上的灭火器灭火，没有效果。赵某跑到 5 号车范某处，两个人各拿了一个灭火器灭火（其中一个灭火器是空的），但火还是灭不掉。5 时 20 分，一工区值班员许某在帮助赵某灭火过程中，向矿调度室调度员夏学军作了电话汇报。赵随后找了两个水桶，与 13 号车司机刘某、5 号车司机范某提水去灭火。因火势很大，用水灭火也不起作用。赵某跑到 1118 维修硐室内找灭火器未找到，赵某就让硐室内的岳某向计量室打电话（但未打通）。尔后赵又返回现场，试图让铲运机铲断水管用水灭火，但因铲运机司机不在而未成。这时，赵某看到巷道内烟很浓，并感到头痛无力，便摸着巷道走到了 1150 中段休息片刻后，乘罐车出井。约 7 时到达地面，却再没有向有关部门报告情况。

卡车着火时，1118 中段作业点共有施工人员 59 名。7 月 9 日 5 时 30 分，临夏二建六队值班长孔某在 1118 中段 5 号溜井焊钢模时，发现有烟从溜井上面下来，就跑到 6 号道，待一会 6 号道也进来烟后，即组织人员往 2 号道有通风井的地方跑。当时，有人提出硬冲 1118～1138 斜坡道，孔某就制止他们不要去，但仍有好多人不听制止跑往 1118～1138 斜坡道。剩余的 40 人相继撤离到 FV1 通风井处而脱险。事故总造成死亡 17 人，重伤 2 人，直接经济损失 188 万元。

6.5.2.2　事故原因

具体原因：

（1）直接原因。9 号车司机赵某与 12 号车司机王某违反规定私自换车，使 12 号车辆长时间连续工作，造成发动机周围温度过高。而且，该车检查、维修质量差，油管接口渗油，因而埋下了火灾隐患。

司机操作不当引发火灾，不立即报警延误灭火时机。司机赵某发现卡车显示达到 170 摄氏度的警戒温度后，未按停车不熄火、用叶轮扇风冷却的规定操作。而是停车熄火，在温度没有降到安全界限的情况下再次启动，因电火花点燃可燃气体，形成火灾。起火后，赵某没有立即报告，在数次试图灭火失败的情况下又离开现场出井，也没有向任何部门报告，延误了灭火的时机。

（2）间接原因。

1）安全管理和责任制落实上的原因。井下运输安全管理不严，车辆检查维修质量达不到安全要求，9 号车司机赵某与 12 号车司机王某违反规定私自换车，使 12 号车辆长时间连续工作，造成发动机周围温度过高，而且该车检查、维修质量差，油管接口渗油，因而埋下了火灾隐患。

2）现场管理方面的原因。施工现场安全管理不到位，火灾发生时人员撤离无人指挥。掘一工区主管设备副主任王某违反拖车时设备主任必须到现场指挥的规定，在家中电话同意上一班值班班长安排当班值班班长干拖车的工作。事故发生时值班员不在现场，人员撤离工作无人指挥，致使一部分作业人员盲目进入灾区。

3）安全教育培训方面的原因。外包工程施工队，未依法对从业人员进行安全培训。在该矿承包工程的4个施工队安全管理松懈，没有严格按照矿山安全法规规定的时间和内容对从业人员进行安全培训，从业人员安全素质低，缺乏应急和安全撤离等应有的知识，部分作业人员因选择了错误的避灾路线而伤亡。

4）安全操作规程方面的原因。司机操作不当引发火灾，不立即报警延误灭火时机。

5）安全防范措施实施及事故隐患整改方面的原因。未按规定制定和实施矿井灾害预防和应急计划，防火安全措施不落实。现已查明，1998年以后，矿井没有依法制定和实施过灾害预防和应急计划，防灭火安全措施达不到要求，井下巷道安全标志设置不符合规定。火灾发生时，矿调度室没有立即向公司调度报告，对事故的扑救和人员的撤离缺乏有效的指挥和调度，井下通信联络不畅通，多处灭火器材不能使用，事故地点附近无消防栓和其他消防设施，地面消防车因外部尺寸过大进不了井筒，待拆卸了梯子后才入井灭火。

6）安全监管或其他方面的原因。金川公司领导对贯彻执行党和国家的安全生产方针和矿山安全法规重视不够，对事故隐患的整改和查处力度不强，安全生产管理不严，也是造成这起事故的一个原因。

6.5.3 吉林老金厂金矿股份有限公司"1.14"重大火灾事故

6.5.3.1 事故概况

2013年1月14日7时，吉林老金厂金矿股份有限公司机修厂厂长袁某应老牛槽区矿长李某要求，安排焊工到老牛槽区二段盲竖井内进行焊割安装钢支护作业，替换井筒衬木，作业地点为-483米至-486米范围，作业现场由李某指挥。8~10时，先由3名工人拆除作业范围内的衬木。10~11时，焊工姜某、学徒焊工朱某、钳工郭某3人乘罐笼在二段盲竖井内-483米至-486米范围进行焊割安装钢支护作业。12时30分，工人发现有带火星的物体顺井筒掉下。姜某带人检查发现有2根衬木端头冒烟，烧了约5厘米，用水浇灭。在13时至14时20分、15时至15时40分2个时段继续作业，姜某进行焊割，朱某、郭某协助，作业完毕在撤离时未发现有着火冒烟的地方，从罐笼卸下电焊机等设备后升井。18时55分，二段盲竖井-440米至-520米段发生火灾，起火点位于二段盲竖井内-486米至-505米。19时40分，二段盲竖井内高压电缆被火烧漏电导致跳闸，矿区全部停电。火灾发生时，井下主扇未启动，没有形成主导风流，有毒烟气按自然风压在二段盲竖井内向下扩散，到达-760米中段。随着火势增强，烟气升力增大到超过自然风压时，烟气扩散方向逆转，沿二段盲竖井迅速向上，并向各中段扩散，导致起火部位上方有人作业的中段发生人员伤亡。事故共造成10人死亡、28 人受伤。

6.5.3.2 事故原因

具体原因：

（1）直接原因。盲竖井 −483 米至 −486 米间进行焊割安装钢支护作业时，掉落的金属熔化物（焊渣和熔珠）造成井筒衬木阴燃，导致发生火灾。

（2）间接原因。

1）违章指挥、违章作业。企业违反《金属非金属矿山安全规程》（GB 16423—2006）规定，在井下进行动火作业，没有制定经主管矿长批准的防火措施。在井筒内进行焊接时，未派专人监护，焊接完毕未严格检查清理。在木结构井筒内焊接时，未在作业部位的下方设置有效收集火星、焊渣的设施，未派专人喷水淋湿和及时扑灭火星。

2）抢险救援组织不力。事故发生后，企业在没有采取有效防护措施的情况下，盲目组织人员下井施救，造成 1 名救援人员受伤。带班矿长在遇到险情时，没有立即下达停产撤人命令，组织涉险区域人员及时撤离，导致事故伤亡扩大。企业未按规定制定事故应急预案并进行演练，缺少必要的抢险救援设备。

3）严重迟报。企业负责人在 14 日 20 时许获知发生事故后，没有在规定时间内向当地安全监管部门报告，直到次日凌晨 3 时 40 分才向当地政府报告，错失了取得外部救援的最佳时机。

4）现场管理混乱。企业负责人没有对安全规章制度和操作规程执行情况进行监督。存在冬季主扇一直未启动，车场候车木质长椅处使用灯泡进行防潮、烘烤和采暖，卷扬机硐室存放油类等问题。入井登记和检查制度执行不严格，负责入井登记监督管理的带班矿长和安全员不认真履行监督职责。

5）企业安全生产主体责任不落实。没有制定企业法人代表的安全生产职责，相关人员对安全生产责任制不清楚。企业安全培训不严格，对有的特种作业人员没有再培训，没有开展安全操作规程培训。没有建立特种作业人员管理台账，井下动火作业不履行审批手续。没有按规定提取和使用安全生产费用，地下矿山安全避险"六大系统"建设严重滞后。

6）地方政府及相关监督管理部门工作不到位。夹皮沟安监中队和夹皮沟镇安监站没有按要求监督企业全面彻底排查隐患。安全监管部门对新、改、扩建项目安全监管薄弱，对事故矿井扩建部分工程安全监管重视不够，措施不力。对事故矿长期存在的多种安全管理混乱及违规违法问题未发现或处理不到位。镇安监站和夹皮沟安监中队监管责任有的不明确，事故矿扩建文件批复未发到镇安监站。有些监管人员能力不适应，对"六大系统"建设等内容和要求不清楚；政府及有关领导对安全生产工作督办不够，监督企业落实主体责任不够，履行安全监管领导责任不到位。

6.5.4 河北省邢台李某铁矿 "11.20" 特别重大火灾事故

6.5.4.1 事故概况

2004 年 11 月 20 日凌晨 4 时许，河北省邢台李某铁矿一平巷盲竖井的罐笼在提升矿石时发生卡罐故障，罐底被撞开，罐笼被卡在距井口 2 ~ 3 米的位置不能上下移动。该矿当班维修工在没有采取任何防护措施的情况下，使用电焊对罐笼角、井筒护架进行切割和焊接作业。当日 8 时 10 分左右，该矿盲竖井内起火，燃烧产生的烟气迅速蔓延至该矿及与之相邻且相互贯通的沙河市西郝庄岭南铁矿、沙河市白塔镇第二铁矿、李某联办矿和邢台金鼎矿业有限公司西郝庄铁矿的部分巷道，导致这 5 个矿山当班井下 282 名作业人员中的 70 人中毒窒息死亡，直接经济损失 604.75 万元。

6.5.4.2 事故原因

具体原因：

（1）直接原因。维修工在盲竖井井筒内违章使用电焊，焊割下的高温金属残块及焊渣掉落在井壁用于充填护帮的荆笆上，造成长时间阴燃，最后引燃井筒周围的荆笆及木支护等可燃物，引发井下火灾。

（2）间接原因。

1）非法越界开采。事故波及的 5 个矿山都存在越界开采现象，直接造成了矿矿相通和井下巷道错综复杂，风流紊乱，导致一个矿井发生事故、多个矿井严重受灾。

2）井下没有安全出口。西郝庄岭南矿和李某联办矿均只有一个竖井可以通达地面。白塔镇第二铁矿虽为主、副井开拓，但主井与副井仅在一平巷相连，对一平巷以下的作业区而言，仍然只有一个可以与通达地面的出口直接相连的通道；邢台金鼎矿业有限公司西郝庄铁矿分为主、副井 2 个系统，主井系统有 2 个直达地面的出口，但副井系统只有副斜井一个直达地面的出口。同时，5 个矿山的竖井均没有按规定设置能够行人的设施，发生事故提升机不能使用后，井下遇险人员无法从仅有的一个通道逃生。

3）没有独立完善的矿井通风系统。5 个矿山都没有独立的通风系统，由于矿与矿之间井下由废弃老巷道及未经处理的采空区相连接，甚至各矿之间的平巷直接相连，加之所有的矿山均采用自然通风的方式，形成了整个矿区井下风路的大循环，导致相连各矿均受到事故矿井火灾烟气的污染。

4）事故初期自救措施不当。火灾初期，邢台金鼎矿业有限公司西郝庄铁矿发现主、副井口冒烟后，在副斜井井口安装了风机向下压风，从而使得 +75 米处的烟气被迫下行，增加了工人从斜井口逃生的困难。在李某铁矿一平巷十字交叉口后用棉被设置了密闭，阻碍了盲竖井中的烟气向竖井口的流动，迫使该盲竖井的烟气下行，进而加大了向其余各矿扩散的烟气量，使灾害进一步加大。在白塔矿一平巷交叉口前安装了风机向内压风，进一步增加了排烟困难，使大量烟气下行、扩散，对各矿的影响进一步加剧。

6.5.5 河南灵宝市金源矿业有限责任公司"9.8"重大火灾事故

6.5.5.1 事故概况

2009 年 9 月 8 日 19 时许，温州通业建设工程有限公司第一分公司在灵宝市金源矿业有限责任公司第五分公司王家峪矿区 1532 巷道二级斜井 9 米处维修支护巷道过程中，发生冒顶塌方，造成井下电缆短路，引发电缆胶皮、坑木着火，致使巷道内当班 12 名作业人员中的 6 人被困井下。事故发生后，采掘施工单位和业主单位有关负责人先后带人下井施救，又致使 8 人被困井下。后经施救，14 名被困人员中 1 人生还、13 人死亡，估算事故直接经济损失 300 万元。

6.5.5.2 事故原因

具体原因：

（1）直接原因。巷道维修支护过程中发生冒顶，造成风路堵塞，并导致井下电缆短路，引发胶皮、坑木着火，产生大量有毒有害气体，致使入井人员中毒窒息死亡。

（2）间接原因。一是采掘施工单位在组织施工加固巷道支护过程中，未制定施工方案，未采取切实可行的安全技术措施和应急措施；二是采掘施工单位安全教育、个人安全防护和事故应急处置培训等流于形式，现场管理混乱。事故发生后，在缺乏应急救援技能和专业应急救援器材的情况下，盲目组织施救，造成事故扩大；三是灵宝市金源矿业有限责任公司及其第五分公司对采掘施工单位安全生产工作监督管理不到位，督促检查不力，未督促施工作业单位及时整改消除1532 巷道的重大事故隐患。现场管理人员自身安全意识不强，缺乏安全知识、安全防护和应急救援技能，对采掘施工单位盲目组织施救应对不力。

6.5.6 山东招远市罗山金矿"8.6"重大火灾事故

6.5.6.1 事故概况

2010 年 8 月 6 日 17 时许，山东中矿集团有限公司（原招远市玲南矿业有限公司）罗山金矿盲竖井 12 中段至 14 中段之间井筒内起火。初期，因机械通风作用，火势由上往下蔓延；当停电后，向下送风停止，受井筒内自然通风影响，火势快速向上蔓延，过火范围涉及 10 中段至 14 中段下方，以及与盲竖井相通的 10 中段、11 中段、12 中段，14 中段马头门附近，井筒内通风管、玻璃钢隔板、电缆绝缘层等燃烧产生大量丙烷、丁酮、苯等有毒烟气，随风向进入 10 中段、11 中段、12 中段，14 中段平巷。事故发生时，该矿井下当班共有 329 名作业人员，后经施救，313 人生还，16 人死亡，直接经济损失 1289 万元。

6.5.6.2　事故原因

具体原因：

（1）直接原因。盲竖井铠装低压电缆因质量不合格，在使用中发热老化，达到一定程度后，在 12 中段下方 60 米断点处绝缘层被电流击穿，发生短路，产生电弧，引燃自身及靠近的玻璃钢隔板。

（2）间接原因。

1）招远市金宇电器有限公司从不具备矿用电缆生产资质的企业订购矿用电缆，并与龙口市东海电线电缆厂串通，伪造成青岛汉缆集团有限公司生产的"汉河"牌电缆，销售给罗山金矿使用。

2）龙口市东海电线电缆厂不具备生产矿用电缆资质，非法生产矿用电缆，并与招远市金宇电器有限公司串通，伪造成青岛汉缆集团有限公司生产的电缆。经有关部门检测，所生产的电缆绝缘层、护套、导线截面等指标均不符合 GB 16423—2006 要求，为不合格产品。

3）烟台发达玻璃钢有限公司生产并销售给罗山金矿使用的玻璃钢隔板，经检测，阻燃性指标不符合 GB 16413—1996 要求，为不合格产品。

4）山东中矿集团有限公司执行物资采购验收制度不严格，对电缆和玻璃钢隔板的采购验收把关不严。

5）罗山金矿基建项目管理存在薄弱环节。新增加的铠装低压电缆，没有严格执行企业内部《三同时管理制度》，在未规范设计、未按设计施工、未组织验收的情况下投入使用。

6）质监、工商等职能部门对非法生产、销售假冒伪劣产品查处和打击力度不够。

7）招远市政府及有关部门对中矿集团落实企业内部管理制度督促指导不力，监管存在薄弱环节。

6.5.7　河北沙河市白塔镇李生文联办一矿火灾事故

6.5.7.1　事故概况

2004 年 11 月 20 日凌晨 3 时许，河北省邢台沙河市白塔镇李生文联办一矿主井发生火灾事故，并危及与之相邻的岭南铁矿、白塔镇二铁矿、綦村供销社铁矿、金鼎矿业公司西郝庄铁矿。事故发生后，河北省省委、省政府领导十分重视。国家安全监管局和河北省政府根据救援情况，紧急调集 10 多名通风、灭火、救援专家，从省内外 10 个单位调集 22 个救护队、241 名救护队员参加了抢险救援。这次特别重大安全生产事故造成 70 人死亡，直接经济损失 604.65 万元。

6.5.7.2　事故原因

具体原因：

据初步认定，这次事故的起因是李生文联办一矿使用电焊引燃木材所致，加之多矿严重越层越界开采，形成矿矿相通、上下重叠的状况，使得该矿与周围4个铁矿（岭南铁矿、白塔镇二铁矿、綦村供销社铁矿、金鼎矿业有限公司西郝庄铁矿）等5个巷道相通，因井下烟气太大，致使矿工被困井下，酿成惨剧。

这说明当地政府及有关部门在小铁矿的管理上存在漏洞，乱开采的现象十分普遍。没有巷道相通的存在，死亡人数不会如此之多。为什么井下矿工人数一变再变，遇难人数不断增加？而当地官员的"管理混乱，人数统计有困难"的解释让人多少有些难以信服。其实，如果我们仔细分析，这种观点不太可信。矿主们不可能不知道每天有多少人下井作业，因为这是给矿工开工资的最基本依据。同时，所谓的统计困难让人联想到邯郸的瞒报事件。对于矿主甚至当地政府来说，遇难矿工人数直接关系到他们的政治和法律责任。在一般人看来，铁矿不像煤矿那样危险。所以，上上下下对铁矿的安全生产多少有些侥幸心理，误认为不会出事。从一定意义上说，生命是被侥幸大意所扼杀。沙河市白塔镇李生文联办一矿大火警示人们，任何忽视安全的行为，都可能受到无情的惩罚。

6.5.8　广东省英德硫铁矿一氧化碳中毒事故

6.5.8.1　事故概况

1973年2月11日8时30分，广东省英德硫铁矿锦潭分矿131中段5号矿柱143北帮平巷因井下通风不良，致3人一氧化碳中毒死亡。

11日7时35分，该分矿一名炮眼验收工去143独头平巷检查炮眼时，因一氧化碳浓度过高而中毒窒息。一名测量工和生产股长听到呼救声赶去抢救时，也中毒了。分矿于17时55分发现人失踪，立即派人寻找，直至19时左右才发现人均已中毒昏倒在143巷道内，因3人中毒窒息时间太长，经抢救无效而死亡。

6.5.8.2　事故原因

具体原因：

（1）直接原因。

1）有关领导违反化工部颁发的有关规定。该矿131中段5号矿柱143平巷的西面、东面和顶部在1972年10月份大爆破时被充填料封住，仅有一口直径1.2米的行人井和137平巷相通。137平巷只有6米，东、南、西三面都是采空区，已被黄土、坑木、石头充填，也只有一行人井与131平巷相连。致使131和137平巷的炮烟部分聚集在143独头平巷。事故发生后，虽经过抢救时通风处理，但在2月15日进行测定时，一氧化碳浓度仍高达每立方米1112.5毫克，比《化学矿山安全规程》中的规定高出 37.08 倍。

2）炮眼验收工违反化工部颁发的有关规定，单独进入 143 巷道炮眼。两名抢救人员也违反有关规定，未佩戴防护面具，便进入 143 平巷进行抢救，以致事故扩大。

3）有关领导违反化工部颁发的有关规定，在 1 月 30 日前曾发生过 2 名风钻工中毒事故、2 月 3 日有人到该巷检查有不适感，2 月 4 日下午有人在还未上到该巷标高时便有头痛、头晕感等预警，但均未引起有关领导的足够重视，也未对上述事故和现象加以调查、分析，而导致了 2 月 11 日事故的发生。

（2）防止同类事故的措施。

1）配备专人负责通风、测尘及有毒气体，测定时数据及时公布。

2）停止作业地点及危险区应挂警告牌或封闭。

3）进入独头巷道和通风不良地点时，要先进行通风。

4）组织作业人员学习尘毒有害气体的性质、危害、中毒症状以及防护、抢救方法。

6.5.9 苏州市潭山硫铁矿中毒事故

6.5.9.1 事故概况

1972 年 2 月 17 日 14 时 30 分，江苏省苏州市潭山硫铁矿井下 -3.5 米水平巷道发生工人因佩戴防护用具不当致死事故。

17 日 14 时 30 分，该矿井口值班人员发现井口处有浓烟冒出，立即向矿部值班负责人汇报。矿部负责人闻讯立即带领 5 人佩戴过滤式防毒面具，分三批下井检查起火原因。因井下 -3.5 米水平巷道自燃后，所产生的一氧化碳、二氧化碳、二氧化硫等有毒、窒息性气体浓度过高，致 6 人中毒窒息而死亡。

6.5.9.2 事故原因

具体原因：

（1）该矿属井下矿，采取分层崩落采矿法，用木材做支护，回采时的坑木回收率为 50% ~60%，尚有大量木材留在井内。当硫铁矿自燃时，引燃木材产生大量二氧化碳，并放出大量热量，加速了反应的进行。

（2）这次事故发生在春节放假期间，井下停止通风，空气不流通，导致在氧气部分消耗后，井内供氧不足，而生成大量一氧化碳。

（3）矿负责人违反化工部颁发的有关规定，佩戴过滤式防毒面具进入有毒气浓度高，氧气不足的自燃矿井，而导致中毒、窒息。并且在第一批佩戴过滤式面具进矿人员未能安全返回的情况下，仍派第二、第三批人员佩戴过滤式面具下井检查，而扩大了事故。

6.5.10　南京市云台山硫铁矿炸药库中毒事故

6.5.10.1　事故概况

1971 年 2 月 17 日 20 时 10 分，江苏省南京市云台山硫铁矿井下炸药库因违章吸烟引燃炸药库造成死亡 7 人，重度中毒 2 人，轻度中毒 66 人。

17 日 20 时 10 分，云台山硫铁矿的 1 名仓库管理员在井下炸药库内违章吸烟，并将未熄灭的烟蒂丢在库内，导致明火引燃了库内存放的炸药和导火索。炸药在燃烧过程中产生的大量一氧化碳、氮氧化物等有毒气体，有毒气体顺着运输巷道、盲斜井扩散到作业面，使正在井下作业的 57 人中毒。其中，7 人中毒过重死亡，2 人严重中毒。在抢救中毒人员过程中，又有 18 人轻度中毒。

6.5.10.2　事故原因

具体原因：

（1）直接原因。仓库管理员违反公安部颁布的《仓库防火安全管理规则》第六章第四十四条，关于"库区内严禁吸烟、用火，严禁放烟花、爆竹和信号弹"的规定，在井下炸药库内吸烟，并将未熄灭的烟蒂扔在库房内，引燃了炸药。

（2）间接原因。

1）该井下炸药库不符合化工部颁发的《化学矿山安全规程》第五节第 471 条（一）项，关于储存爆炸材料的"库房必须采用不燃性材料建筑或支护……"的规定，将通向 4 号井的回流风道用木板、油毛毡等隔成一个长 7.3 米、宽 2 米、高 1.8 米的库房。

2）仓库管理人员违反化工部颁发的《化学矿山安全规程》第五节第 473 条，关于库内爆炸材料堆放要求的规定，在第 1、第 2 间库房的木架上堆放着 743 千克硝铵炸药，地面上倒放着 20 余包 3 千克的硝铵炸药。

3）仓库管理人员违反化工部颁发的《化学矿山安全规程》第五节第 471 条（三）项和第四节 465 条（四）项，关于硝铵炸药的储放要求的规定，在第 3 库房内堆放有 1000 余米导火索和 1032 只雷管。

4）仓库管理人员违反公安部颁布的《仓库防火安全管理规则》第三章第二十六条，关于"库区和库房内要经常保持整洁。对散落的易燃、可燃物品和库区的杂草应当及时清除"的规定，在第 1、第 2 间库存放炸药的木架上，堆放着包装纸、棉纱、麻纱、零散导火索及黑色炸药。

5）该炸药库的通风不符合化工部颁发的《化学矿山安全规程》第四节第 283 条，关于"井下火药库要有单独的进、回风流，要保证每小时能有火药库容积 4 倍的风量"的规定，无独立的排风系统，致使有毒烟雾被位于 3 号井的 75 千瓦离心式风机吹经运输巷、盲斜井而至作业面。

6）参加抢救的人员违反化工部颁发的《化工企业安全管理制度》第十四章第十七条，关于"对有毒有害物料大量外泄的事故场所及火场，必须设立警戒线，抢救人员应佩戴防护用具"的规定，未佩戴防护用具，导致事故扩大。

6.6 高处坠落事故

6.6.1 霍邱县大昌矿业集团有限公司吴集铁矿（南段）"3.14"高处坠落较大事故

6.6.1.1 事故概况

2013年3月14日6时左右，安徽省六安市霍邱县大昌矿业集团有限公司吴集铁矿（南段）二采区3号副井发生高处坠落较大事故。当时，一名推车工将装有废石的矿车从罐笼推出后，井口阻车器、摇台、安全门并未及时关闭。推车工倒卸后返回井口时，认为罐笼还在原处。而恰在此前，－145米中段3名工人要求上井，罐笼已下到－145米中段。结果，导致推车工连车带人坠落井内。在坠落至－145米水平时，与停在此处的罐笼相撞，造成罐笼内1人受伤，2人被甩入井下，事故共造成3人死亡，1人受伤。

6.6.1.2 事故原因

具体原因：

（1）直接原因。工人违规作业导致井口阻车器、摇台和安全门未及时关闭，结果推车工倒卸后返回井口时连车带人坠落井内，与罐笼相撞，造成惨烈事故。

（2）间接原因。业主单位、承包单位安全管理不到位，制度不落实，违规用工，员工教育培训不到位，隐患排查治理不彻底，安全防范措施不到位，特种作业人员无证上岗，从业人员安全意识淡薄、违规违章作业，监管部门要求不严。

6.6.2 湖南有色控股锡矿山闪星锑业有限责任公司"10.8"重大坠罐事故

6.6.2.1 事故概况

2009年10月8日8时30分左右，湖南有色控股锡矿山闪星锑业有限责任公司南矿二直井提升罐笼上下升降两次时，提升机司机凭经验感觉到绞车的液压站油压上升较慢，觉得有点不正常，就找检修工进行检修。调试工作结束后，提升机司机又继续操作，罐笼又上下了6次。约上午9时15分，15中段处的信号工打来电话，该中段还有4人需要升井，随后发信号给机房。此时，固定卷筒侧罐笼停于井口，游动卷筒侧罐笼停于井底。当提升机司机将游动卷筒操作至15中段（距井底约180米）时上了4人。此时，固定卷筒侧罐笼内乘27人停于7~9中段之间（距井底约325米）。接到开车信号后，提升机司机继续操作开车。此时，游动卷筒侧罐笼向上运行，固定卷筒侧罐笼向下运行。提升机在运行过程中发生调绳离合器脱离（调绳离合器齿块与游动卷筒内齿圈脱离），造成游动卷筒与主轴脱离，失去动力，提升机变成单筒（固定卷筒）提升。游动卷筒侧罐笼失去控制后由上升转变为向下运行。同时，固定卷筒侧罐笼由于失去游动卷筒侧的平衡力导致负力突增，加速向下运行。提升机司机发现卷筒运转异常后立即采取刹车措施。此时，在罐笼与钢丝绳重力作用下，两个卷筒分别超速转动，制动器所产生的制动力矩不足以制动住超速下行的罐笼。由于两个罐笼在下行过程中，两根钢丝绳始终处于受力状态，致使防坠器不能发生作用。游动卷筒侧罐笼先超速滑行至井底，随后固定卷筒侧罐笼也超速滑行至井底，两根钢丝绳相继从卷筒固定绳端处拔出并全部坠入井底，两个罐笼损坏，造成 26 人死亡、5 人重伤，直接经济损失 685.05 万元。

6.6.2.2 事故原因

具体原因：

（1）直接原因。

1）调绳离合器处于不正常啮合状态，闭合不到位。调绳离合器的联锁阀活塞销不在正常闭锁位置，无法实现闭锁功能。在运行过程中，提升机游动卷筒内齿圈轮齿对调绳离合器齿块产生的向心推力，通过已倾斜的连板推动移板毂，导致提升机在运行过程中调绳离合器脱离，造成游动卷筒与主轴脱离，失去控制，罐笼和钢丝绳在重力等因素的作用下，带动卷筒高速转动，迅速下坠。

2）事故状态下制动器所产生的制动力矩不足以制动超速下行的罐笼。事故过程中，两侧罐笼分别在自重和钢丝绳的重力作用下，使得卷筒高速转动，制动器所产生的制动力矩不足以制动超速下行的罐笼。

3）提升机超员提升，造成人员伤亡扩大。根据事故单位提供的《机械设备维护规程》（1984 年版），每个罐笼核定乘载 24 人，但事故罐笼井口标注定员为28 人，事发时固定卷筒侧罐笼乘载 27 人。

（2）间接原因。

1）设备维护不善。制动盘漏油问题未及时维修和清理导致制动器的摩擦系数减小，制动正压力调整缺少专用工具（如力矩扳手）导致综合制动力减小，配套的产品说明书缺乏难以有效指导制动器的检修维护。调绳离合器联锁阀锁紧销不能正常回位，导致闭锁功能失效。调绳油缸行程开关实际安装位置不准确，导致调绳时无法准确指示离合器的离合状态。

2）技术管理不到位。提升机技术改造资料不全，调绳液压管路连接与原洛阳矿山机械研究所提供的说明书中液压站原理图不符。提升机技术改造时技术资料不规范，原设备在减速器高速轴上设置有保险闸，拆除后未对提升系统制动力进行及时校核并指导实施。事故单位曾经发生过因制动器制动力不足引起的事件，未引起管理部门的足够重视。企业配备的专业技术人员技术水平不能满足设备的技术管理和维护的需要，现有技术人员对制动器的正压力调整、调绳油路系统、离合器联锁阀锁紧销和制动盘油污等重要问题认识不清，麻痹大意。

3）设备管理不善。管理人员对提升设备的关键部位检查不到位，公司和矿里的安全检查、工区的周检、班组的日检点检都流于形式、没有落到实处。游动卷筒侧盘形制动器漏油问题，维修人员已多次向上级管理部门反映，未予及时解决。调绳和维修管理混乱，提升机检修记录不全、管理缺位、检修后无验收，关键部位离合器联锁阀锁紧销和制动盘油污等处存在严重问题却无人检查把关。

4）企业安全生产意识淡薄。政府及有关部门多次对国有控股企业安全生产作出周密的部署和安排。特别是国庆前，省安监局明文要求证照过期的非煤矿山企业不得组织生产，要彻底排查安全隐患，但事故企业隐患排查不彻底，并擅自组织生产。

5）液压站为 20 世纪 80 年代初期产品，调绳油路系统无截止阀，存在缺陷，后虽经改造，在调绳离合器合上腔油路安装截止阀，但截止阀未完全关闭时，易导致调绳离合器误动作。

6.6.3 山东省临沂市济钢集团石门铁矿有限公司 "3.15" 重大坠罐事故

6.6.3.1 事故概况

2012 年 3 月 14 日 24 时，临沂市济钢集团石门铁矿有限公司副井中班和夜班提升机司机、信号工交接班。当时，主罐笼往井下运送铲运机工作还没有完全结束，到 15 日零时 33 分左右铲运机卸完。此时，井口信号盘为检修控制模式。井口信号工在没有转换控制模式的情况下，利用副罐笼向井下运送工人。当 13 名工人进入罐笼后，信号工在摇台未完全抬起的情况下，便向提升机司机发出了开车信号。0 时 36 分 24 秒启动提升机。6 秒后罐笼上端被卡住，提升机继续运行，26 秒后罐笼开始向井下坠落，37 分时提升机司机将提升机停止。随后，钢丝绳断裂，罐笼直接坠向井底，13 名工人全部遇难，直接经济损失 1560 万元。

6.6.3.2 事故原因

具体原因：

（1）直接原因。井口信号工违章操作，副罐笼防坠和松绳保护装置失效是发生事故的直接原因。井口信号工未按规定观察集中控制台模拟显示屏上运行控制模式，在提升人员时仍使用 "检修" 状态；仅用目测摇台抬起、安全门关闭情况。在摇台未完全抬起、安全门未关闭的情况下，向提升机司机发出开车信号，致使罐笼上端被卡在井口进车端焊接在摇台的压接板上。提升机继续运行，松绳约 66 米后，罐笼开始向下坠落，至钢丝绳拉断瞬间受到的冲击力是其破断拉力的 5.9 倍，钢丝绳被拉断。钢丝绳出绳口临时安装的防寒防尘挡板使松绳保护装置失效；防坠装置日常维修保养不到位，防坠抓捕机构传动装置不灵活，没有起到防坠作用。

（2）间接原因。

1）石门铁矿违章指挥。地下开采办公室主要负责人安排提升机司机担任信号工；提升机司机由原来的2人减为1人单岗操作，升降人员操作时缺少监护司机。安排维修人员安装提升机房钢丝绳出绳口挡板，致使松绳保护装置失效。

2）石门铁矿安全生产主体责任不落实，安全管理混乱。石门铁矿未按照鲁政办发〔2011〕67号文件的要求，及时配备采矿、地测、机电等专业技术人员，虽然制订了安全生产责任制等规章制度，但落实不到位，执行不力。未按《金属非金属矿山安全规程》要求，定期对罐笼进行防坠实验。设备检查维护人员素质低，日常维修保养不到位，防坠器的抓捕机构各传动销轴转动不灵活，致使防坠器失效。2011年石门铁矿曾经发生过一起死亡2人、重伤1人的提升事故，该矿没有深刻吸取事故教训，采取有效防范措施。对露天转地下建设项目以包代管，对招标工程把关不严，违规与不具备法人资质的温州东大矿建工程有限公司驻石门铁矿项目部签订工程承包合同，对项目部的安全生产工作没有统一协调和管理。

3）温州东大矿建工程有限公司安全管理混乱。公司对驻石门铁矿项目部没有认真考察有关专业技术人员情况，项目部经理不具备矿山安全生产专业技术知识，乘罐人员违规从罐笼两端进入罐笼，井下各中段提升作业没有安排专职信号工，井下作业人员数量不清。

4）济钢集团有限公司对安全生产管理责任移交不到位。石门铁矿改制后，济钢集团有限公司没有按山东省国资委等4部门《关于在当前国有企业改革改制中落实有关工作责任制的通知》要求，将安全生产管理责任移交所在地政府，只是将《济钢集团有限公司关于不再承担安全生产监管责任的报告》（济钢安字〔2010〕10号）送到苍山县安监局，落实移交责任不到位。

5）苍山县安监局履行综合监管职责不到位。苍山县安监局接到济钢集团移交安全管理责任的报告后，没有及时向县政府报告，也没有制定相应的监管措施。

6）苍山县政府没有牢固树立安全发展理念，重发展、轻安全，落实安全生产监管体系措施不到位。

7）非煤矿山建设项目建设期间无明确的安全主管部门。矿山建设期间的安全监管职能原来由行业主管部门承担，随着矿山行业主管部门被撤销，矿山建设项目建设期间的安全监管出现空白。

6.6.4　汝城钨矿电机车坠井事故

6.6.4.1　事故概况

1986年9月13日16时，汝城钨矿电机车司机何某驾驶载重量为2.5吨的电机车到大卜坑口792南头拉残矿。21时左右，何某将空车开到7中段竖井口，准备用卷扬机把机车吊上5中段后下班，并要装矿石的民工钟某、朱某到五中段通知尹某。尹某接到通知后马上发信号给卷扬机司机袁某，让其将卷扬机罐笼放到7中段。当何某将电机车刚开进罐笼二分之一时，尹某胡乱向袁某发出"一长一短"的不规则铃声信号。袁某收到这一意图不明的信号后，不向尹某问清情况，想当然地认为是提升信号（提升信号为两声短铃），便将罐笼提升起来。当罐笼升高约1.7米时，电机车脱落，罐笼掉到竖井底部，造成车毁人亡事故。

6.6.4.2 事故原因

具体原因：

（1）直接原因。信号工违章错发信号，导致电机车脱落，掉入竖井。

（2）间接原因。

1）作业人员安全意识淡薄。负责传递卷扬机房与竖井各中段之间罐笼升降信号的信号工，明知传错信号会发生重大事故，却盲目传发信号，导致重大事故。

2）卷扬机司机收到无规则、意图不明的信号，不向发号人问清情况，就盲目提升罐笼，是造成该起事故的间接原因。

6.6.5 山东张家洼矿山公司井巷工程公司较大坠井事故

6.6.5.1 事故概况

1988年1月13日上午7时30分，张家洼矿山公司所属的井巷工程公司安装队到张矿主井执行吊桶改罐施工的落盘任务。参加施工的职工有18人在井内工作，其中14人在吊盘上工作。吊盘悬吊在井内，直径为7.3米。三层吊盘上分别站有7人、4人、3人，负责放电缆、看稳绳、通信、指挥工作。8时，开始落盘（井内作垂直下落）。在落盘过程中，盘上工作人员发现由4根钢丝绳悬吊的吊盘下落不平衡。井下指挥人员马上同地面电话联系，随即连续4次进行调整。上午10点40分，吊盘从井下434米处落到井下456米码头门（进巷道的口）时，盘上工人突然听到响声，随即西北角一根直径34毫米的悬吊钢丝绳发生断裂。刹那间，井内灯灭了，盘上与井口的信号联系中断，三层吊盘同时倾斜75°以上，有9人坠入离作业面60多米的井底，事故共造成7人死亡，多人重伤。

6.6.5.2 事故原因

具体原因：

（1）直接原因。悬吊吊盘的钢丝绳断裂致使吊盘发生倾斜工人坠入井筒死亡。

（2）间接原因。

1）钢丝绳未按规定进行年检。按《冶金矿山安全规程》规定，悬挂吊盘用的钢丝绳，每隔一年要试验一次。而这根钢丝绳在 1982 年以后就再没做过拉力试验，而是长期悬吊在潮湿的环境中，不上油，不维护保养。

　　2）矿山管理混乱，作业人员乘坐吊盘时未系安全带。

6.6.6　内蒙古大中矿业有限责任公司书记沟铁矿罐笼坠井事故

6.6.6.1　事故概况

　　大中矿业有限责任公司书记沟铁矿在检查中发现四号井提升钢丝绳磨损严重，接近报废标准，且罐笼防坠装置的抓捕器楔块起不到应有作用，急需更换，液压系统也存在问题等。为此，四号井向公司提出检修计划。检修计划被公司批准后，四号井决定从采矿队抽调 9 人配合机修队的 8 名工作人员完成此次检修工作。因更换罐笼和箕斗钢丝绳需拆下旧绳再通过天轮最后缠到滚筒上，工作量较大，直到晚上近 9 时才开始安装两块钢丝绳尾端连接罐笼和箕斗的楔形连接器。在采矿队工人的帮助下，维修工张某、薛某、陈某等人先把连接箕斗的钢丝绳楔形连接器组装好，又组装连接罐笼的钢丝绳楔形连接器。薛某、陈某将在检修时起拆卸连接器内桃形环作用的顶丝拧紧后，众人将安装好的连接器慢慢地分别与箕斗和罐笼连接在一起，全部连接好后已接近 6 月 3 日凌晨 1 时。在副经理周某和队长张某的指挥下，撤去了在井口上支撑罐笼和箕斗的几根工字钢和旧钢轨，并进行了两趟空载试运行，以调整钢丝绳到达 1220 米水平的位置。6 月 3 日早晨 7 时，在大夜班下班后，工人用安装完毕的罐笼向地面运送了两趟人员。6 月 3 日早上 8 时上班后，第一趟往井下送了 13 人，空罐上来，第二趟又往下送了 13 人。罐笼上来时乘坐了 1 名工人。罐笼停到井口后，几名工人将一辆平板车推进罐笼里（这辆平板车平时放入罐笼内主要是用于平衡箕斗提升矿石时减少启动电流的，车底板上焊着一些矿车轮毂以增加重量），车上放着两块破碎机侧板、一个打眼用的枪头、三根 2 米长的 1.5 寸钢管。之后，陆续有 7 名工人进入罐笼内准备入井。罐笼内工人放下安全罐帘后，信号工还没打铃，罐笼却自行向下滑落了一下。信号工以为是卷扬工开动了绞车，便急忙打停车铃以等待其他下井人员。与此同时，采矿队队长朱某到井口签到，也准备下井，看到罐笼动了一下，再看连接罐笼的钢丝绳头和主绳（用三道铁丝捆绑在一起）之间发生滑动，就赶快大喊“不得了啦！快往下跳”。罐笼内的工人听到喊声，第一个从罐帘下间隙钻出来的是刘某，紧接着又有两名工人钻出来，当第四名工人钟某向外钻时罐笼顶部已下降到地表面约 30 厘米。钟某两手抓住井口的道轨，这时下降的罐帘把他身后的灯带挂住，朱某见状一把抓住他的肩膀和后背一下子把他拽上来。这时，听到钢丝绳“啪”地响了一下，罐笼里的 3 人来不及逃生便随罐笼急速掉入 297 米深的井底，此时大约早上 8 时 20 分。从第一个人往出钻到坠罐前后仅几秒钟的时间，井口的人惊呆了，急忙向公司报告。大中公司闻讯后迅速组织人员进行救援，在随后赶到的相关部门的配合下制定了救援方案，并成立了相应的救援组、抢险组、医疗救护组、后勤保障组。先后有 20 余人深入井下救援，在巴彦淖尔市矿山救护队的帮助下晚上 10 时将 3 名遇难者救出井口，确认均已死亡。

6.6.6.2 事故原因

具体原因：

（1）直接原因。在更换钢丝绳过程中，由于维修人员缺乏对楔形钢丝绳连接装置构造原理的理解与掌握，特别是对楔形钢丝绳连接装置顶丝的功能与作用不理解，错误地认为拧的越紧越安全，导致在检修时起拆卸桃形环作用的顶丝将把刚刚放入新钢丝绳的桃形环顶住，不能使环内的钢丝绳子与楔形槽紧密接触，造成桃形环内的新钢丝绳未能卡紧，失去了桃形环应有的作用。同时，按照《金属与非金属矿山安全规程》的要求"单绳提升，钢丝绳与提升容器之间用桃形环连接时，钢丝绳由桃形环上平直的一侧穿入，用不少于 5 个绳卡与首绳卡紧"。而实际情况是，尾绳与首绳的连接只拧了三道铁丝代替绳卡。这是导致事故发生的直接原因。

（2）间接原因。

1）四号井管理人员明知罐笼防坠装置的配件已磨损不能发挥作用，此次检修因配件未购置回来又不能修复，在刚刚更换钢丝绳后防坠装置不起作用的情况下也没有制定相应的管理措施（如严禁乘人等）便直接提升人员和物料，最终导致钢丝绳脱落后罐笼坠落井底造成 3 名工人遇难事故的发生。

2）虽然四号井已检查发现了防坠装置的楔块已磨损不能起防坠作用，也曾两次列出了采购计划并标注急用材料上报公司供应部要求采购，供应部也安排了采购员进行采购。但由于采购程序复杂，工作人员至事发时未将配件购置回来，导致发生事故时防坠器没有起到防坠作用。

3）这次检修工作，虽然制定了检修计划和安全技术措施等，也上报公司批准，要求"所有检修项目检修完毕必须进行空载和负荷试运行……"。但是，罐笼钢丝绳更换后维修人员反复做了几趟空载运行，以调节卷筒上的钢丝绳，没有荷载运行试验。同时，没有更换钢丝绳安全技术措施，没有详细制定试运行期间的具体要求和审批验收办法。钢丝绳更换后仅做了简单的空载试运行便投入正常使用，导致钢丝绳更换后的事故隐患未能及时发现。

4）安全教育、技术培训不到位，致使维修人员安全意识低，安全操作技能差，没有真正理解掌握安全设施设备构造及原理、拆卸与安装技术要求等，导致在更换钢丝绳过程中，错误地理解顶丝的作用，埋下了事故隐患。

5）规章制度执行不严。信号工明知罐笼人货混装是违反操作规程，但未能及时制止，导致罐笼既放材料、又乘人，在事故情况下影响了人员及时逃生。同时，材料的存放也加重了罐笼的荷载，加剧了事故的后果。

6）安全管理不到位，公司管理人员频繁变动，一些安全管理人员到任上岗前未取得安全管理资格证书，重点岗位的特种作业人员未取得岗位操作资格证便从事特种作业（如信号工、绞车工等）。

7）规章制度、操作规程贯彻落实不到位，安全管理存在漏洞。大中公司不足一个月时间内连续发生2起事故，造成4人死亡，暴露出在执行规章制度、按操作规程作业等方面存在严重问题。

6.6.7 吉林省万国黄金股份有限公司"5.13"较大瞒报起重伤害事故

6.6.7.1 事故概况

2013年5月13日4时40分左右，山东黄金集团建设工程有限公司吉林磐石劲龙项目部在吉林省万国黄金股份有限公司西岔金矿2号竖井实施生产勘探施工作业时，发生一起较大起重伤害事故，造成井下作业人员3人死亡、2人受伤。事故发生后，企业瞒报，经群众举报后核实，直接经济损失550万元。

2013年5月13日4时40分，在2号竖井掘砌作业过程中，装载毛石的吊桶提升至距井口120米处时，钢丝绳发生断裂，重载吊桶坠落穿过双层吊盘（安全防护棚）落至井底，将在竖井底部作业面运搬作业人员邓某、王某、李某、张某、刘某5名工人砸伤。项目部现场负责人明某接到现场作业人员铲车司机林某报告后，立即组织人员下井实施救援。同时，向发包单位分管安全的副总经理刘某报告情况，刘某立即组织人员赶到现场，共同开展事故救援工作。受伤的张某5人被先后分三批从井下救出后，紧急送往医院抢救。其中，邓某、李某经通化206医院抢救无效死亡，王某在送往医院抢救的途中死亡。另外两名伤者张某、刘某在通化市中心医院救治后，转至磐石市博仁医院继续接受治疗。

为逃避事故查处，承包单位项目部工作人员向建设单位有关人员报告事故情况，而未按照双方签订的《建筑安装施工安全生产管理协议》约定，履行事故报告义务，分别在通化市和梅河口市处理死者善后及尸体火化。发包单位在接到施工单位报告后，为减少事故对企业的影响，也未按规定向属地有关部门报告。且协助承包单位火化尸体，隐瞒了事故。但对受伤人员积极施救，未贻误事故抢救。

5月29日，集安市安全监管局接到群众反映后，及时向集安市政府主要领导汇报相关情况，集安市人民政府立即组织相关部门进行情况核查，经查情况属实。6月7日，通化市安全监管局接到集安市核查情况报告后及时上报省安全监管局。6月9日，省安委会办公室向通化市政府送达了《吉林省较大生产安全事故查处挂牌督办通知书》，责成通化市人民政府调查处理集安"5.13"事故。经通化市人民政府"5.13"事故调查组进一步调查，查证企业隐瞒事故属实。

6.6.7.2 事故原因

具体原因：

（1）直接原因。事故调查组聘请的矿山机械专家组经勘验现场、设备及断裂的钢丝绳和对钢丝绳取样检测报告分析，结合询问相关人员，综合分析认定事故的直接原因为："钢丝绳断裂部位是接近吊桶4～5米位置，该区段钢丝绳提升作业中，受保护伞钢管滑套磨损，致使该区段钢丝绳安全系数下降，在刮碰吊桶外力增加作用下，发生断裂"，导致事故发生。

（2）间接原因。

1）提升绞车钢丝绳未按规定在使用前进行检测，在使用过程中也未按规定进行日常检查和有效的保养及维护。

2）承包单位劳动组织不合理、作业现场安全管理混乱，未按规定委派有资质的工程技术及相关管理人员对施工作业现场实施有效的监督管理，安全生产责任制未得到落实。

3）承包单位未制定并实施安全生产隐患排查治理制度，未能及时发现并消除安全隐患。

4）发包单位相关职能部门缺乏对外来施工企业的有效管理和监督检查。

5）发包单位在对项目施工合同和安全管理协议签订、施工组织设计审查、施工企业管理人员进驻、施工人员资质等审查把关方面，存在严重违规行为和明显管理缺陷。

6）发包单位在项目备案、审批等相关手续不健全的情况下违法违规开工，造成监管缺失。

6.6.8 铅山县港东乡老虎洞铅锌矿"5.16"事故

6.6.8.1 事故概况

2010年5月16日7时，铅山县港东乡老虎洞铅锌矿工人刘某、吴某同以前一样在主平硐标高281.71开始出矿作业。8时30分，凿岩工刘某强（死者）和爆破员刘某到工作面准备将昨日放下的较大的矿块分解成小矿块，以免将漏斗堵塞。在9时做好了采区顶板和两帮松石的清理工作后，开始在较大矿块开凿炮眼。9时30分，炮眼打好后，刘某强、刘某收拾好工具。刘某强（凿岩工）一个人独自在采矿工作面。刘某（爆破员）走向硐外去拿爆破物品。当刘某走至离采矿工作面10多米远位置时，听到身后有垮塌的声音，刘某（爆破员）立即返回采矿工作面。只见采矿工作面只有一个铁耙不见刘某强（凿岩工）。刘某（爆破员）一边寻找一边呼喊着刘某强的名字，但不见回答。刘某便喊上在漏斗口出矿的刘某华、吴某一同寻找。结果在离漏斗底部1米高的位置发现了刘某强（凿岩工）。由于刘某强（凿岩工）被两块近1吨重的矿石压埋。仅凭3个人力气无法将刘某强从矿石中救出。刘某便到硐外找工人帮忙，同时也将这一情况报告了矿山负责人员管理的曾某。曾某在赶往事发地点时向永平铜矿一矿区医院拨打了求救电话。大约10时，刘某强被从矿块中救出并及时用矿部车辆送往永平铜矿一矿区医院，但刘某强在送往医院抢救的路上因伤势过重死亡。

6.6.8.2 事故原因

具体原因：

（1）直接原因。刘某强独自一人在井下作业，违反了《金属非金属安全操作规程》之规定。刘某强违规操作安全意识淡薄、防护措施不到位是造成此次事故的直接原因。

（2）间接原因。

1）铅山县港东乡老虎洞铅锌矿安全管理和隐患排查治理存在缺失，督促不到位，至使未能及时发现隐患，以致漏斗没有保留安全矿量造成漏斗掉空的安全隐患，未能排查和及时治理。该矿山安全管理不到位导致此次事故的间接原因。

2）铅山县港东乡老虎洞铅锌矿安全管理人员周某在实际安全管理工作中监督不到位是造成此次事故的间接原因。

6.6.9 伊春市五营区五星兴泰铁矿"3.13"罐笼坠井事故

6.6.9.1 事故概况

2006年3月13日上午7时，兴泰铁矿按照五营区安全监管局下达的整改指令要求，由负责生产安全的副矿长和负责设备的副矿长带领4名检修人员进行提升设备检修，更换盲竖井提升钢丝绳。当罐笼提升到井口后，检修人员把一根直径约20厘米的水曲柳圆木垫在罐笼下做支撑，4名检修人员站到罐笼上面拆卸提升钢丝绳。当钢丝绳刚刚拆下，水曲柳圆木因部分腐朽突然折断，4名检修人员随罐笼一同坠入40米深的盲竖井底部，当场死亡。

6.6.9.2 事故原因

具体原因：

（1）直接原因。

1）伊春市五营区五星兴泰铁矿竖井设施、设备不符合国家规定，使用自制无防坠器的罐笼。

2）作业人员违章作业，未佩戴安全绳，使用已部分腐朽的圆木做罐笼支撑。

（2）间接原因。

1）兴泰铁矿企业安全生产主体责任不落实，主要负责人忽视安全生产，安全管理混乱。主管安全的副矿长违章指挥，从业人员安全意识差，违章作业，缺乏自我保护意识。

2）安全生产规章制度不健全，安全投入严重不足，安全设施不完善，罐笼无防坠器，作业人员违章作业。

3）这起事故同时也暴露出伊春市相关部门对该矿疏于管理，监督、监管不到位。经查，该矿采矿许可证、工商营业执照均已过期，属无证非法生产，但各有关部门均未采取有效措施加以制止，直至事故发生。

6.6.10 大冶市陈贵刘家畈矿业有限公司"7.11"高处坠落事故

6.6.10.1 事故概况

2009 年 7 月 11 日 7 时 45 分，刘家畈矿业有限公司带班班长万某在井口主持早班班前会，跟班矿长张某（分管设备的副矿长）对当班下井作业人进行分工，并强调了做好防暑降温、下井人员劳保防护用品的穿戴及有关撬毛排险安全注意事项等。班前会结束后，当班有关生产安全管理人员及各岗位作业人员于 8 时 20 分左右先后入井。当班下井的有矿长、跟班副矿长张某、带班班长万某、安全员柯某、安全科张某、技术科柯某以及付某、张某等 6 人和其他有关岗位作业人员共 18 人。

8 时 30 分左右，张某、万某及排险工张某 3 人下井后直接到 - 229 米水平 5 号采场。张某安排万某到采矿进路平巷处向采场内牵、排照明灯线（供打眼、出矿作业照明用）。柯某、张某、柯某等人下井后，先到 - 183 米水平采场检查、布置工作，30 分钟后到 -229 米水平 5 号采场。此时，先到的张某、柯某、张某 3 人正分别用矿灯照看、检查采场顶、帮安全状况。万某、张某、柯某 3 人进入 5 号采场后，也分别对采场顶、帮进行检查。在确认安全后，矿长等 6 人先后上到原已回采结束的 -223 米上分层采场底处查看，见有一堆 2007 年在该处回采生产时所留下的废石堆，由于下分层（采高 6 米）的向前推进回采，该废石堆的外边缘已处于 -229 米下分层开采边坡的上边沿。当时在场的 6 人一致认为该废石堆不能继续留在这里，要放坡下去（即扒放至 -229 米水平下分层采场底后再进行转运）。于是，万某对张某说"你有时间就把坡放了，但是要注意安全"。张某回答说"你们几个人下去，我在这里放坡"。当时，矿长在安排张某、柯某两人留在该处为柯某打灯照明降坡后，与张某、柯某 3 人离开采场，准备到 -264 米水平检查有关工作。

在张某、柯某两人一旁打灯照明监护下，张某（其本人头顶矿帽上也插戴有矿灯）站在废石堆的左下方位置，先用三角扒向坡下清扒废石堆外侧表面的小石块，然后面向废石堆用撬棍向下撬拨大石块。在撬拨第二块大石块（重约 200 千克）时，该石块迎面向下滑动，而张某怕该石块砸到自己而本能的迅速向侧后方向退让。由于其站立处后方为采场 -229 米水平下分层回采爆破边坡的上边沿，在其一脚踏空的情况下突然坠落并沿该处陡边坡向下翻滚。在其下坠向下滚跌的同时，经撬动下滑的大石块带动的小石块也随之向下滚落，部分小石块砸到其身上。见此情况，柯某一边高喊救人，一边赶紧从其站立处的边坡上部跑下来施救。当时，正在采场下分层右侧方向的张某及在采场外听到呼救声的压风机工张某也迅速赶上前。只见张某呈头朝下、脚朝上状俯扑于边坡中下部的矿石堆表面。张某两人赶紧上前，将张某从斜坡矿石堆上抱抬下来，并安排人将其抬到桶架子（简易乘人车）上护送提升至地面。

此前，矿长曾安排张某利用井下电话向地面报告事故情况、并通知联系"120"急救车。地面值班的万副矿长接到井下事故报告电话后，立即拨打"120"急救电话。9时20分左右，张某即已被送往大冶市人民医院抢救。经医生检查，张某除右小腿被砸断外，其胸部也严重骨折，由于伤势过重，经抢救无效于10时30分左右死亡。

6.6.10.2 事故原因

具体原因：

（1）直接原因。排险工张某安全意识不足，麻痹大意，现场操作时违反该公司《专职排险员安全操作规程》第1条"进入现场后，要仔细检查工作面，首先选好安全通道，否则不得进行工作"及第5条"确因地势不平需站在坡上撬毛时，严禁站在下坡面作业……"之规定，冒险站在废石堆的下部、面向废石堆并背向身后的高陡边坡从事撬拨大块矿岩作业，以至造成避让滑落的大块岩石时，坠落被滚石砸压重伤致死，是事故发生的直接原因。

（2）间接原因。

1）现场安全管理、监护人员安全意识不强，隐患识别能力差，安全监护不力，在张某站位不当、违章冒险作业时可能存在的危险因素认识不足、未能及时予以提醒并制止。

2）安全培训教育不扎实，不全面，少数生产安全管理人员及岗位作业人员安全意识未得到应有的提高，现场安全操作知识、经验不足，隐患识别能力差，现场安全督管不严，致生产作业过程中麻痹大意，习惯性违章现象禁而不止，有章不循。

3）对堆积于开采边坡前、上方位置的废石堆进行处理时，没有制订相应的施工安全作业措施。

6.6.11 大冶市相盛矿业有限责任公司"6.5"高处坠落事故

6.6.11.1 事故概况

2009年6月5日，中班值班安全副矿长刘某主持中班班前会，对当班生产作业人员的工作进行分工，并强调了井下各生产作业岗位的一般性安全注意事项。班前会结束后，安全员柯某于16时左右带领当班8名井下作业人员先后乘罐笼下井。其中，当班带班班长祝某本人兼 -40 米水平井底岗位信号工，小工班班长陈某带领6名出碴工出矿，安全员柯某负责井下作业现场的安全督导工作。

当班至 23 时 30 分左右已出了 20 多板车矿石时，由于已近下班时间，小工班班长陈某将该班 6 名出矿人员从工作面带领至井底。6 名出碴工分两趟乘罐出井后，井下还有柯某、祝某、陈某 3 人。柯某因等候夜班人员入井后在现场交班而暂不升井，于是祝某与陈某两人乘第三趟罐笼出班。

据祝某介绍，第三趟提人罐笼下至井底时，陈某先上罐笼，祝某在向地面绞车房发送起罐信号（四声铃，表示提人）后，也跟着上至罐笼上，并叫陈某帮忙钩挂罐门拦护链。罐门拦护链共有上、中、下 3 根，祝某挂的是最上一根和最下一根，陈某挂的是位于中间的一根。此时，地面向井底回了四声起罐信号铃，约数秒钟后罐笼向上提升运行。此时，陈某站立位置相对靠近罐门边处，当罐笼上行约 10 米左右时，陈某对祝某说"中间的一根链子落了，我去挂上"。祝某叫他"不要搞"，但陈某已躬身向前，准备去挂罐门链，就在其俯身向前时，身体突然前倾，于瞬间摔出罐外、坠落至井底。

事故发生时，由于罐笼内无法发送停罐信号，祝某只好随罐至地面，出井后马上到绞车房向井下打电话，告诉安全员柯某陈某从罐笼里落下去了，赶快救人。柯某回答道："你在上面叫罐笼不要放动，我到下面去救人，等我叫你放罐笼时才能放"。柯某放下电话后马上赶到井底马头门处，见陈某躺卧于井底平台处，头部右侧及口、鼻多处流血，于是就将其从约 1.5 米深的井底平台拖抱至 −40 米水平井底平巷处躺放于巷底，再发三声信号铃通知地面。

等候在地面绞车房的祝某听到井下要罐的铃声，即通知绞车工开车，并乘罐至井下。此时，见陈某尚有呼吸，并有呻吟声。于是，祝某与柯某两人将其抬上罐笼提升至地面，然后又将其抬到矿办公室门口。随后，柯某联系车辆，并向该矿负责人柯某报告事故情况。

陈某于 6 日凌晨 2 时左右被送至黄石市四医院，医护人员迅速对陈某进行救治。但因其伤势过重，经抢救无效于 6 日 6 时 30 分死亡。

6.6.11.2 事故原因

具体原因：

（1）直接原因。

1）死者陈某安全意识不强，个人自我安全防护能力差，违反该公司《井下乘罐制度》第 3 条之有关规定，乘罐时在罐笼上行过程中不但不抓牢扶稳罐壁扶手，而是在井筒内光线较暗且罐笼有一定晃动的情况下，违章、冒险重新钩挂脱落的罐门拦护链。

2）设备存在安全缺陷，罐笼门木质安全拦护性能差。《罐笼安全技术要求》（GB 16542—1996）第 4.2.4 条规定：乘人罐笼须设置横向或竖向启闭的安全栅栏门，且栅栏顶部、底部及栏杆间距有其严格的规定，其功能就是防止罐笼在运行过程中乘罐人员误坠入井。而发生事故的乘人罐笼为非正规厂家生产的简易设备，罐门处无横向或竖向启闭的安全栅栏门，尽管设有三根可随时挂取、起拦护作用的罐门安全拦护铁链。但一是铁链的挠度大、稳固性差，不便于快速、安全钩挂操作。二是链头钩无"钩"，为插销状，插挂深度浅，不稳固，受力后易于钩挂孔处自行脱出。

（2）间接原因。

1）安全培训教育不扎实，针对性不强，以致少数岗位作业人员安全意识淡薄，"安全第一"的思想松懈。

2）信号（拥罐）工应负责罐门安全关闭、检查职责。但事故当班井底信号工在下一班信号工未到现场接班的情况下，自发信号提前乘罐升井，并于罐内指挥同乘一趟罐的非信号（拥罐）岗位人员钩挂罐门安全拦护链。而且，发现同罐人员在罐笼运行过程中于罐门处违章冒险从事危险操作时制止不力而终致事故发生。

6.6.12　大冶市金山店镇朱家山铁矿"2.28"高处坠落事故

6.6.12.1　事故概况

2009 年 2 月 28 日上午，朱家山铁矿留矿人员陈某（正常生产期间的井下出矿承包人）、冯某（正常生产期间为出碴工）两人负责从事有关排水工作。排水作业时间一般为每日 8 时 ~ 16 时。

陈某例行安排冯某到主井（该矿习惯称该井为"二井"）井下 - 45 米水平井底处排水，自己则留在地表坑底井口水平负责向坑外转排水工作。

9 时以后，陈某、冯某两人一同到达井口，由绞车工黄某司开绞车，冯某一人乘罐笼入井。

16 时，黄某听到由井下发送上来的 4 下信号铃声（该矿规定 4 下铃声为表示井底乘人罐笼上提），约等了一分钟左右即起动绞车提罐。当罐笼提升至井口位置时，发现罐笼内无人，当即告知胡某（安全副矿长，当日矿值班负责人）、陈某。胡某、陈某两人当时正在井口附近，曾听到冯某于井下向井口发送的起罐信号铃声，当罐笼提升至井口时，也同时发现罐笼内无人。于是，两人赶紧上前察看，只见罐门左右两侧起拦护作用的两条铁链均未按正常要求予以钩挂。胡某、陈某两人见冯某既未乘罐升井，又没有发送信号要罐，即意识到冯某可能已出事，于是赶紧乘罐入井寻找，并事先告诉黄某不要将罐笼放到底、保持乘人层罐底高于正常井底悬停高度 1 米左右即可。当胡某、陈某两人到达井底时，见冯某躺卧于井底水窝处。于是，二人将其送往黄石市五医院救治。16 时 50 分，冯某被送达医院。由于其伤势过重抢救无效，于当日 18 时 20 分死亡。

6.6.12.2　事故原因

具体原因：

（1）直接原因。作业人员安全意识不强，个人自我安全防护能力差，麻痹大意，违章冒险乘罐（上罐后不钩挂罐门安全拦护链），是造成事故发生的直接原因。

（2）间接原因。

1）设备存在缺陷。该乘人罐笼为自制（非正规厂家生产的标准产品）简易设备，一是罐笼底进深尺寸过小（窄），仅可容两人并排站立，且由于空间狭小，乘罐人员的身体和双脚均极靠近罐门。二是尽管罐门处设有两根可随时挂取、起拦护作用的罐门拦护铁链，但铁链的挠度大、稳定性差。由于其本质安全拦护性能差，在个别人员因怕麻烦而不钩挂罐门链、违章冒险乘罐的情况下，极易发生类似坠落事故。

2）安全培训教育不扎实。由于长期停产放假期间生产安全培训教育工作脱节，以致少数岗位作业人员安全意识淡薄，"安全第一"的思想松懈，是导致事故发生的重要间接原因。

3）现场安全管理不严、不到位。该矿自 2008 年 12 月 28 日停产以后，包括提升绞车、水泵岗位在内，每天仅一班、3 人上岗值班作业，因而放松了现场安全管理。对个别员工有章不循、违章冒险乘罐的行为、现象未能及时予以发现和制止，以致我行我素，习惯性违章行为时有发生。现场安全管理松懈，也是导致事故发生的主要间接原因之一。

6.6.13 阳新县马家垴铜矿 "10.9" 高处坠落事故

6.6.13.1 事故概况

2008 年 10 月 9 日，马家垴铜矿老竖井风钻班风钻工冯某本应上零点班（夜班，也即当日的第一班），因前一日晚上睡觉睡过了头而改上早班。

9 日上午 8 时，夜班与早班交接班时，由分管生产、安全的副矿长田某于地面对当日早班下井人员进行具体分工，其中安排老竖井风钻班班长梁某到 - 100 米水平采场从事 "改炮"（将大块矿石改爆为小块）钻眼作业；另安排风钻工金某、冯某两人到溜矿天井的 6 号探矿平巷打眼（放炮）扩帮，将现有的小断面巷道扩、刷至设计高度和宽度。

田某布置完工作并强调了一般性安全注意事项后，当班井下带班主任李某、跟班安全员肖某又分别对各作业点的工作内容及有关安全注意事项予以进一步的详细安排与交代，然后井下各岗位作业人员先后乘罐入井。

李某、肖某两人入井后至事故发生时，一直在 - 100 米水平采场安排、督促 "改炮"、出矿以及有关电钳工的安装整改工作。

金某、冯某两人班前接受工作任务后，于地面领取当班应用的爆破材料并携带有关工具等，于 8 时 20 分乘罐入井。经 - 50 米中段平巷到达溜矿天井井口处后，金某、冯某两人均在未系安全带的情况下，将安全带一端缠绕固定于井口辘铲、另一端向下垂吊的保险绳系于腰上，先后经悬挂于天井井壁的铁爬梯下至6号探矿平巷。在该巷道较靠里位置休息了一会后，即开始从事打眼前的风、水管道检查、联接等有关准备工作。

因上一班扩帮放炮后的渣未出完，妨碍布眼、打眼作业，于是金某等两人做完有关准备工作后，于9时30分开始扒渣，即将堆积于巷口以里1~3米处巷底的石渣由内向外直接向后扒入溜矿天井内。由于该处巷道较窄只能由一人操作，故金某、冯某两人相互替换扒渣。当冯某第二次接替金某扒渣操作约10分钟后，突然失足坠入溜矿天井井底。

事故发生时为2008年10月9日10时。

事故发生时，除冯某外仅金某一人在场。其时，金某正站立于冯某前方约2米处。当听到冯某"啊！"的一声大喊时，在尚来不及采取任何援救措施的情况下，冯某即已坠入溜矿天井-100米水平井底。由于溜矿天井6号探矿平巷巷口以下部分的铁挂梯此前已被拆除，金某在无法就近到井底施救的情况下，只好急忙经溜矿天井向上攀爬铁梯至-50米中段、经-50米中段平巷至老竖井中段井口乘罐笼赶往-100米水平井底。

当时，正在-100米水平井底附近从事有关工作的电钳工金某听说发生事故后，当即利用该处井下电话向地面报告事故情况。金某则沿-100米水平大巷向里赶到采场向梁某、肖某等人报告事故情况。当时，在场的当班值班主任李某听后，立即带领安全员肖某、风钻班班长梁某以及出渣工刘某等4人迅速赶往溜矿天井底处。只见冯某呈头下、脚上状躺卧于井底矿渣堆上。当在场施救人员将冯某扶抱起来时，见其血流满面，似乎仍有微弱脉跳征象。当10时30分，当冯某被从井下护送至地面井口时，发现其已死亡。

6.6.13.2 事故原因

具体原因：

（1）直接原因。风钻工冯某安全意识不足、个人自我安全防患能力差。当其在6号探矿平巷巷口处从事扒渣作业时，明知作业点后方不到1米处即为近垂直90°的溜矿天井井壁边沿、且无任何安全拦护设施，但仍麻痹大意、冒险作业。由于巷口与溜矿天井井壁交接的边沿处有一定的反向倾斜坡度、且无足够亮度的照明设施，而冯某在扒渣作业向后移退时，双脚站踏位置过于靠近井壁边缘、距离把握不准。而站在一旁不远处的金某也由于麻痹大意而未予及时提醒和制止。当冯某双足踩踏于井壁边沿处巷底较松散、湿滑的岩渣表面时，因足底岩渣突然坍移、滑动而致其身体失衡坠落入井底重伤死亡。

（2）间接原因。

1）作业环境的不安全。6号探矿平巷（包括其他各探矿平巷）巷口开掘于近垂直90°的溜矿天井井壁处，探矿平巷巷口处不但无任何安全拦护设施，也无扶手等抓扶物,施工作业人员即使身系有安全带时也无处钩挂。探矿平巷巷口以下的天井井筒内也未装设根据需要可随时开、闭的临时性防坠安全网栅,且无足够亮度的照明设施,一旦作业人员于平巷口处踩踏失稳时,必然坠入井底。是造成事故发生的主要间接原因。

2) 安全培训教育不到位。经查,该矿主要生产安全管理人员均无相应的生产安全管理资质,无任何安全培训教育记录。由于长期以来未集中组织员工开展相关的生产安全培训学习活动,新工人进矿后未经相应的安全培训即安排入井作业等,致使部分生产安全管理人员缺乏应有的生产安全管理知识,违章指挥工人冒险作业。多数生产岗位作业人员安全意识淡薄,个人自我安全防护能力差,长期存在麻痹侥幸心理,违章、冒险作业习以为常,是导致事故发生的重要间接原因。

3) 生产安全管理松懈,现场安全督管不力、不到位。事故发生当班的两名井下生产安全跟班管理人员,入井后长时间待在 -100 米水平的个别作业地点。进班后至发生事故时的近 2 个小时期间内,未至通行不便、须攀爬垂直脚梯下、上的 6 号探矿平巷扩帮作业点处督查、指导有关安全工作。由于现场安全监管不到位,致对处于危险作业地点作业人员的麻痹大意、冒险作业行为未能得到及时、有效的提醒、纠正和制止,是导致此次事故发生的另一重要间接原因。

4) 安全生产技术力量薄弱,安全技术管理措施不到位。该矿无专职工程技术管理人员,无专项天井行人管理制度,无专项天井井筒内安全设施配置规定与要求,无专项天井防坠安全技术措施,于环境安全系数较低的溜矿天井井筒内横向开掘平巷时无专项掘进安全作业规程以及现有的有关生产安全管理规章制度不全面、不具体等,致使现场生产安全管理人员和生产作业人员无规可依、无章可循,是导致事故发生的其他间接原因。

6.6.14 中冶集团华冶资源有限公司第一分公司铜绿山矿 "3.20" 高处坠落事故

6.6.14.1 事故概况

铜绿山矿乔某原为出渣工,根据工作需要,前不久经项目部临时安排其任水泵工,到盲主井 -725 米中段临时转排水点处值班,主要负责安装于该处转排水潜水泵间断性的排水开、停操作。

2008 年 3 月 20 日,乔某按照自己的正常班次(由于为固定岗位不需每班另行安排)于 7 时 30 分乘主井罐笼入井至 -365 米水平,再经一段平巷后到达 -365 米盲主井井口处,与该处把井信号工说明自己要到 -725 米中段的排水岗位后即上至已悬挂于井口处的空吊罐。井口信号工根据乔某所要到达的地点,即向绞车司机岗位发送开车下放吊罐信号(至 -725 米中段停罐),绞车司机接到开车信号后,即启动绞车下放吊罐,约 2 分钟后绞车深度指示盘上显示该趟吊罐

已到达 −725 米中段时，绞车司机即操控绞车断电停车，等待乔某下罐后于该处向井口发送吊罐上行（或下行）信号。

2008 年 3 月 19 日夜班，项目部井队长李某带领 6 名作业人员至盲主井井底施工现场从事出渣作业，（其中 −785 米吊盘处安排一人值班，负责有关操作、联系工作）。至 20 日 7 时 50 分，井底仍有不少渣尚未出完，故出渣作业须继续进行。当吊罐装满渣后，即向井口发送提升信号，井底作业人员则各自撤至井底周边靠井壁安全处站立（以防吊盘吊罐通行孔处掉物伤人）等待。当空吊罐下放运行约 2 分钟后，突然发现有一人由井筒上部掉入井底俯伏于井底的渣面上。

6.6.14.2　事故原因

具体原因：

（1）直接原因。由于乔某安全意识淡薄，个人安全防护意识差、麻痹大意，下罐前在未将安全带挂钩移挂于安全防护栏上时，即爬站于罐口处违章、冒险向井沿平台处跨越。在其跨越过程中，由于吊罐的摆动致其一脚踏空、或因于井沿处站立不稳致身体失衡向后仰退时突然失足坠入井底。

（2）间接原因。

1）安装于马头门内井沿平台处上、下罐人员通行出口两侧的安全防护栏距井沿较远（吊罐悬停时，罐口边沿距护栏约 1.0 米）。当吊罐悬停位置偏下时，因吊罐与护栏及左侧下罐扶手环距离过远，不便于下罐人员转移、钩挂安全带挂钩，致使个别员工因怕麻烦、偷图简便而在不移挂安全带的情况下冒险跨越下罐；安全护栏设计、安装位置的不合理，是导致此次事故发生的主要间接原因。

2）安全培训教育工作没有落到实处，部分井下生产作业人员安全意识不强。特别是在单人作业、缺少现场安全监督的情况下，心存侥幸、思想麻痹、冒险作业、习惯性违章等现象得不到及时、有效的制止，是造成事故发生的另一间接原因。

6.6.15　辽宁鑫兴矿业有限公司坠罐事故

6.6.15.1　事故概况

2014 年 4 月 24 日 17 时左右，辽宁鑫兴矿业有限公司七号脉采区发生坠罐事故，造成 3 人死亡。该公司位于朝阳市喀左县中三家镇，开采方式为地下开采，现开采七号脉七号矿体（铁矿）。事故矿井深 400 米，井底水窝深 12 米。4 月 24 日 12 时，该公司排水工发现井底水泵不上水，立即通知维修工下井检修。经维修工检查确认水泵损坏需要更换，6 名维修工准备水泵和材料后，一起到井下更换水泵。17 时左右，更换完水泵，6 人乘罐升井。当罐笼升起 3 米时，突然坠落于井底水窝。其中，3 人从罐中爬出获救，另外 3 人失踪。经紧急抢险救援，于 4 月 25 日 8 时找到 3 名失踪人员，但均已遇难。

6.6.15.2　事故原因

事故的原因是：公司管理不到位，对员工培训不足，工人违规开启离合器调绳，超限下移过卷保护装置引发罐笼坠落。

6.7　爆炸事故

6.7.1　山西省繁峙县义兴寨金矿区"6.22"特别重大爆炸事故

6.7.1.1　事故概况

2002 年 6 月 22 日 9 时，义兴寨金矿区 33 个非法探矿井之一的王全全井从繁峙县民爆公司砂河炸药库一次性购买岩石乳化炸药 150 箱，共计 3.6 吨。并将其中的 93 箱炸药存放在副井一部平巷炸药库，并违反规定将其余炸药放到二部、三部平巷。13 时 30 分，矿井二部平巷绞车工座位的编织袋等物着火，引燃巷道内敷设的电缆、棚木支护、聚乙烯管及巷道内堆放的炸药。火势迅速向盲一立井、一部平巷、地面副井蔓延，并将井下炸药库的木门引燃导致库内炸药燃烧并发生爆炸。炸药燃烧和爆炸产生的大量可燃性气体，在爆炸冲击波的作用下经一部平巷向盲一立井下方运动，在盲一立井内与下部进风流混合，达到气体爆轰浓度，引发强烈的气体爆轰。燃烧、爆炸产生的大量一氧化碳等有毒有害气体致使 38 名矿工中毒窒息死亡。

6.7.1.2　事故原因

具体原因：

（1）直接原因。井下工人违章将照明用的多个白炽灯泡集中取暖长达 18 个小时，使易燃的编织袋等物品局部升温过热。灯泡炸裂引起着火，并引燃井下大量使用的编织袋及聚乙烯管，火势迅速蔓延，引起其他巷道和井下炸药库的燃烧，进而引起炸药和气体爆炸（轰），导致事故发生。

（2）间接原因。

1）在井下着火长达 1 小时的情况下，矿主没有采取任何措施组织井下作业人员撤离，而是让作业人员继续在井下作业，致使爆炸后大量井下作业人员在无任何自救器具的条件下，中毒窒息死亡。事发后，又没有制止井上人员在无任何救护设备的条件下，盲目下井抢救造成中毒窒息死亡，使死亡人数增加。

2）矿井爆炸物品管理混乱，没有任何储存、发放、使用等规章制度。违反规定将大量的雷管、导火索、炸药存放于井下硐室、巷道，造成发生火灾后引起炸药爆炸事故。

6.7.2　河北钢铁集团矿业有限公司石人沟铁矿"7.11"重大爆炸事故

6.7.2.1　事故概况

2009 年 7 月 11 日 9 时 30 分，唐山安和保安民爆服务公司钢城民爆服务大队石人沟铁矿民爆服务中队配送 2 号岩石粉状乳化炸药、导爆管雷管至河北钢铁集团矿业有限公司石人沟铁矿斜井井口。在石人沟铁矿承包采掘工程施工的温州通业建设工程有限公司、温州矿山井巷工程公司共领取14箱炸药运至石人沟铁矿斜井井底车场。其中，5箱被领走，剩余9箱堆放在斜井井底车场。10时10分，温州通业建设工程公司施工队爆破工领取导爆管雷管600发，在地面撕下塑料包装，并用软绳通过导爆管内圈将导爆管雷管捆绑在一起背在后背上，徒步经斜井人行道由地表送至躲避硐室分发。10时25分，井底车场躲避硐室发生爆炸，造成16人死亡、6人受伤，直接经济损失约1000万元。

6.7.2.2　事故原因

具体原因：

（1）直接原因。导爆管雷管在裸露运送途中造成导爆管破损，破损的导爆管雷管在无防爆设施的躲避硐室内发放，遇到漏电产生的电火花引发导爆管雷管爆炸，继而引发炸药爆炸。

（2）间接原因。

1）违反《爆破安全规程》有关规定，将爆破器材发放地点选择在斜井井底车场躲避硐室处；爆破器材运送、分发过程中，存在导爆管雷管裸露运送，炸药、导爆管雷管混放、混发现象。

2）爆破器材发放地点的照明电缆、照明灯具、空气开关、拉线开关、电压等级等不符合《爆破安全规程》的有关规定。

3）未制定爆炸物品分发、使用的协调、管理、检查制度。

4）石人沟铁矿民爆服务中队各项规章制度落实不到位，管理混乱，未能及时发现温州通业建设工程有限公司施工队伍在不符合《爆破安全规程》要求的发放地点发放爆炸物品这一重大安全隐患，继续向施工队供应爆炸物品。石人沟铁矿爆破单位作业许可证已经过期，仍然向其供应爆炸物品。温州通业建设工程有限公司施工队爆破工王某运送导爆管雷管方式违反了《爆破安全规程》，井口石人沟铁矿民爆服务中队安检人员未予制止。石人沟铁矿民爆服务中队共有58名涉爆人员，应全部持证上岗，实际仅有7人持证上岗。

6.7.3　陕西省潼关中金黄金矿业李家金矿"10.2"重大伤亡事故

6.7.3.1　事故概况

2005年10月2日上午9时40分，潼关中金黄金矿业公司李家金矿井下1803坑口正在进行巷道掘进作业，井下共有5人，其中4名操作工、1名爆破工。当爆破工装药完毕，离开现场将剩余爆破器材归库时，4名操作工中的3人擅自点炮，致使2人当场死亡，后1人因伤势过重抢救无效死亡。事故共造成3人死亡、1人受伤、直接经济损失50万元。

6.7.3.2　事故原因

具体原因：

（1）直接原因。作业人员严重违反安全生产有关规定，擅自进行爆破作业造成的责任事故。

（2）间接原因。

1）矿业公司外包项目部对作业人员的安全生产管理和培训教育不够，安全操作规程制定不详细，作业人员无证上岗、违章操作。

2）矿业公司对外包项目部安全生产管理不到位，安全生产措施制定不严格，安全员未能认真履行职责，监管检查工作有漏洞。尤其是对从业人员的安全培训教育不到位，对从业人员无证上岗、违章操作现象熟视无睹。

3）矿业公司对所属李家金矿安全生产监督管理工作不到位。

6.7.4 大冶有色金属公司赤马山铜矿巷道爆破死亡事故

6.7.4.1 事故概况

1980 年 10 月 17 日 19 时，大冶有色金属公司赤马山铜矿风钻工张某单独一人在 -109 米凿岩坑道打眼，邻近的 2 号人行通风小井在 -108 米标高的工作面已打完炮眼正在作放炮准备。按规定，在放炮前爆破工通知了张某避炮。张某不愿停机避炮。爆破工只好叮嘱他要注意安全，于是开始点炮。次日早班，支柱工到 2 号人行通风井架设梯子时，发现小井平台上方一侧有穿孔透亮，便顺着穿孔进入 -109 米凿岩坑道，发现张某倒在中深孔凿岩机架巷道一侧，已经死亡。

6.7.4.2 事故原因

具体原因：

（1）直接原因。邻近贯穿的巷道爆破作业致对方死亡。

（2）间接原因。

1）相关技术文件失误，在确定从 -125 ~ -100 米的通风小井位置时，设计人员把天井与 -109 米水平凿岩巷道之邻近端保持 2.2 米的间距，认为不会穿透，实际上仅有 1 米间距。设计人员在作图前没有认真进行坐标计算，确定小井位置时，也没有将小井与邻近井巷作投影复合，以致在施工图上忽略了安全措施，造成这起严重事故。

2）坑口领导抓安全教育不够，执行安全制度不严。按规定，爆破时相邻工作面的人员必须撤至安全地点后才准起爆，这次死者不听通知避炮，爆破工照常起爆，引发了这次事故。

6.7.5 广西某硫铁矿残炮隐患未清钻工违章操作引爆事故

6.7.5.1 事故概况

1999 年 4 月 23 日 13 时 20 分，某硫铁矿罗某、朱某、赵某 3 名钻工正把钻机对向 5 号工作面中间打第一掏槽眼。刚开机约 2 分钟，发现有矿渣卡住钻头，钻杆旋转不正常。当时，3 人都认为矿渣卡住钻头是常有的事，没有一人料到炮位含有残余药包。这样，罗某便指派另 1 名副钻工朱某到 6 号工作面拿排渣钩来协助罗某排除卡住钻头的矿渣。罗某没有等到朱某拿排渣钩处理，便同另 1 名副钻工赵某继续开机打钻。结果，瞬间钻机气腿突然摇摆移动，钻杆与钻头方向角度失控，不慎滑到残余的药包处，引起爆炸。造成 1 人死亡，1 人重伤。

6.7.5.2 事故原因

具体原因：

（1）直接原因。在打钻过程中，当发现有矿渣卡住钻头时，主钻工罗某在尚未处理好炮眼口情况下，急于与另 1 名副钻工继续开机打钻。由于钻头被矿渣严重卡住，钻杆旋转不好，罗某便左右摇摆钻机。结果，钻机气腿突然移动，钻头与钻杆方向角度失控不慎滑到残眼处，引起残炮爆炸。

（2）间接原因。

1）罗某等 3 人在打钻时的前一排炮是在当天 9 时整进行爆破的。按规定，爆破后需用排烟时间约 30 分钟才能进行出矿。当班的 9 名工人要排完那排炮的矿量需用大约 5 ~ 6 个小时才能完成。罗某需打的第二排炮应是在当天 15 时左右才能进行。当时，正值旱季，水源短缺，各队需要打钻的用水十分紧张。在这样的情况下，罗某便匆匆忙忙同 2 名副钻工在 13 时 20 分左右到工作面打第二排炮，在工作面未排完矿烟和炮位没有清理的情况下，就开机操作。

2）没有制定相应的安全操作规程。该公司建矿 20 多年来，从未发生过这样类似残眼爆炸事故，放松了关于导致残药爆炸的警惕性，在工作面没有检查、残炮处理好的情况下进行打眼。

6.7.6 上海梅山矿业有限公司 "6.18" 爆炸事故

6.7.6.1 事故概况

2007 年 6 月 18 日，上海梅山矿业有限公司采矿场采准车间台车一班爆破工陈某（副班长）、徐某、杨某和朱某等人根据当班工作安排，要对 -303 米水平 5 联南正巷 5 联北 14 号、15 号、21 号东和 16 号、20 号、21 号西掘进工作面进行掘进爆破和巷道处理爆破。

上午 9 时，副班长陈某主持召开班前会布置当班工作任务，交代安全注意事项，会后分别下井。杨某与朱某前往 -330 米水平炸药库领取并加工当班火工材料，陈某与徐某到 -303 米水平 5 联作业区对巷道顶、帮进行执行撬查。

中午，4 人分别将火工材料运至 -303 米水平 5 联各施爆作业面。根据陈某的工作安排，杨某和朱某一组负责对 5 联南正巷及北 14 号东巷装药和连线；陈某和徐某从北 21 号东、西巷向 20 号、16 号西进行装药和连线。陈某完成工作后又与杨某将 15 号东巷装好药，朱某进行连线。约 15 时 30 分，7 个掘进工作面都装好药、连好线后，徐某一人先行上井，其余 3 人回到北 22 号巷斜坡道口避炮处休息，等待放炮时间（统一放炮时间规定为 16 时 30 分）。等炮期间，陈某安排监炮人将炸药包带上井。由于陈某的镀灯亮度不足，便担任警戒任务，并交代杨某与朱某两人，从南到北由两人依次交替点火和监护。朱某提出他点南正巷和 14 号，杨某点 15 号、16 号，杨某表示同意。16 时 30 分，两人进入作业区域后，朱某从南正巷开始点火，点好南正巷出来又点 14 号东；杨某则一直站在 14 号巷口附近监护。当看见朱某点好 14 号转身出来后，杨某便进入 15 号东巷，朱某在 5—5 溜井处监护。在与朱某监护应答后开始点火，杨某点好后便前往 16 号西巷。当点完 16 号西巷出来时，杨某没有看见朱某，就喊了朱某，听到回答并看见 14 号处有灯光闪动，于是杨某往 20 号巷边走边喊，朱某仍答应：“出来了，出来了，去点 20 号”。杨某准备去 20 号点火，当约走到 18 号处时，遇到闻声进来的陈某两人就一块喊：朱某出来，快点！仍听见朱某应答并看见灯光。这时，陈某想进去看，但被杨某制止。呼喊约 1 分钟后，朱某始终没有出来，接着炮响了。等 4 个工作面都响完后，两人进去发现炮烟太大，又撤了出来。陈某立即打电话给场调度告诉出事了，杨某则跑到 −288 米水平找到杨某平来帮忙。等炮烟稍散后，3 人进入巷道，见朱某卧倒在北 14 号东巷道内（头朝南、脚朝北、面朝下），背部有起伏，身边放着炸药包、炮棍和扒子。便找来一块木板（长约 2 米，宽约 0.4 米）将朱某放在木板上抬出，并送往上海梅山第二医院抢救。但由于伤势过重，经抢救无效，于 19 日 4 时 30 分死亡。

6.7.6.2 事故原因

具体原因：

（1）直接原因。爆破工朱某在放炮点火担任监护过程中，违反相关管理规定，受爆破冲击和飞石伤害导致颅脑损伤合并闭合性胸腹部损伤而死亡，这是造成事故的直接原因。

（2）间接原因。

1）爆破工朱某没有严格执行《掘进爆破作业指导书》工作流程图的要求，没有严格按照点火与监护“双人”互保的要求，在杨某点 16 号西巷时，擅离监护岗位，返回已经点火的巷道（北 14 号东巷）拿取爆破工具，是造成这起事故的主要原因。

2）爆破工杨某没有严格执行《掘进爆破作业指导书》工作流程图的要求，没有严格按照点火与监护“双人”互保的要求，在监护朱某点火时，对 14 号东巷道内的装药包、炮棍等物未提出带走的提示，是造成这起事故的重要原因。

3）副班长陈某对工作布置不严格。在 15 时 30 分装药结束休息期间得知装药包未拿出，只是随意听从朱某意见，没有严格要求将现场清理完毕后再点火，也是造成这起事故的重要原因。

4）采准车间对班组劳动组织管理不严，对随意进班现象制止不力，专项教育形式单一，在执行上缺乏督促，致使职工未按规程、制度、作业标准操作。采矿场在安全教育管理上不严谨，对职工执行规章制度缺少检查与监督，是造成这起事故的管理原因。

5）矿业公司在发动"全贯学规程"、执行标准化作业工作上缺乏力度，对基层单位劳动纪律检查不细，也是造成这起事故的管理原因。

6.7.7 大冶市大箕铺曹家塬面前山硅灰石矿"3.31"放炮事故

6.7.7.1 事故概况

2008 年 3 月 30 日 14 时以后，按照正常作业安排，面前山硅灰石矿凿岩工兼爆破员曹某（矿长曹某之四弟，持有爆破员操作证）带领另一凿岩工赵某（其职责是作为曹某的助手，配合打眼、装药等项操作）经过两道铁挂梯下到该矿二层竖井延深段掘进工作面从事打眼作业。当班由曹某主操作、赵某配合操作打眼，至 31 日 1 时 30 分左右共打了 28 个炮眼，眼深均在 1 米以上。

打眼工作结束后，两人将打眼的风钻及风、水软管等设备、工具经由井沿向下垂挂的铁挂梯收、提至井口以上的二层采场的平场处存放好，再经第一道铁挂梯上至第一层平巷、出矿井平硐口。然后，曹某打电话与镇安委办派驻该矿的民爆物品安全员曹某平（家住曹家塬本村，距矿井口办公室约 200 米）联系，要求领取炸药准备放炮。民爆物品安全员曹某平接到曹某的电话后，迅速到矿。此时，安全矿长兼民爆物品保管员曹某（曹某之二弟）也随后到矿。根据井下已打炮眼的数量，由曹某二弟发放，曹某领取了一包（每包 24 千克）总共约 30 千克炸药及 28 根导爆管、一根约 1.4 米长的导火索和一枚纸火雷管，随同安全员曹某平、赵某一道入井。

3 人带着所领爆破材料经第一道铁挂梯到达二层平巷、竖井口后，曹某平作为民爆物品安全员，站在井沿上方（二层采场平巷处）一旁监督凿岩工曹某等二人装药操作，但未下到井底。赵某作为爆破员曹某的助手则下至井底配合曹某从事装药、联炮操作。当 28 个炮眼的炸药及导爆管基本装联好后，曹某平见装药联炮工作已完毕，即先行离开井口经第一道铁挂梯上到第一水平、出井。

各项准备工作做好后，曹某将 28 个炮的导爆管端头牵到一起、联绑到一个火雷管（应由火雷管引爆导爆管、导爆管起爆各炮眼内的炸药）上。在准备点火前，曹某叫赵某先爬挂梯上到二层采场中间平巷去避炮。当赵某经挂梯向上爬行至井筒中间位置时，曹某即将装配有雷管的导火索点燃，随即紧跟赵某之后由挂梯向上攀爬。当曹某沿挂梯向上爬升至距井沿约 3 米时。此时，已上至井沿、正准备出井口的赵某突然失足从挂梯上摔下。在其向下坠落时，将位于其下方的曹某同时砸坠于井底。曹某坠落井底时，右脚被扭伤，但仍清醒，知道已点火的炮很快就要起爆，忍痛爬起来并大声叫喊赵某。但赵某由于摔跌较重已不能行动。于是，曹某急忙沿着挂梯重新向上攀爬，待其爬出井沿到达二层采场平巷处后，见赵某仍在井底原地未动，就大声喊叫他赶快将装有雷管正在燃烧的导火索扯掉，但赵某没有应声。几秒钟后，井底的 28 个炮一齐起爆炸响。

事故发生时为 2008 年 3 月 31 日 3 时。事故发生时，先行离开现场的曹某刚进入地面井口棚。

井底炮响后，曹某知道已造成恶果，即赶紧出井打电话向其大哥、矿长曹某汇报事故情况。曹矿长立即带领曹某等共 6 人赶往井下现场察看情况。由于当时炮烟尚未完全冲淡散开，曹某等人站在竖井井沿处朝下看时什么也看不到，其中有人大声喊叫赵某的小名，但也无人答应。待炮烟散尽后虽能看到井底爆渣表面情况，但仍见不到赵某其人。于是，曹矿长当即现场决定组织本矿出渣班人员入井扒渣施救。在将竖井底部分爆渣扒装运出后，至当日 15 时左右才将赵某找到，但人已死亡。

6.7.7.2　事故原因

具体原因：

（1）直接原因。爆破员曹某安全意识淡薄、麻痹大意。在放炮现场其他作业人员未撤离至放炮安全地点时即开始点火起爆，是造成事故发生的直接原因。

（2）间接原因。

1）起爆工艺、方法不当。该矿制订的《爆破工安全操作规程》"装药与点火爆破"项 13 条第④款规定："竖井、斜井和吊罐天井工作面爆破时，禁止采用明火爆破"（其原因是点炮人员撤离速度受限制易发生危险，而该矿自生产安全管理人员至爆破操作人员可能均不明了此条规定的内涵），但该矿竖井掘进施工时仍长期采用人工明火点炮的方法起爆，对此种放炮操作工艺所存在的极不安全性未能认识。由于长期违章冒险操作并习以为常，终致事故发生。

2）现场安全管理松懈，安全督管不细，不到位。民爆物品安全员为当班爆破作业现场安全督管人员，但在爆破作业点非点火起爆作业人员尚未撤离至安全避炮地点的情况下即先行离开爆破作业点。现场安全管理人员未能及时有效的督导爆破作业人员按正常程序安全操作，是导致事故发生的另一间接原因。

3）现场作业人员遇特殊情况时经验不足，心理素质差。事故发生前，赵某与曹某两人几乎同时坠落井底。但由于赵某坠落高度相对较大，因伤情较重而无法行动，而曹某虽右脚扭伤，但尚可勉强行动。在此种突发危险状态下，一时慌张，未能考虑到及时、随手将装配有雷管的导火索从导爆管上拔除。待其爬上井口后才意识到拔除已点燃的导火索后可中止起爆，但为时已晚。

4）作业时间过长（事故当班赵某等两人连续工作时间长达 11 小时）致使作业人员体力消耗大、精神状态差。由于疲劳所致，造成赵某攀爬铁挂梯时因手足无力，以及铁挂梯的顶端伸出井沿以上部分高度不够、抓扶难以受力而摔坠，也是造成事故发生的间接原因之一。

6.8 车辆伤害事故

6.8.1 河北樱花矿业有限公司"6.20"车辆伤害事故

6.8.1.1 事故概况

2013 年 6 月 20 日零时，河北樱花矿业有限公司出矿班班长安某召开由 14 人参加的班前会，安排布置本班工作。该班负责从 -125 米水平至 -25 米水平提升、运输和出渣作业，朱某、陈某和陈某仁 3 人在 -125 米水平 809 穿脉进行出渣作业，朱某和陈某负责在出矿口装车出渣（两个出矿口相距约 10 米），陈某仁负责用电机车（电机车型号为 ZK1.5-6/250-1，每次挂 6 节矿车）将主运输大巷内的空矿车拉到 809 穿脉工作面，将装满的重矿车推送回主运输大巷。7 时 30 分，809 穿脉的矿车即将装完，电机车没有与矿车用挂链链接。因主运输大巷有三节重矿车脱轨，导致 809 穿脉的矿车无法正常运输。于是，陈某和陈某仁到主运输大巷帮忙处置脱轨的重矿车，朱某留在作业面，继续装车。7 时 40 分，朱某将矿车装满后，见陈某未回，就自己开启电机车，行驶了约 20 米后刹车停下，矿车因惯性继续向前行进。朱某在电机车挡位仍处于行驶挡的状态下，一手拉着导电弓子拉绳，从电机车车头前部下了车。其在准备离开电机车时，松开了导电弓子拉绳，电机车重新恢复电力供应后立即启动，向前行驶。朱某腿部被撞，跌倒在轨道上，电机车将其碾压在下面，后经抢救无效死亡，事故造成一人死亡，直接经济损失 60 万元。

6.8.1.2 事故原因

具体原因：

（1）直接原因。朱某违规操作，擅自启动电机车，因操作失误导致被电机车碾压致死。

（2）间接原因。

1）安全管理不到位。朱某不具备操作电机车资质，违规驾驶电机车作业。河北樱花矿业有限公司管理人员对朱某违章作业未及时发现和有效制止。

2）教育培训不到位。河北樱花矿业有限公司教育培训不到位，导致作业人员安全意识淡薄，对违章作业存在的危险因素认识不足。

3）隐患排查不到位。河北樱花矿业有限公司未按规定对电机车进行检验，电机车车头前部未安装隔离护板，致使电机车存在安全隐患，带病作业。

6.8.2 承德宽丰唐家庄矿业有限公司"7.14"车辆伤害事故

6.8.2.1 事故概况

2013 年 7 月 13 日 19 时，葫芦岛市杨矿矿建工程有限公司装载车司机柏某、运矿车司机马某和关某一起乘罐到董某竖井五中段作业。柏某负责用装载机装料，马某和关某各驾驶一辆运料车来回循环向五中段料仓倒料，每循环一次约20分钟。7月14日凌晨2时，关某运料到料仓时，看到马某驾驶的车在料仓口停着，翻斗支到一半，车厢里还有很多料。关某感觉情况异常，立即停车上前，发现运料车大架子断裂，将驾驶员马某挤在了方向盘上。关某立即向五中段当班领导周某汇报，二人即刻赶往事故现场，发现车体变形，大架子断裂，马某已经昏迷。事故造成1人死亡，直接经济损失100万元。

6.8.2.2 事故原因

具体原因：

（1）直接原因。马某作业前对驾驶的车况检查不彻底，未能查出车辆大架子存在安全隐患就进行驾驶，导致事故发生。

（2）间接原因。

1）企业安全生产管理相关制度未得到有效保障和落实。安全管理人员未能使安全制度得到有效落实，没有充分履行其安全生产职责。

2）对从业人员的安全教育和培训不足，职工安全意识差。

3）施工队现场安全管理人员班前布置安全工作不细，作业人员和管理人员未能及时发现车辆存在的缺陷，危害辨识能力不强。

6.8.3 溆浦县龙王江乡办锑矿 "2.15" 井下运输事故

6.8.3.1 事故概况

龙王江乡办锑矿位于溆浦县城南东方向，属溆浦县龙王江乡江东湾村所辖。距溆浦县城约20千米，离湘黔铁路溆浦站约23千米，到矿部有2千米的简易公路与溆浦—两丫坪公路相连。

2006年，龙王江乡办锑矿九号井春节放假后，于2月13日（正月十六日）逐步恢复开工。2月13日~15日，雷打洞风井这边主要是清理斜井底2号脉沿脉平巷与九号井2号脉沿脉平巷联通处（下山口子处）在假期垮落的矸石。2月15日，工班长荆某安排职工张某，王某、肖某下井，清理联通处巷道的矸石。14时许，张某、王某、肖某3人在装了大半车矸石后，由肖某、张某将矿车推向斜井底。在矿车推至离井底摘挂钩处近10米时，张某对肖某（张的外甥）说："你先回去做事，我一个人就可以了"。肖某看到矿车离挂钩处已很近，张某又说了，便放手往回走了。约过了2~3分钟，肖某突然听到张某大叫了一声，便跑过来，他看到张某头被支撑的横梁（杉木）挡住，矿车撞到了头部左太阳穴，眼、耳、口、鼻都在流血。见此情后，肖某用力将矿车推开，把张某扶出并放在坑道边上斜躺着，随后找人救助，恰巧碰到了两名民工，便叫他们打电铃与上面值班人员联系，要求派人救助。在打了几遍电铃后，见上面没有下来人，肖某便出井报信。

事发几分钟后，地面值班的工班长荆某与肖某赶到出事地点。到了出事地点后，他们看到张某在离井底挂钩处约 5 米远的地方，背靠右帮斜躺，鼻孔还在流血，但已没有了呼吸。按照乡政府领导的意见，矿山通知死者亲属来矿处理善后事宜。在乡政府的协调下，经矿山与死者家属协商，矿山对死者家属一次性赔付 8.6 万元，支付丧葬费、运输费、生活开支 1.02 万元。

6.8.3.2 事故原因

具体原因：

（1）直接原因。

1）忽视安全，违章作业。推车工张某在推车作业中，矿车推至离斜井底只有 10 米远时不减力，仍猛力将车推上斜面，且未及时采用垫轨木阻车，导致矿车后退而发生挤压事故。

2）注意力分散。张某将车推至斜井底部，在巷道规格只有 1.25 米（高）× 1.5 米（宽）的情况下，没有注意顶梁碰头危险，致使后脑碰梁后，左太阳穴撞击矿车。

3）作业环境不良。斜井底部穿脉运输平巷是人员进出和材料、矸石运输的通道，但在近起坡点 10 米的区段，其巷道规格只有 1.5 米×1.5 米，挂钩点处巷道高仅为 1.25 米，在此处通行和作业易发生头部碰梁和挤压事故。

（2）间接原因。

1）现场安全管理不到位。对井底运输平巷近起坡点区段规格过小，巷道底面轨道存在一定的斜度，人员通行及在此推车、挂钩作业，易发生碰头和挤压事故熟视无睹，未采取措施消除事故隐患。

2）职工安全培训教育工作不到位，职工安全知识缺乏。

6.8.4 梅山矿业有限公司"4.12"车辆事故

6.8.4.1 事故概况

2007 年 4 月 12 日，上海梅山矿业有限公司采矿场回采车间出矿七班职工仰某、王某两人根据工作安排上中班。两人于当天 15 时 40 分左右到达车间，17 时 10 分到达该班出矿作业区域 –273 米水平 6 联北（该班次需利用 4-6 溜井，出北5、北 6、北 7 三条进路矿）。在作业现场，两人先对 6 联北 5 西的 5 个物料存放进行了检查确认，接着到 6 联北 5 西设备停机处，持检查确认表对 TORO400E3 号电动铲运机进行确认，确认完后两人对作业面顶、帮进行撬查。在对北 5、北 6、北 7 进行了撬查后，两人认为北 7 的矿石品位较高，不易配矿，而北 5、北 6 进路矿石品位在 40% 左右，决定只出北 5、北 6、进路矿石。同时，发现北 5 进路的大块较多。17 时 30 分左右，王某启动电动铲运机准备出矿，仰某则前往北8 处监护观望。在其运送过程中，当行驶到 6 联联络通道与北 6 西进路拐弯口时，王某感觉铲运机前轮颠了一下，紧接着后轮也颠了一下。王某从驾驶室回头张望，发现铲运机行走过的拐弯处躺了一个人。此时，铲运机铲斗约有前部顶在北6巷道北帮处停下。王某走到近前发现是同班作业人员仰某，被铲运机碾压仰面倒在地上，并已经没有气息。王某立即电话向当班调度员报告事故发生情况。采矿场调度室接报后，立即向场有关领导和科室报告，因当天采矿场安委会成员组织井下安全检查，检查组接报后紧急赶到事故现场，将仰某紧急送至上海梅山第二医院抢救，经医院确认仰某已经死亡。

6.8.4.2 事故原因

具体原因：

（1）直接原因。

1）出矿工王某在驾驶电动铲运机运送大块矿石时，未认真观察，做到精心操作，拐弯半径较小，将出矿工仰某撞倒，是造成这起事故的直接原因。

2）出矿工仰某思想麻痹，违反相关规定，是造成被电动铲运机碾压事故的直接原因之一。

（2）间接原因。

1）现场作业人员执行"区域安全负责制"不到位，缺乏联保、互保安全意识，是造成这起事故的主要原因。

2）回采车间安全教育工作不到位，对作业现场危险源虽然进行了辨识，并制定了车间安全管理规定，但对职工现场遵守情况督促不力，对职工违反安全规程，违反"区域安全负责制"确认程序等行为没有及时发现和纠正，是造成这起事故的管理原因。

3）上海梅山矿业有限公司及其采矿场安全教育和安全管理工作不到位，对职工遵守《安全操作规程》、执行"岗位作业标准"、履行"区域安全负责制"以及对现场安全警示标志管理等工作监管不到位，也是造成这起事矿的管理原因之一。

6.8.5 黄石市鑫马铜业有限责任公司"8.31"车辆伤害事故

6.8.5.1 事故概况

2008年8月31日7时，温州建峰公司井下出渣班到 -325 米中段出渣。班长马某安排马某、马某、姚某同他本人到 -325 米装运渣，马某、刘某到 -300 米中段斜坡道口接放矿车。出渣至9时10分，安全员刘某到斜坡道口叫出渣工作暂停，要运放锚杆及脚手架到 -325 米中段探矿硐室，并安排刘某、马某在 -325 米中段接车卸料。马某等3人在 -300 米中段放了一车锚杆和水泥到 -325 米中段硐室，等卸完后，然后放第二车。因脚手架宽于矿车不好放，改用平板车，脚手架在平板车上捆扎好后，刘某用15.5毫米钢丝绳千斤（俗称绳头）一头系在平板车上，另一头挂在空矿车插销上，通过阻车器，打开安全栏，同空矿车一起推到斜坡道口时，平板车尾部翘起，钢丝绳千斤从空矿车插销上脱落，平板车从斜坡道冲下－325米中段。当时，刘某在－325米中段副穿口联络接车，马某在斜井口坐等接运料车，刘某听到斜井上面响声不正常，边跑边喊马某快跑。刘某跑到副穿口十几米后，听见后面无响动，再回来查看，发现马某已躺在地上，于是向－300米中段喊救人。刘某等人听到喊叫声，立即从斜坡道跑下来，见马某仰卧在地面上，血流满面，不停地抽搐。现场人员将马某送往白沙镇医院抢救，但因其伤势过重抢救无效死亡。

6.8.5.2　事故原因

具体原因：

（1）直接原因。该起死亡事故因刘某违反规程双车下放。马某位于危险地段接车，两人同时违章是造成此次死亡事故的直接原因。

（2）间接原因。

1）巷道设计不规范，矿车、平板车联接方式不合理。

2）职工安全防范意识和岗位责任意识不强。

6.8.6　湖北省鸡笼山金铜矿业有限公司"5.8"车辆伤害事故

6.8.6.1　事故概况

2008年5月8日零点班，采矿车间运输工区运矿班副班长柯某安排工人柯某、柯某两人放矿，刘某监班；蔡某操作牵引前面一台6吨电机车，柯某操作后面一台6吨电机车；马某跟车运矿和负责在翻笼处卸矿。2时30分，运第五趟矿时，马某还在主溜井场道岔口处。因其他运矿机在此会空车过来过道岔时空车掉道，后一部电机车被阻挡不能出来，柯某、蔡某在协同将掉进矿车处理上道时，跟车的马某自行将停在车场的电抗车启动开往井翻笼。正在处理掉道矿车的柯某、蔡某二人见启动开走，便高叫马某停车。由于电机车拖动矿车声响大，马某可能没听见仍继续开车前行。柯某、蔡某二人将掉道矿车处理后，马上开车追赶至－308斜坡道口，看见马某的一趟重车已进翻笼。他们两人到翻笼出口段查看，见马某被电抗车挤压在翻笼之间，头部受创。

副班长柯某立即电话报告总调度室和车间调度室。2时50分，公司总调值班员接到电话后立即与公司应急援办公室主任沈某、安环部部长夏某、采矿车间主任张某、矿山救护队队长吴某报告，并通知启动应急救援预案。3时，指挥和救援人员全部赶赴副井井口。3时30分，现场救援人员将马某救出地面，经医护人员确认，马某已死亡。

6.8.6.2　事故原因

具体原因：

（1）直接原因。该起死亡事故因死者严重违章，在其本身既不具备电机车操作资格，又不熟悉电机车技术性能的情况下，自行单独启动电机车前往主井翻笼，致使连人带车一同冲进翻车机，被翻车机金属结构碰撞挤压造成头部重创死亡。

（2）间接原因。

1）安全监护不到位。蔡某、柯某停车处理空车掉道时，没有按操作规程中之相关规定切断电源、将挡位打到0处并取下钥匙。

2）安全防范意识和岗位责任意识不够深入，不到位。

6.8.7 黄石市金铜硅灰石矿业开发有限责任公司"6.7"车辆伤害事故

6.8.7.1 事故概况

2010年6月7日7时50分，金铜硅灰石矿业开发有限责任公司值班长余某于井口附近安排采矿车间当班井下各作业点的工作任务，并强调了有关安全注意事项。其中，安排采矿车间1号井当班值班长熊某到 - 112米水平开架线电机运磕，同时兼 - 112米水平井底的打点（发送信号）、摘挂钩岗位工作（据采矿车间主任石某介绍，该公司井下未设专职井底打点挂钩工岗位）。

8时左右，熊某带领该班井下各作业岗位人员入井。

当班1号井井下作业人员共15人。其中，- 32米水平运输工（司、押架线电机车，并负责 - 32米水平竖井底发送信号及二层暗斜井 - 32米水平井口摘、挂钩）2人，二层暗斜井上车场绞车工（兼井口信号工）1人，- 112米水平司架线电机车1人（熊某，兼井底信号、摘、挂钩工），615掘进作业面出磕工6人、绞车工1人，209掘进作业面凿岩工2人、绞车工1人，公司井下值班负责人1人（余某）。

余某于8时45分到 - 112米水平运输巷检查时遇熊某，对其交代了有关安全注意事项后，经盲竖井到615掘进作业面检查、督促有关工作。

根据工作分工，熊某当班的正常作业是司架线电机车从 - 112米水平井底车场将空矿车拖运至西部盲竖井井口马头门处（运距约100米），在将该处的重载矿车联挂好后，司架线电机车将重载矿车拖运至 - 112米水平井底车场尾部的调车道处，再反向顶推至井底车场将矿车与电机车摘销分离。如井底提升钢丝绳钩头处联挂有空矿车时，先将空矿车摘钩，然后将第一辆重载矿车与提升钢丝绳钩头插销联挂好，再进入井底躲避硐内向上部 - 32米水平井口绞车岗位发送提升信号。正常情况下，须确认上行矿车已出车口后才能离开井底躲避硐进入井底车场从事其他有关操作，如此循环。

9时左右，- 32米水平暗斜井上车场绞车工洪某已司车提升了3钩、每钩3个重载矿车。在提升第4钩矿车前，洪某于影像监视屏幕上见 - 112米水平井底已到达3辆重载矿车，随之又见熊某将提升钢丝绳绳头鱼尾环联挂于第1

辆矿车上，然后进入井底信号室内。洪某在听到由井底发送上来的两声信号铃音（提升信号）后即开车提升。当该钩重车提升上行至途中时，洪某发现绞车操控台上的电流表指针突然下降，待矿车继续上行至井筒中部 -72 米马头门以上（该处装设有一影像监视探头）时，从影像监视屏幕上发现提升钢丝绳绳头处已只有一辆矿车，洪某意识到已有两辆矿车跑入井底，于是立即刹停绞车，并向 -112 米水平井底重复多次发送三声信号铃（通知井底人员：有空矿车下行）并大声喊叫。

随后，洪某拨打 -112 米水平井底车场处的电话，但该处电话无人接听，即意识到熊某可能已出事，于是再拨打 615 掘进作业面附近的电话。当时，正在该处的余某接听了电话。洪某向其报告说斜井筒内有两个矿车脱钩跑到井底，并说井底车场处可能有人，叫其赶快上来。余某听后，立即带领 615 掘进作业面的 6 名出碴工及一名绞车工共 8 人赶往事故现场。洪某打完事故报告电话后，又赶紧跑到 -32 米水平井底马头门处找人施救，遇该处运输工柯某、明某时告知说："不好了，桶（指矿车）跑下去了"。柯某听后立即沿二层斜井井筒赶往 -112 米水平井底车场。随后，洪某又向地面井口岗位打电话报告事故情况。井口信号工接井下事故报告电话后立即向调度室报告，调度值班人员接到事故报告电话后，立即向该公司有关值班领导报告并拨打"120"急救电话。

余某等人赶达事故现场时，见有两个矿车侧倒于井底车场尾部停置架线电机车前的左侧巷底处，熊某倒卧于矿车旁的巷道左帮水沟边，右腿被撞断，头部有明显伤口、血流满面，但尚有呼吸。于是余某、柯某等人将熊某送往大冶市人民医院抢救，经该院医生检查后，确认熊某已死亡。

6.8.7.2 事故原因

具体原因：

（1）直接原因。井底摘挂钩、信号岗位作业人员安全意识不强，工作马虎、麻痹大意。在未对井底待提升矿车之间的联挂方式是否正确、安全进行检查确认的情况下，盲目发送提升信号。由于被提升 3 辆矿车中的第 1 辆矿车尾部销、环插挂位置不正确而造成脱销，致后两辆矿车脱钩（环）跑入井底。由于该岗位作业人员个人自我安全防护、避险意识差，在斜井提升期间，未进入井底躲避硐躲避而仍逗留于井底车场内。当斜井井筒内的矿车脱钩跑入井底车场时，在来不及避让的情况下被撞、挤重伤致死。

（2）间接原因。

1）安全培训教育不扎实、不全面，致部分岗位作业人员安全意识未得到应有的提高、岗位安全操作技能知识水平差、个人自我安全防护意识不足。

2）岗位安全技术操作规程不全、内容不具体，导致部分岗位作业人员无章可循，盲目、随意操作。

6.8.8　二十三冶集团矿业工程有限公司尖林山项目部 "7.13" 车辆伤害事故

6.8.8.1　事故概况

2009 年 7 月 13 日中班，尖林山项目部运输班共有 10 人（放矿工 3 人、运输工 6 人及组长姜某）出勤，分别在尖林山 – 50 米水平 "岩 4 溜井" 放矿及 – 50 米水平运输巷从事运输工作。

23 时 30 分，电机车司机邱某在 "岩 4 溜井" 放完本班最后一趟矿石后，驾驶电机车将该趟共计 11 辆重载矿车拖运 100 多米到达新开循环运输巷弯道处时，发现尾部的第 10、第 11 两辆矿车掉道，即停车、下车检查。在其一人处理不了的情况下，到 "岩 4 溜井" 找放矿工帮忙处理。由于已接近下班时间，放矿工都已离开，只好打电话给组长姜某，将矿车掉道的情况告知，并问是否可以将掉道矿车留待夜班人员处理。姜某听后，回答让邱某等他一下，他马上过来。邱某回到掉道矿车附近等候姜某时，见施工队爆破工李某下班从此路过，便请李某帮忙复抬矿车。由于第 10 辆掉道矿车处于巷直轨道较直地段，当姜某 10 分钟后来到此处时，邱某、李某两人已利用一小截铁轨顺利地将第 10 辆掉道矿车牵引起复上轨，但第 11 辆掉道矿车处于一个较大的弯道处，无法用同样的方法起复。

姜某来到第 11 辆掉道矿车旁查看情况后，在弯道内侧拿起一根枕木，一端顶住掉道的第 11 辆矿车碰头（位于矿车底座的前、后端，起防撞作用）处，另一端顶在巷底并用手扶住枕木，叫邱某去开车向前牵引。当时，邱某和站在弯道外侧的李某曾分别向姜某提示不能这样顶、很危险。但姜某企图利用电机车的牵引力和枕木的反向顶推力顶抬起满载掉道矿车后再进行复位，于是回答 "不顶住矿车就会翻"，仍叫邱某去开车。当姜某发出开车信号、邱某刚启动电机车前引时，此前已经起复上轨的第 10 辆矿车突然向内弯侧方向倾倒。见此情形，姜某大喊一声 "停"，但已倾倒的矿车瞬间将其挤夹于弯道内侧方向的巷壁处。李某见此情况，立即大喊 "压到人了"。邱某听到李某的叫喊声，迅速离开电机车赶过来，与李某一起用力向外顶推侧翻矿车，想尽快将姜某救出来。但由于矿车过重，二人无力推移，于是迅速打电话向井口调度（谢某接电话）报告事故情况并求救。

邱某打完电话后，立即返回与李某一道卸侧翻并挤压住姜某的第 10 辆矿车里的矿石。此时，上夜班的工人已陆续进来，多人合力将侧翻矿车向弯道外侧方向挪移后，才将姜某救出。邱某、李某一起将姜某抬到电机车上向外运送。姜某因伤势过重抢救无效，于 14 日凌晨 1 时左右死亡。

6.8.8.2　事故原因

具体原因：

（1）直接原因。

1）运输班组长姜某安全意识不强，故障排除处理安全操作经验不足，为图简便，违反该单位《起复掉道安全规定》第 4 条"严禁用钩车和抵车的办法进行起复掉道"及第 6 条"起复掉道时两车之间、车辆两侧、运行前进方向的前方严禁站人"之相关规定，不使用矿车掉道起复器或活动支撑杆等专用工具起复掉道矿车。在采取不当措施起复第 11 辆掉道矿车时，缺乏个人安全自保意识，违章指挥、违章操作，且麻痹大意、站位不当，被倾倒矿车挤压重伤致死，是此次事故发生的直接原因。

2）弯道轨道铺设质量不符合设计要求。弯道外轨加高量过大（大于设计值 38~40 毫米），车辆行驶速度控制不当时易于该处掉道，且由于轨面左右高差、倾角过大时，停置于该处的矿车在牵引作用力方向不当的情况下易侧翻。

（2）间接原因。安全培训教育不全面、不扎实，致个别生产作业人员安全意识未得到应有的提高；个人安全自保、互保意识差；现场故障排除操作知识、经验不足；抵制违章指挥、违章作业缺乏自觉性，隐患判别能力差。

6.8.9 大冶有色金属有限公司铜绿山铜铁矿"2.8"车辆伤害事故

6.8.9.1 事故概况

2009 年 2 月 8 日 7 时 30 分，铜绿山铜铁矿坑采车间党支部书记汪某主持召开早班班前会，布置当班井下采矿班、铲矿班、准备班等作业班组的工作任务。其中，安排准备班先到 7303 采场灌漏斗，再到 7406-4 采场切割巷道处清理巷底淤积泥砂，并重点强调了有关安全注意事项，然后带领当班井下各作业岗人员入井。

当班准备班班长苏某（铲运机操作工）安排该班铲运机操作工纪某协同其完成 7303 采场灌漏斗工作任务后，两人于 10 时一同来到 7406-4 采场的入口切割巷处。由纪某操作电动铲运机，将该处巷底淤积泥砂铲运至 7406-1 采场，苏某则站立于 -365 米 4 号矿体一分段平巷内（距 7406-4 采场切割巷入口约 20 米处，铲运机工作运行路线的中途）的铲运机电源开关旁负责监护。

10 时 30 分，正在 -365 米 4 号矿体一分段平巷内、距 7406-4 采场切割巷巷口约 6~7 米处，进行凿岩准备工作的爆破工周某和同班组的另两名凿岩工，以及刚从其他作业点来到该处不久的坑采车间党支部书记汪某等人，同时听到 7406-4 采场切割巷内传来电动铲运机不正常的撞击声响。周某当即赶往 7406-4 采场切割巷内察看，只听到铲运机的主机仍在继续运转而发出不正常的声音，而未见到铲运机驾驶座上有人操作。再走近察看时，见铲运机的前段铲斗部分已向左扭抵于巷道的左帮，而纪某则被卡夹于铲运机左前轮挡泥板与驾驶座左下侧机体墙板之间。

周某见纪某被铲运机严重卡夹且又无法将其拉出，于是跑到外面的分层平巷处，告诉苏某赶紧关停铲运机电源。苏某听后立即关停铲运机电源开关，与汪某等人先后急忙赶往施救。但见铲运机的两前轮已向左转向至极限位置，铲运机铲斗的左前角紧紧抵靠于巷道的左帮，纪某的身体则呈头朝上、臀部向下、右脚仍挂搁于驾驶座踏板上的侧弯状，被紧紧悬空卡夹于铲运机驾驶座左下侧车体墙板与铲运机左前轮后方的挡泥板之间，根本无法将其拉出。于是，苏某至分段平巷处送上电源后，再返回操作铲运机倒车、并使两前轮向右稍作摆正后，纪某的身体才从被卡夹处松落下来，但此时已无明显生命体征。经医院医护人员检查，确认纪某已死亡。

6.8.9.2 事故原因

具体原因：

（1）直接原因。

1）人的不安全行为。铲运机驾驶操作人员麻痹大意、操作失误。在操控电动铲运机前行准备通过弯道处时未减速行驶，且方向失控，导致铲运机铲斗口右侧边沿突然抵撞于巷道右帮的突出岩壁处。在铲运机触撞巷帮瞬间突然停行时的惯性力作用下，致自己身体突然向左（铲运机前进方向）、下方方向快速摔离倾倒，其紧紧抓握转向操纵手柄的左手将该操纵手柄自然拉压至极限最低位置（左极限转向挡位）。于是，铲运机的两前轮瞬间向左转向至极限角度位置，使铲斗口转向又撞抵于巷道的左帮。因左前轮向右后方的快速极度扭摆位移，使该轮后方的挡泥板与驾驶座左侧边沿和操纵台踏板左边沿之间的距离（间隙）大大缩小而被突然卡夹致死。

2）设备设施的不安全状况。发生事故的电动铲装机驾驶座左侧，无挡板或护栏等类防止驾驶操控人员向左歪倒、摔坠的安全拦护装置，致驾驶操控人员被甩出驾驶座外受挤夹重伤死亡。

3）作业环境的不安全状况。发生事故的7406-4采场切割巷入口以里约19米处为巷道向右转弯处，但该处巷道相对较窄，巷道右帮拐弯处岩壁呈"拐角"状。且"拐角"处岩壁向巷道中间方向相对突出，通过该弯道处时，操作人员方向操控稍有偏差，铲装机铲斗口右边沿则极易擦撞右帮。

（2）间接原因。安全培训教育不到位、不全面，致使少数员工安全意识不足，岗位操作技能水平差，工作马虎，责任心不强，是造成事故发生的重要间接原因。

6.8.10 大冶市佘家畈方解石矿"5.10"车辆伤害事故

6.8.10.1 事故概况

2008年5月10日上午11时，佘家畈方解石矿当班出渣工毛某装满一车方解石后在53米水平车场铁道旁等待换车。地面把钩工龚某在放空矿车下井时，还未确认矿车牵引挂钩是否挂好，就踩下井口阻车器，导致未挂钩的矿车直接冲至井底 53 米水平车场，矿车解体后的飞溅物将在铁轨旁等待换车的毛某击倒。11时 20 分，毛某被送至大冶市人民医院，医院检查后确认毛某已死亡。

6.8.10.2 事故原因

具体原因：

（1）直接原因。当班井口把钩工龚某违章操作，将联动挡车栏用电线捆绑固定为开放状态，使该挡车栏失去挡车保护功能。又在没有确认牵引挂钩是否挂好的情况下，贸然打开阻车器，致使矿车在失控制状态下惯性冲入斜井井筒内将正待于井底的毛某撞压致死。

（2）间接原因。井口安全管理存在严重问题。安全设施不齐全，未安装井口安全门；信号系统完全失效，井下与地面无法直接联系；安全巡查人员监督、检查管理不到位，未能及时发现和制止挡车栏被挂起的严重违章行为，是这起事故发生的间接原因。

6.8.11 打磨沟矿井"10.9"绞车事故

6.8.11.1 事故概况

1989 年 10 月 9 日中班，打磨沟矿井掘进六队仁某班在 12542 运输巷上班。该班在册人数 9 人，当班出勤 4 人。当时，班长仁某参加矿上班组长培训学习未在，当班工作由敖某负责。

当班工作安排是黄某、黄某发放炮，敖某、缪某打眼。放完炮后，黄某开扒斗装岩机，缪某开绞车，敖某与黄某发推车。矸石装完后，黄某修理迎头，敖某、黄某发摘挂钩进行滑坡提升工作。第一钩提上 2 个重车，摆在上部车场（最后一辆矸石车距变坡点 5.8 米）把中间的链环拔掉，又将道岔接通重车道，然后便下放空车，黄某发及敖某随车向下行走。下到 5 米时，敖某叫住黄某发一起蹬钩下行。与此同时，由于绞车钢绳压在上部车场重车轮子上摩擦，重车在钢绳带动下便启动下滑，沿滑坡向下冲去。当矿车下放到 33.8 米处时，被绞车钢绳带动下冲的（原已停在上车场）重车，冲击在钢绳牵引下放的空车碰头处，致使蹬钩的敖某被撞击当场死亡、黄某发受轻伤，下放的空车跳道停住，重车跑车撞击下放的空车后翻在滑坡上而停住。

6.8.11.2 事故原因

具体原因：

（1）黄某发、敖某违章蹬钩下滑坡，违章在斜井放车时行人。

（2）阻车器损坏未及时修复，没有挡车栏继续生产。由于阻车器不能使用，致使提到坡头的重车下滑跑车，再加上变坡点下 20 米范围无挡车栏，跑车重车继续下跑导致违章蹬钩人员被冲击伤亡。

（3）教育工作差，自主保安及相互保安意识低，遵章守纪未成为职工的自觉行动。

（4）未牢固树立安全第一的思想，阻车器失灵未整改，冒险生产。

（5）劳动组织不合理。

6.8.12 宜昌市湖北东圣化工集团有限公司股家沟矿区鱼林溪矿段斜井跑车事故

6.8.12.1 事故概况

宜昌市湖北东圣化工集团有限公司股家沟矿区鱼林溪矿段（磷矿）发生事故时，为一探矿工程，外包单位为中化地质矿山总局湖北地质勘查院。事故斜井为矿山东斜井，该斜井斜长1020米，坡度22度，提升绞车为JTP1.6×1.2型绞车。

2014年1月19日10时，外包队伍8人乘坐两辆矿车由东斜井放入井下。其主要任务是将井下三轮运输车辆装运入至材料车，并提升出井。按照该矿通常做法，采用两个矿车托架分前后将三轮车辆装上，采用22号铁丝将托架分别将车辆前轮和后轮绑扎；提升时为避免车辆失稳，特安排两人乘提升车辆出井。车辆提升大约300米后，由于钢丝绳提升重量过轻引起滚筒上出现背绳现象，车辆上的机电科长发现该种情况后指挥绞车工继续提升，从而钢丝绳回弹后将三轮车辆与托架绑扎钢丝崩断，车上两人发现情况不妙，直接从车上蹦下。但由于跑车速度较快，致使井底装车人员躲避不及而被撞死，该事故造成4人死亡，3人受伤。

6.8.12.2 事故原因

具体原因：

（1）直接原因。

1）三轮车辆与托架绑扎不力，两托架间无连接，无保险措施；该矿提升车辆设备仅采用两个独立的托架绑扎运输，绑扎选择22号铁丝，该种绑扎方式禁不起惯性力冲撞，而且未采取铁丝崩断后保险措施。

2）提升绞车钢丝绳背绳未能引起重视，未能及时制止。据了解调查，钢丝绳出现了背绳等异常情况，未能引起车辆驾驶人员的重视，指挥继续提升导致钢丝绳反弹，从而使绑扎铁丝崩断。

3）斜井防跑车装置失灵。该矿事故斜井安装有防跑车装置。但发生事故前已损坏未及时维修，导致常闭式防跑车装置未能在关键时刻捕捉住矿车，致使矿车一直飞车到斜井底，撞坏斜井内的设施，对斜井内的人员造成伤害。

4）井底车场躲避硐室位置不合理，硐室规格不符合要求。该矿躲避硐室位置虽然距离甩车场较远，但在斜井的正下方，不能避免跑车冲撞。

（2）间接原因。

1）斜井运输无专人负责管理。斜井运输时，有两人蹬钩提升。

2）作业人员自我保护意识较差。上部提升车辆，下部人员在井底谈话或随意走动。

3）非专用运输车辆运输人员，存在人车混装现象。

4）未能严格执行领导带班下井制度。当天作业时，当班领导未跟班作业。

5）外包管理混乱。适逢过年放假时期，矿山管理松懈，发包方和承包方未能严格执行各自安全管理责任协议。

6.9　物体打击

6.9.1　大冶市保安联营铁矿"7.3"物体打击事故

6.9.1.1　事故概况

2010 年 7 月 3 日中班，保安联营铁矿安全副矿长（应为车间分管安全副主任）、当班井下代矿长王某于 15 时 20 分左右主持召开中班班前会，布置本班井下各采掘作业面的作业内容、任务，并简单强调了一下"要注意高温防暑、注意工作安全"等。15 时 50 分，井下各生产作业点人员及生产安全管理人员共 16 人先后入井。

代矿长王某与安全员王某两人入井后，先到 - 40 米水平安排铲车司机的铲装作业事项。然后，到 - 60 米水平生产作业面从事有关排险作业事项。

按照以往的既定岗位分工安排，当班 ± 0 米水平二道斜井绞车岗位的绞车工为毛某，± 0 米水平的赶桶（推矿车）工为刘某、朱某（该两人同时肩负 ± 0 米水平二道斜井井口及一道斜井井底的打点、摘、挂钩岗位操作），3 人于班前会结束后，不须另行安排即自行入井上岗。

生产副矿长（应为车间分管生产副主任）刘某于 16 时下井，先后至 ± 0 米水平绞车道及 - 40 米水平、 - 60 米水平采掘作业面例行安全检查，未发现异常情况后，于 17 时 40 分出班。途经 ± 0 米水平二道斜井上车场处时，提醒该处两名赶桶工要注意安全。

二道斜井为串车提升，每钩提（放）两个重（空）矿车。18 时 30 分，当毛某司车将 - 40 米水平井底的两辆满装矿石重载矿车提拉至 ± 0 米水平上车场绞车前方轨道的正常停车位置时（此前已提升了十余钩），刘某、朱某两人按照正常操作程序，分别将第一、第二两辆矿车摘钩、抽销分离。其中，一人到第二辆矿车（斜井上提时的尾车）后端方向分道，然后两人合力将第二辆矿车反向向井底车场方向推送。当该辆矿车被反向推移前行约 0.5 ~ 0.8 米经过道岔轨尖处时，矿车的两前轮突然掉道。当刘某、朱某两人商量准备到附近找工具撬抬矿车时，毛某说："像这种情况，用绞车一拉就起来了。"于是，刘某、朱某将第一辆未掉道的矿车向后稍推移开，再找来几块旧木板垫塞于两掉道矿车轮的后下方位置，毛某亲自将绞车提升钢丝绳的绳头鱼尾环插销联挂于掉道矿车的后碰头处，然后开动绞车将掉道矿车向后拉。但在钢丝绳向后收拉刚绷紧受力的瞬间，由于速度过快，致两后轮也同时掉道，且矿车也被拉歪。见已形成此种状况，毛某说"现在只能靠人抬了，你们去找杠子，我去找石头垫"。当刘某、朱某两人从井底车场附近分别找到一根铁撬杠和一根长木杠返回至掉道矿车附近时，见毛某正于掉道矿车右侧低头、弯腰用石块垫塞矿车轮。此时，刘某突然发现该矿车正向毛某所在方向缓顺斜，于是大声喊叫说"毛师傅，快让开"。突然倾倒的矿车，将毛某自腹部以下砸压于矿车车斗之下。

见此情景，刘某、朱某一人施救一人打电话寻找外援。

当时，正在车间办公室的值班人员柯某、刘某，一边向矿领导报告，一边联系 120 急救车，同时带人赶到井下事故现场。经多人合力将毛某从矿车车斗底下救出，送往黄石四医院抢救，经该院急救室医生检查后，于当日 20 时宣布毛某已死亡。

6.9.1.2　事故原因

具体原因：

（1）直接原因。绞车工毛某安全意识不强、越岗指挥作业、冒险蛮干，导致事故发生，自己被砸压而死。

（2）间接原因。

1）生产安全知识培训教育不力、不到位，致少数生产作业人员安全意识未得到应有的提高、个人安全自保能力差、生产故障处理安全操作知识不足。

2）发生事故处轨道岔非标准道岔，因岔尖轨（俗称分路尖）处未设扳道器，以手搬移岔尖轨分道时，由于轨尖左右移动处存在泥沙塞阻而分道阻力大而不便操作，极易形成岔尖轨与固定轨之间贴靠不紧密现象而发生矿车掉道故障。

3）岗位安全技术操作规程内容不全面、不具体，无有关掉道矿车复轨安全技术操作规定要求，导致现场作业人员在无章可循的状况下冒险蛮干。

6.9.2　温州兴安矿山建设有限公司驻铜绿山矿副井项目部"5.21"物体打击事故

6.9.2.1　事故概况

5 月 21 日下午 14 时，工程施工进行打眼作业。温州兴安矿山建设有限公司施工队副队长徐某安排雷某等 9 人到副井延深工程作业面进行凿岩爆破作业。18 时 50 分，凿岩作业完毕，潘某等 6 人乘吊桶上到 -605 米中段，刘某 3 人开始装药。19 时 40 分，装药结束准备联线起爆。在进行联线作业时，井底人员发出风、水管提升信号将风、水管提升至距吊盘 5 米左右，紧接着开始提升抓岩机，提升前抓岩机离井底约 14 米左右。当抓岩机向上提升至距井底 25 米左右高度时，连接钢丝绳与抓岩机的抓斗的连接装置螺栓螺母丝扣脱落，抓岩机坠入井底。抓岩机砸在井底进行导爆管联线作业的雷某头部左上额上。事故发生后，现场作业人员李某等4人检查伤者情况，并实施救援。在－605米中段井下值班的公司领导、安全生产部主任迅速启动救援预案，指挥分工抢救。安全生产部主任电话联系副井项目部，由副井项目部与120急救中心联系救护车，现场作业人员由公司现场领导安排实施全力救援，于20时左右将伤员至新副井地面。此时，120急救车及医生经过现场检查后发现伤者伤势较重，不宜实行救护车转运，决定现场实施心肺复苏治疗。与此同时，公司其他领导、保卫部人员迅速赶到现场协同抢救指挥，经过1个半小时的急救，现场医生于21时10分左右宣布雷某已死亡。

6.9.2.2 事故原因

具体原因：

（1）直接原因。当－644米作业面装好乳化炸药，通知－605米水平平台提升抓岩机抓斗时，仍在作业面的3个人中，刘某、齐某两人按有关规定紧贴井壁躲避，而雷某仍站在井底中部未作躲避，是造成此次事故的直接原因。严重违犯了鑫力井巷公司《安全操作规程》第二章第七节第七条规定："升降抓岩机时，人员应靠井壁，并密切注视抓岩机情况。"的规定。

（2）间接原因。此次事故使用的抓岩机抓斗，投入使用前未作全面详细检查和相应的试验。特别是对承受抓斗全部重量的连接装置未作认真检查和维修，抓斗更换投入使用后又未对换上的旧抓斗连接装置进行跟踪检查，未能及时发现事故隐患，导致在连接装置的螺栓螺母严重损坏的情况下，继续使用。最后，造成抓岩机抓斗整体坠落是引起这次事故发生的主要原因。

6.10 其他事故

6.10.1 山西运发柳林黏土矿洪水灌井事故

6.10.1.1 事故概况

柳林黏土矿位于柳林县刘家山乡刘家山村南北两侧，距柳林县城22千米，隶属于山西矾土高科股份有限公司，属股份合作制企业。该矿采用中央对角式开拓方式，有竖井、主斜井、5号斜井3个井筒。竖井在中央，标高972.5米，垂深60.5米，用以提升矸石和通风；主斜井标高958.7米，井筒斜长26米，坡度9~16度，用以提升矸石、运送材料和通风；5号斜井标高966.3米，井筒斜长174米，坡度12~16度，用以提升矸石、行人和通风。该矿采用房柱后退式采矿法，零星木点柱支护，采高4~5米，自然通风，矿车、轨道运输，程家庄变电站供电。

1999年7月20日13时10分许，柳林县刘家山乡一带突降大雨，引起南峁沟山洪暴发。洪水冲垮沟道中已报废的9号井，灌淹了7号A、8号等矿井，又涌入山西运发柳林黏土矿（简称柳林黏土矿）矿井，该矿井下 34 名矿工除 6 人脱险外，其余 27 人遇难身亡，1 人下落不明，直接经济损失 300 余万元。

7 月 20 日，柳林黏土矿早班共有 34 人在井下作业。8 时许，工人入井。8 时 30 分，副矿长徐某、总工程师祝某带车间、井口、班组负责人下井检查，约 11 时 30 分出井。

在主斜井，当班带班长高某带领打眼放炮工王某、刘某，挂钩工刘某某、查顶工李某及装车工薛某、薛某某、刘某生，绞车工高某等 9 人下井后，分别在南一、南二、南四、北二工作面作业。13 时许，天下大雨，井口翻车工薛某见雨势很大，便下井到工作面告诉带班长高某说："外面下起了大雨，怕井下灌进水"，高某回答："装完这一车就出去"。打眼放炮工王某打完第 13 个炮眼后在主巷道休息时，突然感到有一股冷风从东面刮来，王某回头一看，见 30 米之外来了一股水夹杂着石头、木柱冲过来。王某赶紧叫上李某往井口方向跑，跑了 20 多米，见刘某在主巷道靠南的巷道口，急喊道："来水了，快跑"。跑到平台时，碰上刘某某，也招呼一同跑出井外。主斜井有 4 人脱险，5 人遇难。

在 5 号斜井，班长车某带领挂钩工李某杰、绞车工李某龙、打眼工李某强、李某华、装车工李某剑、李某北、车某华、车某帅、杨某、车某宝、查顶工李某阳等 12 人下井后，主要在 918 工作面作业，930 巷道无人作业。作业期间，装车工李某剑因肚子痛提前升井。13 时许，带班长车某见没有矿车到工作面拉料，便走到井底车场查问原因。挂钩工李某杰答道："给井上打几回铃不起箱"。车某说："让我出去看看"。正说当中，井口翻车工车某二到了井底车场说："外面下大雨，不让往出倒料"。车某说："以前下雨让倒料，今天为啥不让倒料"。说完，车某就升井查看去了。走到距井口 20 余米时，所带的矿灯坏了。正碰上井长侯某，侯说："雨太大，你下井喊人上来"。车某因矿灯坏去更换，侯某便一人下井叫人。当侯某下到井下时，见涌水已冲过井底车场淹没主巷道五六米，且水势凶猛，人已无法入内。侯某随即升井将 5 号进水情况报告副矿长徐某，徐某立即带采矿车间副主任高某赶到主斜井，和从主斜井跑出来的侯某一起下井察看。几人发现水已漫过井底车场。5 号井有 2 人脱险，11 人遇难。

在竖井，班长车某带领 12 名工人下井作业。徐某等人发现灌井后，赶到竖井把竖井的提斗提起来，见提斗里无人，知道竖井 12 人全部遇难了。

6.10.1.2　事故原因

具体原因：

（1）直接原因。刘家山乡一带突降大雨，引起南峁沟山洪暴发。洪水冲垮沟道中已报废的 9 号井，灌淹了 7 号 A、8 号等矿井，又涌入山西运发柳林黏土矿矿井。

（2）间接原因。

1）安全监管不到位。9 号井原为部队所建，已报废多年。其井口几乎与南崀沟同高，是这次灌井事故的直接进水井。按要求报废矿井一定要进行处理，可 9 号井报废多年而没有处理，反映出当地监管部门的监管不到位。

2）越界开采。此次事故是因为相邻的刘家山乡铝土矿发生淹井事故，洪水冲破两个矿的简易封堵墙，导致的事故。柳林黏土矿、刘家山乡铝土矿各承包井在开采过程中，曾有越界或相互贯通。1998 年 3 月，刘家山乡政府企业办、柳林县地矿局组织人员对刘家山乡铝土矿各承包井进行测量时，查明 7 号 A 刘某乐井越界 20 米、8 号刘某柱井越界 12.5 米（均包括公共界 10 米），县地矿局按有关规定进行了处罚。1998 年 7 月，7 号 A 刘某乐井与柳林黏土矿相通，8 月，柳林黏土矿与 8 号刘某柱井相通，两次相通，均经双方协商，放顶、填渣、打密闭柱处理。刘家山乡铝土矿各承包井之间也曾相互贯通。1998 年 4 月，8 号刘天柱井与 10 号刘某平井相通。1998 年秋，7 号 A 刘某乐井与 6 号林刘家山乡供销社井相通。1999 年春，22 号刘某军井与 15 号二轻局井相通。1999 年五六月份，7 号 A 刘某乐井与 7 号 B 刘某栓井相通。

3）安全意识淡薄。明知下大雨井下有危险，还带领工人下井作业。

4）矿权混乱，层层转包。相邻地段有多个矿主，且多次转包，导致设施不齐全，管理混乱。没有采取有效措施排除隐患。

6.10.2 温州兴安矿山建设有限公司驻金山铁矿项目部"8.27"淤泥溃决事故

6.10.2.1 事故概况

2008 年 8 月 27 日中班，温州兴安矿山建设有限公司驻金山店铁矿井下零星矿体回收项目部当班人员张某在值班室召开了班前会，会上对当班安全生产工作提出了具体要求，并对当班人员工作进行了安排。

16 时，张某与王某到张某采区一采作业区 -228 米水平 9 号进路进行相关安全检查。未发现异常后，王某用装矿车进行出矿作业，张某则到其他进路进行例行检查。

17 时，张某听到 9 号进路处有异常响声。当张某到达 9 号进路附近查看时，发现有稀（矿）泥冲出，稀（矿）泥已将装矿车淹埋，但没有看见王某。

张某发现发生"跑稀矿"事故发生后，立即向一采作业区及项目部报告。接到报告后，项目部负责人谢某和一采作业区值班长立即组织相关人员赶赴现场施救，组织人员用装矿车、平板车转运稀矿泥。另外，安排人员进行重点挖掘。至 21 时，才发现王某并将其救出，21 时 30 分到达地面并由救护车送往医院，经全力抢救无效死亡。

6.10.2.2 事故原因

具体原因：

（1）直接原因。张福山采区一采作业区 –228 米水平 9 号进路在事故前，因水、粉矿、黄泥和大块岩石堵塞，虽经检查并未发现"温度湿度变化、水色变混浊、水量变大、响声异常"等透水、溃决前的预兆，但安全隐患始终存在。当班人员王某在出矿过程中，装矿车破坏了此前因堵塞而形成的平衡失稳，最终造成淤（矿）泥溃决，是此次事故发生的主要原因。

（2）间接原因。

1）周边 8 个小选场影响该矿的地表回填工作，且有工业废水流入井下，对该矿安全工作形成威胁。

2）事发当时，仅王某一人在场工作。违反了武钢开圣科技有限责任公司金山店项目部《张福山采区一区残矿回收施工方案》第三条"安全技术措施"第2.6 款："任何情况下严禁一人进行出矿作业"的规定，当班分工和作业施工中都存在违章行为。

3）7 月中旬以来，温州兴安公司金山店项目部已分别发现事故地点以上 –214 米水平 8 号、9 号、14 号及本水平 11 号进路巷道有泥水渗出，有"跑黄泥水"现象，虽及时进行了整改，但隐患整改缺乏深度和广度。

6.10.3　某矿"3.16"机电维修工触电事故

6.10.3.1　事故概况

2000 年 3 月 16 日，某矿检修班职工王某带领张某检修电焊机。电焊机修好后进行通电试验良好，并将电焊机开关断开。王某安排工作组成员张某拆除电焊机二次线，自己拆除电焊机一次线。约 11 时 15 分，王某蹲着身子拆除电焊机电源线中间接头，在拆完一相后，拆除第二相的过程中意外触电，经抢救无效死亡。

6.10.3.2　事故原因

具体原因：

（1）直接原因。王某工作前未进行安全风险分析，在拆除电焊机电源线中间接头时，未检查确认电焊机的电源是否断开，在电源线带电又无绝缘防护的情况下作业，导致触电。

（2）间接原因。工作组成员张某在工作中未能有效地进行安全监督、提醒，未及时制止王某的违章行为，是此次事故的间接原因。

6.10.4　河北省丰宁银矿空气压缩机油气分离储气箱爆炸事故

6.10.4.1　事故概况

1990 年 12 月 28 日 9 时 50 分，河北省丰宁银矿空气压缩机油气分离储气箱发生爆炸，死亡 4 人，重伤 2 人，直接经济损失 29.68 万元，间接经济损失 2.8

万元。由于调试现场在野外，除空气压缩机损坏外，没有其他损坏。该储气箱是由湖南某压缩机厂制造的，1989 年 8 月出厂。出厂时材质方面无资料，也没有进行必要的出厂检验，如：射线检测、水压试验和气密试验。该储气箱直径为 750 毫米，长为 1500 毫米、厚为 6 毫米。所有焊缝均为手工电弧焊，环向焊缝为单面无垫板对接焊。

1990 年 10 月 28 日，作业区长组织空压机手对空压机进行检查调试，确认无问题后进行启动空负荷运转，未发现异常，即将进气手柄拨至负荷位置，运转一分钟后，储气箱就发生爆炸。爆炸后，靠近操作侧一端装有滤油装置的封头环焊缝全部断开，封头飞出 100 多米远，筒体向另一侧飞出 5 ~ 6 米远，撞到石头上致使严重变形破裂。检查焊缝时发现在丁字焊缝处损坏，周长 2250 毫米的环焊缝上只有两处焊透，分别为 1802 毫米和 50 毫米，其余焊缝均为未焊透，焊接金属熔深厚度仅为 3 ~ 4 毫米，且存在气孔、夹渣等缺陷。此外，在压缩机调试时操作人员对安全阀、压力表等安全附件进行了检查，均齐全、灵敏，操作人员的操作程序也符合说明书的要求。

6.10.4.2　事故原因

具体原因：

（1）直接原因。造成这起爆炸事故的直接原因是该压缩机厂制造的油气分离储气箱产品质量低劣，不符合国家的有关标准要求。因此，在设备调试时即发生设备爆炸事故。

（2）间接原因。

1）压力容器设备在投入使用前，应按国家有关规定办理使用登记手续。在技术资料不全的情况下，应先核实设备质量状况。在情况不明时，盲目进行调试，使存在的事故隐患没能及时发现。

2）设备调试现场没有依据有关规定做好安全防护工作，设备周围工人太多，导致较大的伤亡。

7 金属非金属露天矿山安全事故防范措施

7.1 坍塌事故防范措施

7.1.1 政府部门应采取的防范措施

各级政府在设置矿业权时尽量避免重叠、交叉，降低各矿山开采活动间的相互影响。规范矿业开发秩序，严厉打击超层越界开采。

7.1.2 矿山企业应采取的防范措施

具体的防范措施：

（1）及时处理采空区。如果对采矿留下的采空区，不进行处理。一旦打破了原有的平衡，超过了强度极限，就会产生采空区坍塌事故。所以，及时处理采空区是防治坍塌事故的有效措施。处理采空区的方法主要有崩落法和充填法。

（2）预留矿柱或者使用人工矿柱代替矿柱，严禁超挖或者未经设计回采矿柱。

（3）做好实时监测，巡查。

7.2 透水事故防范措施

7.2.1 查明水源

地下水源在没有查明以前是看不见的。因此，应通过详细的勘测工作，掌握矿区水文地质资料，了解含水层及老窿积水情况，查明地下水源。

为查明地下水源，应通过地质水文资料，弄清冲积层的厚度及其组成，各分层的含水透水性能，掌握断层的位置、错动距离、延伸长度、含水及导水性质、破碎带的范围；查明矿井含水层和隔水层的数量、厚度、含水性能，以及含水层及隔水层与采掘工作面的距离，了解老窿的开采时间、深度、范围、积水区域及其分布状况等。收集地面气象资料，降水量和河流水文地质资料，查明地表水的水量和分布范围。在开采过程中，应观测顶板破坏和地表陷落情况，分析涌水变化进而判断透水的可能性。通过对探水钻孔和水文观察孔中的水压、水位和水量变化的观测，了解矿井水来源，矿井水与地下水和地表水的补给关系等。

7.2.2 超前探水

超前探水是指在井下采掘工作面用打超前钻孔的方法，对掘进与回采工作面顶板、底板、侧帮和前方端头的地质构造，含水层及废弃坑道积水的具体位置，产状和突水的可能性等做事先探查工作。当采掘工作面接近溶洞、含水层、导水断层、可能有积水的废旧井巷或空区以及其他可能突水的危险区时，都必须打超前探水钻孔，探水前进。

一般在距可疑突水源70米以外，在推进中的工作面打探水钻。钻孔深度应经常使工作面前方保持5~20米厚的岩壁，钻孔数目一般不少于3个（断层水和强含水层水可用1个），成扇形布置。钻孔直径应小于75毫米，以便遇水时能及时加以控制。

探水作业要加强安全管理，施工中要注意下列安全事项：

（1）探水巷道一般为双巷交替前进，便于通风和抢险。要加强巷道支护，保证探水地点、避灾路线、泄水巷道不会发生冒顶事故。

（2）清理好泄水路线的排水沟，配置一定容量的水仓和排水设备，以便及时排出涌水。安排好避灾路线，以便出现险情时作业人员能及时撤出。探水地点和相邻工作点以及井口调度室要保持信号联系，一旦出水要马上通知受水害威胁地区的工作人员撤离危险地区。

（3）准备好木塞，以便必要时堵塞钻孔。在积水量多、水压大的地方探水时，要设套管。钻杆通过套管打探水孔，套管上安有水压表和阀门，探到水源后利用套管放水。

（4）探水地点随时可能涌出二氧化碳、硫化氢等有毒有害气体。因此，要保证通风良好，加强对有害气体的检查。有害气体的突然出现，往往是接近积水区的先兆。

（5）在钻进中，要密切注意钻孔情况，如发现孔内显著变软沿钻杆向外流水以及冲洗液突然增加等透空征兆时，应立即停止钻进。但不能取出钻头、钻杆，以防有害气体和大量积水突然涌出。钻探人员不要直冲钻杆站立。待情况查明各项安全措施准备完毕确认无危险后，才能用旋转钻杆的方法，慢慢把水放出。

7.2.3 堵水

堵水的目的是堵截水源使其不能涌向工作区或者使局部地区的涌水不致波及其他地区。经常采取的堵水措施是安设水闸门或水闸墙。

水闸门是用于防止井下突水威胁矿井安全而设置的一种特殊闸门，一般设在可能发生涌水需要截断而平时仍需行人和行车的巷道内，如井底车场水泵房和变电所的出入口等地点。水闸门正常情况下应不妨碍运输通风和排水，一旦井下发生水害就可关闭，阻断水流把水流控制在一定范围内。

7.2.4　留设防水矿柱

对于地面或地下的各种水源，当不能或不宜堵塞或疏干时可考虑采用留设防水矿柱的方法防水。即在可能突水处的外围保留一定宽度的矿体不采，用于防止积水突然涌入矿井中。这种为保证采掘工作正常进行不发生突水而留设一定宽度的矿体叫防水矿柱。

在遇到矿体直接位于地表水体和含水层之下，而水源又无法疏干或者地表水体和强含水层通过断层和裂缝对矿体开采构成威胁，以及在被淹没的井巷之下或之上进行采掘，而被淹没的井巷中的积水又不可能排出等情况时应考虑留设防水矿柱。此外，当相邻矿井开采同一个矿体时，在矿井交界处必须留设防水矿柱。

7.2.5　灌浆堵水

灌浆堵水是将预先制成的浆液通过管道压入地层的裂缝，经过凝结、硬化后达到堵隔水源的目的。

7.2.6　疏放水

疏放水是指借助于专门的工程如疏水巷道、放水钻孔等，有计划、有步骤地使影响采掘工作安全的含水层中的地下水位降低或使其局部疏干。

7.3　中毒窒息事故防范措施

具体的中毒窒息事故防范措施：

（1）建立完善矿井机械通风系统。各矿山所有矿井必须建立完善的机械通风系统，改善矿井风流风质，提高金属非金属矿山的整体水平，开展矿井通风检测工作。确定井下通风检测点，购置检测仪器仪表，安排人员定期检测矿井及作业面的风速、风量和风质，保证作业场所气体符合安全要求。

（2）加强局部通风管理，防止中毒窒息事故。

1）在编制单体设计的施工图和作业规程时，必须要按《金属非金属矿山安全规程》、《爆破安全规程》的有关规定和技术规范，进一步完善通风设计和爆破设计，明确施工顺序。

2）在组织矿块采切施工时，要按作业规程组织施工。采场在通风人行井未贯通之前，不得安排其他采切工程施工作业。

3）对掘进掌子头和局部通风不良的采场要采取局部通风扇通风措施，保证工作场所风量、风质符合规定。

4）进入采掘工作面之前，用局部风扇对作业地点进行通风，通风时间不少于30分钟。

5）加强爆破作业的通风管理。必须在有毒有害气体稀释到允许浓度以下后，方可进入工作面。

6）构筑通风设施，理顺矿井风路。及时封堵采空区（废弃井巷、硐室），停止作业并已撤除通风设备而又无贯穿风流通风的采场独头上山或较长的独头巷道，应设栅栏和标志，防止人员进入。

（3）开展全员事故应急救援培训。矿山企业应编制具有可操作性的事故应急预案，落实应急救援工作制度，执行应急演练计划，加强对职工基本应急知识和应急技能培训（如防硫化氢及一氧化碳、防止窒息等），使矿工熟悉基本救生逃生方法、常见事故处理措施和所在作业场所的逃生线路，提高职工现场应急处理能力。保证应急救援队伍、装备、物资、技术等资源的配置，严肃事故调查处理。

7.4 冒顶片帮事故防范措施

具体的防范措施：

（1）及时调整采矿工艺，保证合理的暴露空间和回采顺序，有效控制地压。要加强矿井地质工作和采矿方法的实验研究，对原设计的采矿方法不断进行改进，找出适合本矿山不同地质条件下的高效安全的采矿方法，加大采矿强度，及时处理采空区。要控制好采场顶板的稳定性，必须要有一个合理的开采顺序。因此，要合理确定相邻两组矿脉的回采顺序。要根据不同的地质条件和采矿方法，严格控制采场暴露面积和采空区高度等技术指标，使采场在地压稳定期间采完。

（2）要加强顶板的检查、观测和处理，提高顶板的稳定性。顶板松石冒落往往是造成人员受伤的重要原因。对顶板松石的检查与处理，是一项经常性而又十分重要的工作，必须固定专人按规定的制度工作，才能确保顶板安全生产，防止松石冒落顶板事故发生。对一些危险性较大的采场，在技术、经济允许的条件下，应尽量采用科学方法观测顶板。目前，国内比较经济简便的观测手段有光应力计、地音仪及岩移观测等。要观测摸索不同岩石岩移的规律，科学地掌握顶板情况。对已发现的不稳定工作顶板，要及时进行处理，并尽可能采用科学有效的措施（如喷锚支护等）防止冒顶事故发生。

（3）科学合理地布置巷道及采场的位置、规格、形状和结构。要避免在地质构造线附近布置井巷工程。因为，垂直于地质构造线方向的压力最大，是岩体产生变化和破裂的主要因素。要避免在断层，节理、层里破碎带，泥化夹层等地质构造软弱面附近布置井巷工程。因为，在这些地方布置的工程更易产生冒顶。比如，井巷工程必须通过这些地带，也应采取相应的支护措施或特殊的施工方案。井巷、采场的形状和结构要尽量符合围岩应力分布要求。因此，井巷和采场的顶板应尽量采用拱形。因为，围岩的次生应力不仅与原岩应力和侧压系数有关，而且还与巷道形状有关。采用拱形形状时，施工难度不大且顶板压力不会太集中，顶板稳定性较好。

（4）加强顶板管理，提高顶板管理的技术水平。一是加强安全教育和安全技术知识的培训工作，提高各级安全管理人员的技术水平，树立"安全第一"的思想，遵章守纪，建立群查、群防、群治的顶板管理制度。在各工作面备有专用撬棍，设立专人或兼管人员具体负责各工作面的排险工作，设立警告标志，做好交接班制度和列为重点危险源点管理等；二是结合矿山实际，总结顶板管理的经验教训，从地质资料的提供、井巷设计、井巷维护技术、施工管理，制订出一套完整的井巷施工顶板管理标准，为科学有效地管理顶板提供技术支持。

7.5 火灾事故防范措施

具体的防范措施：

（1）按消防要求设置灭火器材，有足够的、可靠的消防用水。

（2）使用阻燃电器设备，经常检查，及时更新，防止短路。

（3）加强职工教育，熟悉井下通道，了解逃生路线。

（4）禁止使用明火（抽烟、烤火、热饭）。

（5）焊接作业有审批和安全措施。

（6）井、巷禁止采用木支护。

（7）制定井下火灾应急预案。

7.6 高处坠落事故防范措施

具体的防范措施：

（1）使用的竖井、天井、溜井等必须及时封闭好。临时启用停用必须有安全措施，用后及时封闭。暂停或待用井及采场切割井开拓后应临时封闭或有防坠措施。

（2）使用的溜井井口必须设有防止职员坠落的围栏、格筛、照明、警示牌和职员安全通道。竖井下掘施工，井口必须严密封闭和有坚实的连动安全门，井口四周随时保持清洁，无杂物。

（3）提升井、人行井井口和中段的连接口，应有围栏、安全门、人行道、照明和阻车器。专用人行井必须有合格的梯子间和梯子。

（4）井作业，井上井下必须有可靠的联络信号、防坠措施。

（5）高空作业所用的吊盘、吊罐、升降台、工作台（棚）、安全棚等，必须坚固安全。连接部位无变形并有坚实可靠的锁紧装置，钢索的断丝和磨损必须符合安全规程规定。

（6）高空作业的升降台和行走台以及高层作业现场四周，矿山山地人行道旁的悬崖陡坎处必须设坚实的围栏。

（7）为生产、生活需要所设的坑、壕、池和高层间预留孔、电梯间等，必须有围栏或盖板。

（8）建安工程必须有符合规程的坚实脚手架、踏板、围栏、安全网。脚手架等的拆除须按规定操纵，严禁由上往下乱扔。

（9）高层建筑用的提升设备必须有可靠的限位、制动、避雷接地装置，并定期对钢丝绳及连接部位、安全制动装置进行重点检查。

（10）高空作业（高层施工、吊罐、井筒安装、维修等）职员，必须经过健康检查、安全练习，合格者方能上岗作业。作业时必须戴好安全帽，拴好安全带。

7.7 坠井事故防范措施

具体的防范措施：

（1）矿井主要提升运输设备，必须是有资质的生产厂家生产的合格产品，各项安全保护设施齐全可靠。设备安装后，须经有资质的检测检验机构检测合格，方可投入使用。

（2）设备运行过程中，必须经有资质的检测检验机构每年进行一次全面检测，对存在问题不整改或检测不合格的提升设备不得运行使用。

（3）矿井提升罐车防坠器（防跑车装置）必须每半年进行一次脱钩试验。企业不具备试验能力的，要由有资质的检测检验机构进行试验。试验结果要形成报告。

（4）矿山企业要对提升设备实行包机挂牌制度，明确具体负责人。

（5）矿山企业必须严格执行检查制度。矿井提升机及提升绞车、提升装置各部分、提升钢丝绳和安全保护设备、设施，每班必须由提升设备操作人员检查一次，每天由专职人员检查一次，每周由企业分管负责人组织有关人员检查一次，每月由企业主要负责人组织有关部门检查一次，检查和处理结果都应留有记录。

（6）提升运输设备操作人员、信号工必须按规定进行专门培训，经考核合格者，须持证上岗。井上下安装视频监控系统，严格执行一人操作一人监护制度。

7.8 爆炸事故防范措施

具体的防范措施：

（1）爆破作业人员应持证上岗，严格按设计布置炮孔、装药、堵塞、连接爆破网络。

（2）爆破技术人员应根据爆破作业的具体地点、确定爆破警戒范围，并严格按此范围加强警戒。

（3）爆破安全警戒范围以内的所有设施应停止生产，所有人员和设备必须及时撤离到爆破安全警戒线以外的安全区，爆破人员应撤至指定的避炮设施内，严禁人员进入爆破警戒线以内。严禁违规交叉作业。

（4）爆破后，应对现场进行检查。检查人员发现盲炮及其他险情，应及时上报或处理；处理前应在现场设立危险标志，并采取相应的安全措施，无关人员不应接近。

（5）对于爆破使用的炸药、火工品，必须由专用车辆运输，专人负责，并保证装卸运输安全。运送炸药、火工品的车辆应保证设备的完好、安全、整洁，严禁带病作业。

（6）建立炸药与火工品的领用、消耗台账，数量要吻合，账目要清楚。

（7）炸药库应该加强通风，严禁在炸药硐室内吸烟、取暖等情况。

7.9 车辆伤害事故防范措施

具体的防范措施：

（1）驾驶人员应持有效特种作业操作证方可从事厂内机动车辆驾驶作业。

（2）厂内机动车辆属特种设备，应到质量监督管理部门登记备案，并按期进行审验。

（3）加强对车辆维护保养，不得带病行驶及使用报废车辆。

（4）运载人员的厂内机动车辆不得超过额定人数，其他车辆不得运载人员。

（5）人员在场内机动车道应避免右侧行走，并做到不成排结队有碍交通。避让车辆时，应不避让于两车交会之中，不站于旁有堆物无法退让的死角。

（6）现场行车进出场要减速，并做到四慢：道路情况不明要慢，线路不良要慢，起步、会车、停车要慢，在狭路、基坑边沿、坡路、叉道、行人拥挤地点及出入大门时要慢。

7.10 物体打击防范措施

具体的防范措施：

（1）竖井、上山凿岩前下放风水管时，应由上面的人慢慢往下放，下面的人不能拉，以免将井筒内或吊盘上的物体碰落掉下伤人。凿岩时，不准任何人乘吊桶至工作面，遇特殊情况时，应停止凿岩，再下吊桶。

（2）井盖门只准在吊桶上、下通过时打开，吊桶过后应立即关闭。

（3）在井筒内出碴或凿岩前，要检查临时支护牢固情况，防止围岩受振动滑落伤人。

（4）在天井、竖井上部作业的人员，工具必须装入工具袋内。几个人同时上、下时，上去时背工具的人走在后面，下去时背工具的人走在前面。

（5）斜井提升废石或下放物料要有防止物体滚落措施。下面的作业人员听到有物体滚落声时要尽量躲避，不要站在中间向上张望。

第三篇
金属非金属矿山尾矿库

8　金属非金属矿山尾矿库安全生产现状

8.1　金属非金属尾矿库安全生产现状

尾矿库是指筑坝拦截谷口或围地构成的，用以堆存金属或非金属矿山进行矿石选别后排出尾矿或其他工业废渣的场所。尾矿库是一种特殊的工业建筑物，是矿山三大控制性工程之一，是矿山企业最大的环境保护工程项目，可以防止尾矿向江、河、湖、海、沙漠及草原等处任意排放。一个矿山的选矿厂只要有尾矿产生，就必须建有尾矿库。

根据国家安监总局数据，截至 2012 年底，全国共有 12273 座尾矿库。其中，库容在 100 万立方米以下的五等库有 9125 座，约占尾矿库总数的 74.4%。而且，非公有制企业的尾矿库占相当大的比例。按安全状况划分，有危库 54 座，险库 100 座，病库 1069 座，正常库 11050 座。截至 2012 年底，全国已有 768 座尾矿库应用了在线监测技术，279 座尾矿库应用了尾矿充填技术，415 座尾矿库应用了干式堆排技术，285 座尾矿库应用了尾矿综合利用技术，减少了尾矿的排放，有效提升了尾矿库本质安全水平。

8.2　我国尾矿库的特点

我国尾矿库的特点有以下几个：

（1）数量多规模小。2000 年以来，由于矿产品价格连续上扬，民营矿山和其他非国有制矿山得到飞跃式发展。这些刚起步的民营矿山一般都规模较小、设备简陋、工艺落后、安全环保投入不足。非国有制矿山的发展，使我国矿山企业和尾矿库数量猛增。据估计，目前我国尾矿库总数约 1.2 万~1.5 万座，约占世界总数 50% 以上。其中，已闭库或停用的约占 20%，我国尾矿库数量之多可以堪称世界之最。但尾矿库规模之小也是一突出特点，总库容在 100 万立方米以下或总坝高在 60 米以下的四~五等小型库占 95% 以上，平均库容不超过 40 万立方米。在民营矿业集中地区，小选厂、小尾矿库几乎是"遍地开花"。这些小型矿山基础薄弱，内部管理松懈，工艺技术落后，安全条件较差，从业人员素质低。特别是随着矿产品价格上涨，重效益、轻安全的现象仍然严重。其尾矿库不仅占据大量土地资源，严重污染环境。而且，普遍未经正规设计、管理极不规范、尾矿库安全度较低，2000 年以来发生的尾矿库事故多属于这种小型尾矿库。同时，尾矿库数量多也给政府监管工作带来极大困难，在客观上容易造成监管不到位。

（2）普遍采用上游式筑坝。尾矿坝筑坝方式主要有上游式筑坝、下游式筑坝、中线式筑坝、一次性筑坝、干式堆积和浓缩堆积等筑坝方式。由于上游式筑坝具有建设费和运营费低、生产管理方便等明显优点，被广泛采用，我国有7%以上的尾矿库采用上游式筑坝。但这种筑坝方式也具有明显的缺点：生产中进行水力充填易形成细粒夹层，垂向渗透性能差、浸润线高；尾矿堆积坝"上粗下细"，结构不尽合理，相对下游式和中线式筑坝稳定性较差。近年来，发生的尾矿库溃坝事故也多由上游式筑坝的堆积坝稳定性不足而导致的。

（3）尾矿库安全度低。根据尾矿库防洪能力及尾矿坝坝体稳定性的安全可靠程度，我们将尾矿库安全度分为危库、险库、病库和正常库四级。危库、险库是指不具备安全生产基本条件的尾矿库；病库是指具备安全生产的基本条件但不完全满足尾矿库安全技术规程要求的尾矿库；正常库是指完全满足安全生产要求的尾矿库。

（4）尾矿库下游居民多。尾矿库是一个人工泥石流危险源。一旦溃坝，尾矿浆下泄，巨大的冲击力势不可挡。国外的尾矿库规模大、数量少，一般都远离居民区。但由于我国人口密度大，尾矿库数量多，尾矿库选址就难以完全避开居民区，这也是我国尾矿库的一大特点。尤其在人口多、尾矿库数量大的省份，几乎难以选择完全避开居民区的库址建设尾矿库。

（5）尾矿库技术力量薄弱。尾矿库是选矿厂辅助设施。就其工程本身来说应是一项类似水库的水工构筑物，但又不同于一般的水库。它是以尾矿本身筑坝形成库容用以堆存尾矿的专门水工构筑物，实际上尾矿坝的堆筑过程就是选矿厂排放与堆存尾矿的过程。因此，从事尾矿库设计与生产管理人员不仅应懂得矿山专业基本知识，同时又必须掌握一定的水工专业技术。由于我国高等院校从未设立过培养尾矿库专门人才的学科，致使设计、评价、企业单位以及安监部门的尾矿库专业人员十分短缺，这也是造成我国尾矿库安全状况不理想的原因之一。

8.3 我国尾矿库当前存在的安全问题

造成我国当前尾矿库安全问题的主要原因，归纳起来有以下几点：

（1）设计不规范。我国有相当一批尾矿库是20世纪60~70年代建造的。当时，国家还没有颁发正式的尾矿设施设计规范，设计中的问题很多。还有一种情况是，改革开放以来，地方矿山如雨后春笋般建立起来，特别是乡镇集体和个体矿山企业的尾矿库根本没有正规设计。

（2）勘察不规范。有的矿山企业片面强调节约资金，在尾矿库设计之前不做必要的地质勘察；在尾矿库建成后，发现初期坝基透水或库内发生落水洞和跑混等事故。

（3）工程质量问题。有些矿山企业在尾矿库建设中以承包代替管理，忽视建设质量，对建设工程的质量监督流于形式，使得尾矿坝的隐蔽工程存在严重问题。有的坝体刚刚建成，就不得不投入大量资金重新加固。

（4）建设不遵守建设程序。有些矿山企业片面理解当前的改革政策，各取所需，不遵守国家的矿山的设计审查和竣工验收程序。有的设计单位没有取得相应的设计资格，有的设计没有经过审查和批准，有的建成投产后长期不申请验收。特别是在设计和验收中，不征求劳动部门的安全监察意见。

（5）管理工作弱化。一些矿山企业视尾矿库为矿山的包袱，认为投入越多，企业效益越差。在管理上，存在侥幸心理和短期行为，不严格执行规程、规范；发现问题不及时处理以至酿成重大事故；管理机构不健全，人员素质不高；企业规章制度不完备，企业内部对尾矿库的安全检查流于形式。

（6）外界干扰严重。由于在经济体制改革和经济发展过程中，必然存在法规制度不适应或不健全的过程，地方利益和国家利益，存在统筹兼顾的问题。一些地方群众法制观念不强，个体和集体矿山企业到国家重点矿山尾矿库附近非法越界开采，有的在坝区采石放炮，有的在库下开采，有的偷抢尾砂，对尾矿库的安全形成极大的威胁。

尾矿库是矿山生产中的重要设施，它是保证选矿厂正常、持续生产的必要条件，它的运行状况的好坏不仅仅涉及矿山生产的经营管理和效益，更重要的是它将直接危害到人民生命和财产的安全。就目前尾矿库而言，有两大新问题出现：

1）尾矿库的闭库问题可能造成的危险和危害。

2）由于选矿设备、工艺、选矿技术的提高，磨矿粒度越来越细，使得排放到尾矿库区内的尾矿粒径越来越细，造成堆积尾矿坝的细粒度尾矿会越来越多。然而，从土力学的角度来讲，土颗粒愈细其力学性质愈差。所以，细粒尾矿堆积坝稳定性较差会导致病害率偏高。所有这些，对于尾矿坝的稳定性都提出了更高的要求。

9 金属非金属矿山尾矿库事故特点

9.1 尾矿库事故分析

近年来，国内尾矿库生产安全事故及环境事件时有发生。2005~2011 年，全国尾矿库共发生事故或环境安全事件 70 起，死亡和失踪 353 人。

尾矿库事故按事故发生形式可分为五类，溃坝事故、排洪系统破损事故、渗漏或管涌事故、洪水漫顶事故以及其他事故。各类事故所占尾矿库事故比例见图 9-1。

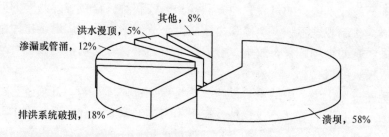

图 9-1 尾矿库事故分类及比例示意图

根据尾矿库实际发生事故的统计资料分析，尾矿库事故中几乎占 1/3 的首先是由于洪水原因所造成的。其中，包括泄洪能力不足，超标洪水、排洪设施损坏或淤堵等；其次坝基渗漏事故约占 1/5，这其中运行前 5 年发生事故的约占 1/3，而运行第一年发生事故的约占 50%；排洪设施事故多发生在投入运行后的第一年的约占 1/3，其中大半发生在汛期泄流时。其他事故中，包括坝坡失稳以及地震液化等。

9.2 尾矿库主要危险因素

导致尾矿坝失事、溃决的直接原因为洪水、坝体稳定性不足，渗流破坏及其他因素。而事故的根源则是尾矿库存在隐患。尾矿库建设前期工作对自然条件了解不够，设计不当（如考虑不周，盲目压低资金而置安全于不顾，由不具有相应设计资质的设计单位进行设计等）或施工质量不良是造成隐患的先天因素。在生产运行中，尾矿库由不具备专业知识的人员管理，尾矿工未经过专业技术培训，未制定合理的安全管理制度和安全操作规程，未按设计要求或有关规定执行，是造成隐患的后天因素。

尾矿坝危险有害因素主要有以下几点：

（1）裂缝。裂缝是一种尾矿坝较为常见的病患。按裂缝方向可分为横向裂缝（垂直坝轴线）、纵向裂缝（平行坝轴线）和龟裂缝等；按产生裂缝原因可分为沉陷裂缝，滑坡裂缝和干缩裂缝等；按部位分为表面裂缝和内部裂缝，细小的裂缝可能发展为集中渗漏的通道，而成为坝体滑坡事故的前兆。产生裂缝的主要原因为：坝体填土由湿变干时收缩，坝体、坝基不均匀沉陷或滑坡；坝体施工质量差，坝身结构及断面尺寸设计不当或其他因素。有的裂缝是由于单一因素所造成，有的裂缝则是多种因素共同造成的。

（2）渗漏。尾矿坝坝体及坝基的渗漏有正常渗漏和异常渗漏之分。正常渗漏有利于尾矿坝坝体及坝前干滩的固结，从而有利于提高坝的稳定性；异常渗漏会导致渗流出口处坝体产生流土、冲刷及管涌各种形式的破坏，严重的可导致垮坝事故。其种类及成因主要有（正常渗漏表现为渗出清水，异常渗漏表现为渗出混水）：

1）坝体异常渗漏。造成坝体渗漏的设计方面的原因：一是主坝坝体单薄，边坡太陡，渗水从滤水体以上溢出；二是复式断面坝体的黏土防渗体设计断面不足或与下游坝体缺乏良好的过渡层，使防渗体破坏而漏水；三是埋设于坝体内的压力管道强度不够或管道埋置于不同性质的地基，地基处理不当，管身断裂；四是有压水流通过裂缝沿管壁或坝体薄弱部位流出，管身未设截流环；五是坝后滤水体排水效果不良；六是对于下游可能出现的洪水倒灌防护不足，在泄洪时滤水体被淤塞失效，迫使坝体下游浸润线升高，渗水从坡面溢出等。造成坝体渗漏施工方面的原因：一是坝体分层填筑时，分层碾压，土层太厚，碾压不透致使每层填土上部密实，下部疏松，库内堆放矿后形成水平渗水带；二是土料含砂砾太多，渗透系数大；三是没有严格按要求控制及调整填筑土料的含水量，致使碾压达不到设计要求的密实度；四是在分段进行填筑时，由于上层厚薄不同，上升速度不一，相邻两段的接合部位可能出现少压或漏压成松土带；五是料场土料的取土与坝体填筑的部位分布不合理，致使浸润线与设计不符，渗水从坝坡逸出；六是坝后滤水体施工时，砂石料质量不好，级配不合理，或滤层材料铺设混乱，致过滤水体失效，坝体浸润线升高等。

2）坝基异常渗漏。造成坝基渗漏的设计方面的原因：一是对坝址的地质勘探工作做得不够，设计时未能采取有效的防渗措施，如坝前水平铺盖的长度或厚度不足，垂直防渗墙深度不够；二是黏土铺盖与透水砂砾石地基之间，未设有效的滤层，铺盖在渗水压力作用下被破坏；三是对天然铺盖了解不够，薄弱部位未做处理等。

施工方面的原因：一是水平铺盖或垂直防渗设施施工质量差；二是施工管理

不善，在库内任意挖坑取土，天然铺盖被破坏；三是岩基的强风化层及破碎带未处理或反过滤设施未按设计要求施工；四是岩基上部的冲积层未按设计要求清理等。

管理运用方面的原因：一是坝前干滩裸露暴晒而开裂，尾矿放矿水等从裂缝渗透；二是对防渗设施养护维修不善，下游逐渐出现沼泽化，甚至形成管涌；三是在坝后任意取土，影响地基的渗透稳定等。

3）接触渗漏。造成接触渗漏的主要原因：一是基础清理不好，未做接合槽或做得不彻底；二是坝体两端与山坡接合部分的坡面过陡，而且清基不彻底或未做防渗齿墙；三是涵管等构筑物与坝体接触处，因施工条件不好，回填夯实质量差，或未设截流环（墙）及其他止水措施，造成渗流等。

4）绕坝渗漏。造成绕坝渗漏的原因：一是与坝体两端连接的岸坡属条形山或覆盖层单薄的山坡而且有透水层；二是山坡的岩石破碎，节理发育，或有断层通过；三是因施工取土或库内存水后由于风浪的淘刷，岸坡的天然铺盖被破坏；四是溶洞以及生物洞穴或植物根茎腐烂后形成的孔洞等。

（3）滑坡。坝体的一部分离开原来位置塌落滑出，叫滑坡。它常常导致尾矿库的溃决事故，一般先由裂缝开始，慢慢逐步扩大和蔓延，致使部分坝体松动，受到外力的作用，发生坍塌。

滑坡的种类及成因：

1）滑坡的种类按滑坡的性质可分为剪切性滑坡、塑流性滑坡和液化性滑坡；按滑面的形状可分为圆弧滑坡、拆线滑坡和混合滑坡。

2）造成滑坡的勘探设计方面的原因：一是在勘探时，没有查明基础有淤泥层或其他高压缩性软土层，设计时未能采取相应的措施；二是选择坝址时，没有避开位于坝脚附近的渊潭或水塘，筑坝后由于坝脚处沉陷过大而引起滑坡；三是坝端岩石破碎、节理发育，设计时未采取适当的防渗措施，产生绕坝渗流，使局部坝体饱和，引起滑坡；四是对地震因素注意不够，以及排水设施设计不当等。

3）施工方面的原因：一是在碾压主坝施工中，由于铺土太厚，碾压不实，或含水量不合要求，干重度没有达到设计标准；二是抢筑临时拦洪断面和合拢断面，边坡过陡，填筑质量差；三是采用风化程度不同的残积上筑坝时，将黏性土填在主坝下部，而上部又填了透水性较大的土料。放矿后，背水坡上部湿润饱和；四是尾矿堆积坝与初期坝二者之间或各期堆积坝坝体之间没有结合好，在渗水饱和后，造成滑坡等。

4）其他原因：一是强烈地震引起主坝滑坡；二是持续的特大暴雨，使坝坡土体饱和，或风浪淘刷，使护坡遭破坏，致坝坡形成陡坡以及在坝体附近爆破或者在坝体上部堆有物料等人为因素。

（4）管涌。管涌是尾矿坝坝基在较大渗透压力作用下而产生的险情。管涌险情的发展，以流土最为迅速。它的过程是随着水位上升，涌水挟带出的砂粒增多，涌水量也随着加大，涌水量增大挟带出砂粒也就更多，如将坝基下的砂层掏空，就会导致坝身骤然下挫，甚至酿成决堤的灾害。由于洪水漫顶，坝坡失稳，渗流破坏、地基不良、地震液化等原因，造成尾矿坝失事。溃决或严重破坏的实例，在国内外每年都有发生，失事造成的经济损失和人员伤亡都相当惨痛。因此，在生产运行中和工程建设中都应认真吸取这些教训。

按照尾矿库事故发生的原因，可以分为七类：

1）因洪水而发生的事故。

2）因坝体失稳而发生的事故。

3）因渗流破坏而发生的事故。

4）因排洪设施损坏而发生的事故。

5）因地震液化而发生的事故。

6）因坝基沉陷发生的事故。

7）因非法开采发生的事故。

10　金属非金属矿山尾矿库典型安全事故案例分析

10.1　因洪水而发生的事故

10.1.1　江西赣州岿美山钨业有限公司尾矿库溃坝事故

10.1.1.1　事故概况

岿美山钨业有限公司尾矿库位于江西省赣州地区，初期坝坝高17米、宽度3米、坝长198米、相应库容50万立方米，库内设有直径1.6米的排水管、上部为0.5米×0.6米双格排水斜槽。见图10-1。

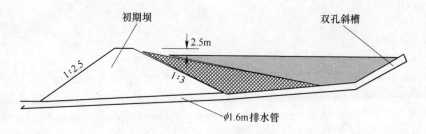

图10-1　岿美山钨业有限公司尾矿库示意图

1960年8月27日，库区范围内连续降雨16小时，雨量达136毫米，库内积水严重。因排水斜槽盖板已被泥沙覆盖，尾矿库泄洪能力不足，导致洪水漫顶、坝体溃决，冲走土方4万立方米、尾矿3万立方米，近千亩农田受害。

10.1.1.2　事故原因

具体原因：

（1）对降雨量考虑不周。由于设计时缺乏地区性气象资料，设计对50年一遇采用最大日降雨量仅为100毫米，且采用的迳流系数仅为0.4，造成洪水计算错误。

（2）排洪能力不足。对汇水面积大、库容小的库区特点，在排洪设施设计中，未认真采取有效排洪措施。其排洪能力只有每秒10立方米，而实际排洪需求为每秒58立方米，不能满足要求。

（3）初期库内蓄水位太高，暴雨之前仅剩20万立方米库容。由于施工时取消了初期排洪塔，且该库上游的排水斜槽被河谷急流中所挟带的大量泥沙覆盖，不但失去了排水控制能力，而且大大降低了排洪能力。

10.1.2 江西德兴银山铅锌矿尾矿库溃坝事故

10.1.2.1 事故概况

银山铅锌矿尾矿库于 1961 年底投入使用，库区建在江西省德兴市以东银山铅锌矿选厂西北 100 米处的西山两侧袋型山谷中。尾矿库的下游紧连矿山生产和生活区，距德兴市市区仅 1.4 千米，占地面积 654 平方米，汇水面积 1.05 平方千米。原设计最大库容为 570 万立方米，初期坝高 12 米（坝顶标高 67.5 米），坝长 107 米，最终堆积坝标高 100 米，最大库容 674.6 万立方米，有效库容 506 万立方米。初期坝为不透水黏土坝，底部无排渗设施。

1962 年 7 月 2 日，因洪水漫顶造成初期坝决口溃坝，致部分尾矿泄漏造成环境污染，所幸未造成人员伤亡。

10.1.2.2 事故原因

具体原因：

（1）初期坝没有施工到设计高度就投入使用。初期坝的设计高度是 12 米，而先期施工高度仅为 6 米就开始投入生产。在坝决口之前，尾矿已堆至距坝顶只有 10~20 米，几乎没有调洪库容。见图 10-2。

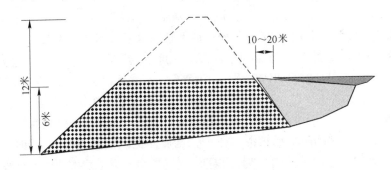

图 10-2 银山铅锌矿尾矿库示意图

（2）坝体施工质量差。原设计是采用黏土类土壤作为筑坝土料，但施工筑坝土料中却夹有大量的强风化性岩石，黏性甚差。另外，施工时未按设计要求夯实所填土层。在原设计中 30 厘米松土夯实至 20 厘米，而实际是 70 厘米松土夯实至 50 厘米。由于一次填土过厚，打夯时冲击力达不到下层，表面显得很紧，而下层却很疏松，层与层的结合不佳，黏合不够紧密。

（3）排水管施工质量差。在排水管施工后进行试验，出现漏水现象，当时进行抢修。在施工中，排水管基础未能按设计要求施工，因而很难预料到排水管在投产后，由于不均匀沉降，以致引起排水管折裂，各管段相互错动，减少水断面，排水量未达设计要求。

（4）管理不善。该坝无专人负责，暴雨时排水斜槽盖板仅开启20厘米宽，未完全打开，降低了排洪能力。另外，尾矿堆放不够均匀，靠决口处尾矿堆层薄，对坝体的加强作用就弱些。

（5）原设计中对坝体与山体的结合采用的是平接而未采用楔开嵌入山体内，因而坝体与山体结合的牢固性甚差，致使决口出现在坝体与山体连接处。

10.1.3　湖南郴州柿竹园有色金属矿牛角垅尾矿库溃坝事故

10.1.3.1　事故概况

牛角垅尾矿库于1971年1月建成投产，位于湖南省郴州地区，为一山谷型尾矿库。该库初期坝采用有黏土防渗斜墙的干砌石坝，属不透水坝。初期坝坝高16米、坝顶宽度3米、坝长92米。该矿尾矿平均粒径为0.08毫米，后期坝为尾矿堆坝，设计堆高41.5米，总库容215万立方米，有效库容为150万立方米，等级为3级。溃坝前已堆尾矿量110万立方米（约150万吨）。

库区汇水面积为3平方千米，调洪高度1.6米。尾矿水所需澄清距离为60米。排水沟及坝底涵洞全长570米，断面为1.2米×1.9米。1979年该涵洞压裂漏砂，后用钢材支护，水泥喷抹处理。尾矿库尾端建有一截洪沟，长222.7米，断面为4米×2.9米，将库区洪水排入东河。

1985年8月24~25日，库区范围内连降暴雨，雨量达到429.8毫米，最大小时降雨量为75.6毫米，分别为郴州地区最大日降水量180毫米的2.39倍、最大小时降雨量63.7毫米的1.19倍，属于数百年不遇之特大洪水（郴州地区最大降水量为180毫米）。25日凌晨3时40分，山洪暴发，加之暴雨时大量泥石流下泄，上游洪水越过截水沟进入尾矿库，加之离尾矿坝基100米处发生1号和2号泥石流直冲库内。仅几分钟，洪水漫顶冲垮牛角垅尾矿库，造成洪水漫顶冲垮坝体近60米长的缺口，致高达23米的尾矿堆积坝全部冲溃，尾矿流失量达约100万吨。见图10-3。

本次溃坝事故在矿区内冲毁房屋39栋，造成危房22栋，淹没房屋27栋；造成矿区内49人死亡；冲毁设备25台、冲走钢材200多吨、水泥1200多吨，各种原材料84.7万元；冲毁输电线路3.5千米，通信线路4.38千米，矿区自备公路4.3千米，国家公路3千米，冲毁桥梁3座，致使通信、供电、交通全部中断。矿区直接经济损失1300万元。

下游地区倒塌部分大型临时工程，污染东河两岸农田15454亩、生活水井29个；造成东河河堤决口39处，冲垮拦河坝17座、涵洞15个、渠道11条，河床淤塞泥石量达201万立方米，水系污染相当严重。

10.1.3.2　事故原因

具体原因：

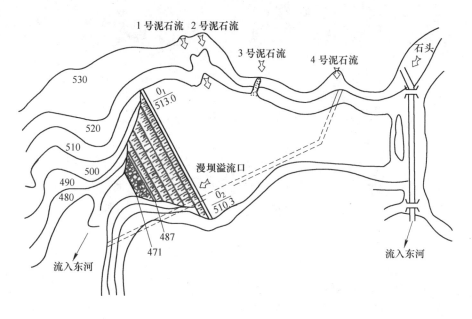

图 10-3 牛角垅尾矿库溃坝示意图

（1）设计时收集的气象资料日最大降水量为 180 毫米，因此没有考虑这么大的排水量，设计时考虑的最大日降雨量为 195 毫米，而实际达 429.6 毫米。因此，排洪设施无法满足要求。

（2）设计部门只按最大日降雨量和最大小时降雨量进行设计，造成了排洪溢洪不够的现象。

（3）从断面来分析排洪能力，截洪沟断面 10.8 平方米，排洪涵洞仅 2.28 平方米，合计仅 13.08 平方米的排水断面。而 8 月 25 日进入尾矿库的流入断面除排水断面外还有 1 号、2 号、3 号、4 号及排洪道处的大股流入库内，超过 17.05 平方米的断面水流。因此，该库无法排洪，造成垮坝。

（4）垮坝决口的分析，从坝基上的测量标志来看东端标高为 513 米，西端标高为 510.3 米。因此，满坝后，洪水即从西端开始外溢，冲垮子坝继而冲垮整个基础坝。

10.1.4 广东信宜紫金矿业银岩锡矿尾矿库溃坝事故

10.1.4.1 事故概况

2010 年 9 月 21 日 10 时许，台风"凡亚比"带来的强降雨，导致广东信宜紫金矿业银岩锡矿尾矿库发生溃坝，见图 10-4。溃坝共造成 22 人死亡，房屋全倒户 523 户、受损户 815 户。受溃坝影响，下游流域范围内交通、水利等公共基础设施以及农田、农作物等严重损毁。

图 10-4 银岩锡尾矿库示意图

10.1.4.2 事故原因

具体原因：

（1）诱因。2010 年 9 月 21 日 10 时许，台风"凡亚比"带来特大暴雨，降雨量超过 200 年一遇。银岩锡矿周边地区 200 年一遇 24 小时最大降雨量为 424 毫米。受台风"凡亚比"影响，此次该地区 24 小时最大降雨量为 427 毫米，超 200 年一遇的实际值。

（2）直接原因。导致溃坝的直接原因是尾矿库排水井在施工过程中被擅自抬高进水口标高。经查，该尾矿库 1 号排水井最低进水口原设计标高为 +749 米，但实际标高为 +751.597 米，被擅自修改抬高了 2.597 米，严重影响了排水井的泄洪能力。另外，按规定，在汛期来临前，企业应把 1 号排水井下部 6 个进水孔拱板全部打开，将尾矿库区水位降到最低。但实际上，1 号排水井下部 6 个进水孔基本被拱板挡住，造成超蓄而降低排洪能力。

（3）间接原因。导致溃坝的间接原因是尾矿库设计标准水文参数和汇水面积取值不合理，致使该尾矿库实际防洪标准偏低。具体体现在几个方面：

1）设计单位中国瑞林工程技术有限公司设计的尾矿库排洪系统泄洪能力不能满足 200 年一遇暴雨洪水要求。银岩锡矿区 200 年一遇降雨量应为 424 毫米，而原设计选取 200 年一遇降雨量为 379.5 毫米，偏差 44.5 毫米。且在尾矿库安全设施验收时没有指出 1 号排水井最低进水口标高被抬高的问题。

2）尾矿库汇水面积设计取值存在较大误差。原设计采用的尾矿库汇水面积为 2.503 平方千米，而经福建省国土资源测绘院重新测量，高旗岭尾矿库的总汇水面积实际应为 3.743 平方千米，设计取值比实际值小 1.24 平方千米，导致排洪压力比原设计的大。

3）原设计未考虑设置应急排洪设施。尾矿库安全预评价报告提出按 200 年一遇暴雨洪水标准，调洪水位距坝顶仅 0.03 米，不满足 1.0 米的规范要求，有洪水漫坝可能，建议在初期坝使用时期，加设应急排洪设施。但是，实际上并未设置应急排洪设施。

4）施工单位福建金马建设工程有限公司违规按建设单位自行出具的无效《设计变更通知单》进行施工，使 1 号排水井最低进水口标高比原设计抬高了 2.597 米。且没有向竣工验收评价单位、安监部门提供设计变更后的施工图纸进行评价和验收。

5）监理单位长春黄金设计院工程建设监理部未能正确履行监理职责，在未取得设计单位书面同意变更设计的情况下，违规同意建设单位对 1 号排水井作出的重大变更。2009 年 6 月，在 2 号排水井未完工的情况下，参与了信宜紫金公司组织的 1 号、2 号排水井及涵洞工程验收。

6）安全验收评价单位北京国信安科技术有限公司在对尾矿库进行验收评价时，所依据的竣工图是加盖了"竣工图章"的"排洪隧洞纵断面图设计图"，而非真正的竣工图。

10.1.5 河南省嵩县祁雨沟金矿"8.3"尾矿坝溃坝事故

10.1.5.1 事故概况

1996 年 8 月 3 日 7 时 50 分，嵩县祁雨沟金矿尾矿坝发生溃坝事故，造成死亡 36 人，伤 5 人，直接经济损失 850 万元。

嵩县祁雨沟金矿位于嵩县城关镇境内，该矿始建于 1977 年，经过五次改扩建，形成日采选 350 吨的规模。该尾矿坝为五级坝，基础坝为高 13 米的均质不透水黏土坝，堆积坝用尾矿砂逐级堆筑而成，坝的下游坡面有约 1 米厚的干砌石护坡。坝高 29.8 米，坝顶宽度 70 米，坝顶长度 105 米；库内积水 8 万立方米、积尾砂 60 万立方米。

8 月 3 日凌晨 7 时 50 分，暴雨中的尾矿坝堆积与基础坝结合部发生管涌，约 5 秒钟后，自该部位上方涌泻出约 2 万立方米的尾矿浆。尾矿浆夹裹着护坡石块顺势而下，将距尾矿坝百余米的砂泵房、汽车队二层楼房和供应科三层楼房全部冲倒，正在汽车队一楼会议室召开防汛工作会议的汽车队在职工和在该区域内房舍内住的职工家庭共 41 人被倒塌的楼房或倾泻而下的尾矿浆压埋。8 月 4 日凌晨 6 时 30 分前后，尾矿坝自前次溃坝处上游段再次发生溃坝，10 万多立方米尾矿浆和着 8 万立方米的水涌泻而下，尾矿库下游 300 米内的建筑物因受到冲击而遭到较为严重的毁坏。

10.1.5.2 事故原因

具体原因：

（1）直接原因。直接原因是特大暴雨导致溃坝事故的发生。入汛以来，嵩县境内的降雨强度和频率为该地区 153 年一遇，超出了五级坝的抗洪能力。大强度、高频率和长时间的降雨渗入尾矿砂，浸润线被迅速抬高至堆积坝和基础坝的结合部以上，尾矿砂浸润线以下的堆积物被液化。尾矿坝所具有的高位势能加速转换成巨大动能，下滑力骤然增大，超过坝体支撑力，从坝体的最薄弱处形成管涌，最终导致溃坝。

（2）间接原因。间接原因是祈雨沟金矿建矿之初，当时本着"因陋就简、土法上马、自力更生"的精神，边探矿、边基建、边生产。尾矿库没有经过科学设计就投入运行，没有排水洞和排渗设施，缺少完整的排洪、泄洪系统，形成"先天"不足，为事故的最终发生埋下了隐患。加之该矿安全管理人员调动频繁，离任者和继任者对尾矿库的前期安全管理与运行状况了解和交底不够，致使尾矿库的管理，尤其是中后期管理缺少必要的技术资料，在进行尾矿库安全运行管理时缺少针对性，存在盲目性。

10.1.5.3 改进措施

具体改进措施：

（1）新尾矿库的建设要严格按照安全规程的要求，进行科学设计，严格施工过程管理，加强投入运行后的日常管理工作。

（2）要认真执行"三同时"制度，并加强对事故隐患的整改工作。

（3）加大安全技措资金的投入，完善安全手段，提高安全管理的技术水平。

10.1.6 美国布法罗河矿尾矿库溃坝事故

10.1.6.1 事故概况

布法罗河尾矿坝位于美国西弗吉尼亚州。该坝采用煤矸石、低质煤、页岩、砂岩等材料堆筑，坝高 45 米、坝长 365 米、顶宽 152 米。在其上游 180 米和 364 米处用煤矸石各建有新坝一座，坝高 13 米、坝长 167 米、宽 146 米，其库内设有直径 610 毫米管道以控制上游库水位。

1972 年 2 月 23 日起，连续降雨三天，降雨量达 94 毫米。库内水位上涨，并高于坝顶 2 米，坝体出现纵裂缝，继而产生大滑动，塌滑体挤压第二库容，造成库内泥浆急速涌起并越过坝顶。

1972 年 2 月 26 日，库内泥浆迅速涌起越过坝顶，高达 4 米。泥浆急流将下流坝冲开一个宽 15 米、深 7 米的决口，泥浆倾泻而下，将上游库内 48 万立方米的煤泥废水在 15 分钟内排泻一空。泥浆流速达每小时 8 千米，并持续了 3 个小时，下泻了 24 千米，直达布法罗河口。

这次溃坝，造成 125 人死亡，4000 人无家可归，冲毁桥梁 9 座，公路 1 段，经济损失达 6200 万美元。

10.1.6.2　事故原因

库内未设溢洪道，原有泄水管的泄水能力小，无法抵挡洪水漫顶。

10.2　因坝体失稳而发生的事故

10.2.1　云南红河新冠选矿厂火谷都尾矿库溃坝事故

10.2.1.1　基本情况

新冠选矿厂火谷都尾矿库位于我国云南省红河州境内、个旧市城区以北 6 千米，为一个自然封闭地形。西南与火谷都车站相邻；东部高于个旧—开远公路约 100 米，水平距离 160 米；北邻松树脑村；再向北即为乍甸泉出水口，高于该泉 300 米，周围山峦起伏、地势陡峻。库区有两个垭口，北面垭口底部标高 +1625 米，东部垭口底部标高 +1615 米，设计最终坝顶标高 +1650 米。东部垭口建主坝，待尾矿升高后，再以副坝封闭北部垭口，见图 10-5。

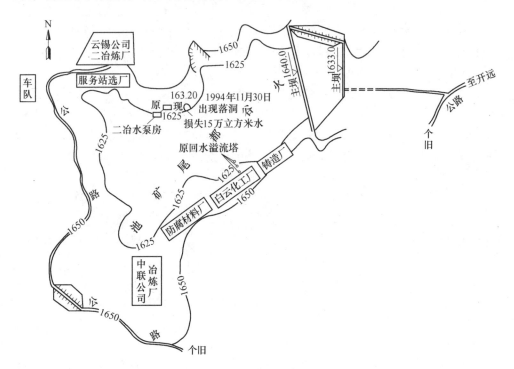

图 10-5　火谷都尾矿库库区平面图

火谷都尾矿库当时存放新冠选矿厂的尾矿，属砂锡矿的尾矿，平均粒径约为 0.022 毫米，0.019 毫米的占 74.44%，由于颗粒太细，设计采用一次建坝，分期施工的方案。总坝高为 35 米，总库容为 1270 万立方米，见图 10-6。

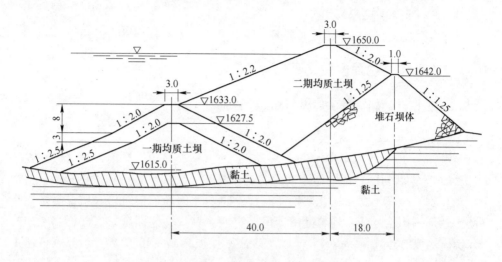

图 10-6　火谷都尾矿库原设计示意图

该库位于熔岩不甚发育地区，周边有少许溶洞，主坝位于库区东部垭口处。原设计为土石混合坝，因工程量大分两期施工。第一期工程为土坝，坝高 18 米，坝底标高 +1615 米，坝顶标高 +1633 米，内坡为 1:2.5 ~ 1:2，外坡为 1:2，相应库容 475 万立方米，土方量 12 万立方米。第二期工程为土石混合坝，坝高 35 米，坝顶标高 +1650 米，相应库容 1275 万立方米、土方量 32 万立方米、石方量 18 万立方米。第一期土坝工程施工质量良好，实际施工坝高降低了 5.5 米，坝顶标高为 +1627.5 米，相应减少土方工程量 9 万立方米，相应库容量为 325 万立方米。生产运行中，坝体情况良好，未发现异常现象。

按原设计意图在第一期工程投入运行后，即应着手进行尾矿堆筑坝体试验工作，若不能实现利用尾矿堆筑坝体，则应按原设计进行二期工程建设。

该库于 1958 年 8 月投入运行，至 1959 年底，库内水位已达 +1624.3 米，距坝顶相差 3.2 米，库容将近满库。此时，尚未进行第二期工程施工。

为了维持生产，于 1960 年全年，生产单位组织人员在坝内坡上分 5 层填筑了一座临时小坝，共加高了 6.7 米、坝顶标高为 +1634.2 米，见图 11-7。筑坝与生产放矿同时进行（边生产边放矿），大部分填土没有很好夯实，筑坝质量很差。

1960 年 12 月，临时小坝外坡发生漏水，在降低水位进行抢险时又发生了滑坡事故。经研究将二期工程的土石混合坝坝型改为土坝，坝顶标高 +1639.5 米，并将坝体边坡改陡至内坡 1:1.5，外坡 1:（1.5 ~ 1.75），以维持生产。

1961 年 3 月，第二期工程坝体已施工至 +1625 米标高，但筑坝速度落后于库内水位上升速度。为了维持生产并减少筑坝工程量，在没有进行工程地质勘察情况下，即决定将第二期工程部分坝体压在临时小坝上。同时，提出进一步查明工程地质情况和尾矿沉积情况后，再决定第二期工程坝体采取前进（全部压在临时小坝上）方案或后退（只压临时小坝1/3）方案。1961年5月，在未进行工程地质勘察的情况下，决定将第二期工程坝体全部压在临时小坝上，且坝体增高4.5米，即坝顶标高为+1644米，土坝内坡为1：1.5，外坡分别为1：1.5、1：1.6、1：1.75。修改后坝体断面构造见图10-7。

溃坝前总坝高为29米，储存的总尾矿量为814.3万吨。

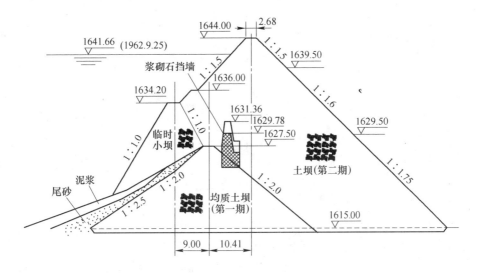

图 10-7 火谷都尾矿库修改后的实际坝体断面构造图

10.2.1.2 事故概况

1962年9月20日，发现坝体南端和中部坝顶出现两条2~3毫米的裂缝，长度约12米。在迎水坡上距坝顶约0.8米处也发现一条同样裂缝。

9月23日至9月25日连续降雨，降雨量共28.8毫米，库水位上升较快。9月25日库水位达1641.66米，是投产以来的最高水位。

9月26日凌晨2点半到3点之间。在坝体中部（坝长441米）发生溃坝，决口顶宽113米，底宽45米（位于+1933米一期坝高）深约14米，流失尾矿330万立方米、澄清水38万立方米，共流失尾矿及澄清水达368万立方米。库水位由+1641.66米降至+1633米。

由于涌量大，冲力猛。冲毁及淹没的田地8112亩，损失粮食675吨；造成11个村寨及1座农场被毁，冲毁房屋575间；受灾人达13970人，其中171人死亡、92人受伤。

此外，冲刷、淤塞河道1700米，另有3800米沟渠受到局部破坏；损坏公路路基180米，淹没公路路面4500米；受输电线路和提水泵站严重损坏的影响，大量厂矿停产10天。

10.2.1.3 事故原因

具体原因：

（1）坝坡太陡，坝体断面单薄。由于第二期坝的设计经过几次修改，最后施工的边坡，上游1：1.5，下游1：1.6，这对于用粉性壤土堆筑的高29米的坝来说显然过陡。坝顶宽度仅有2.68米，上面还安装了两条铸铁输送管，也加重坝顶的荷载。

（2）在一期坝坝坡上堆筑的临时小坝，当时是作为维持生产的临时措施，施工质量差，且小坝基础坐落在尾矿砂和矿泥上，本身就不稳定。后在未经详细勘探和技术鉴定的情况下，将第二期坝压在上面，增加了土坝向下滑的危险。

（3）尾矿坝修筑时，为了维持生产，不得不多次分期加高，使土坝的结合面增多，较大的结合面有6处，小的接缝为数更多。接缝未按照土坝施工规范的要求进行处理，结合情况不好，影响坝的整体性稳定。

（4）在修改原来二期坝的设计后，未对使用的土料进行物理力学性能试验，缺乏筑坝土料必需的数据。施工时铺土过厚，土料不均匀，并夹有风化石块。

（5）临时小坝下游坡的土壤，施工时没有很好夯实。其中，有一段含水饱和时无法碾压，抢险时期投入的树木、支架、草皮和施工生产留下的石墩钢轨等也未清除。在第一期坝的下游坡还有一座长43米的石砌挡墙，也被埋入坝体内，这就增加了坝体不均匀沉降和形成裂缝的隐患。另外，土坝碾压仅有平碾压路机，各层结合情况不好，有些部位上还夹有尾砂矿层，使坝的整体性受到破坏。

（6）构筑二期坝时边施工、边生产，蓄水放矿同时进行，使坝身土壤不能很好固结。加之坝下游没有设置过滤水体，使土坝的浸润线抬高，渗透压力加大。

（7）在尾矿设施的运行管理上，缺少严格的防护、维修、观测、记录制度，运行过程中对尾砂的堆积情况研究不够。

10.2.2 广西南丹鸿图选矿厂尾矿库溃坝事故

10.2.2.1 基本情况

鸿图选矿厂位于广西壮族自治区南丹县大厂镇，是一家民营企业，设计生产规模每天120吨。1999年建成投产，实际处理能力为每天200吨。尾矿库为山谷型，未进行正规设计，是依照大厂矿区其他尾矿库模式建成的，没有经过有关部门和专家评审。

尾矿库修筑方式是利用一条山谷构筑成山谷型上游式尾矿库。初期坝是浆砌石不透水坝，坝顶宽4米，坝长25.5米，地上部分高2.2米，埋入地下约4米。后期坝采用集中放矿上游式筑坝，后期坝总高9米，坝面水平长度25.5米，库容2.74万立方米，尾矿库基本未设排洪设施。事故前坝高和库容已接近最终闭库数值。

尾矿库坝首下方是一条东南走向的上高下低的谷地,有几户农民和铜坑矿基建队的10多间职工宿舍。1999年下半年,便陆续有外地民工在此搭建工棚。事故发生时坝下仍有50多间外来民工工棚。

10.2.2.2　事故概况

2000年10月18日上午9时50分,尾矿库后期坝中部底层首先垮塌,随后整个后期堆坝坝全面垮塌,尾砂和库内积水直冲坝下游对面山坡反弹后,再沿坝侧20米宽的山谷向下游冲出700米,共冲出水和尾砂1.43万立方米。其中,水2700万立方米、尾砂1.16万立方米,库内尚留存尾砂11.3万立方米。

此次垮坝事故造成28人死亡,56人受伤。其中,铜坑矿基建队职工家属死亡5人,外来人员死亡23人,冲毁民工工棚34间和铜坑矿基建队的房屋36间,直接经济损失340万元。

10.2.2.3　事故原因

具体原因:

(1) 直接原因。由于基础坝不透水,在基础坝与后期堆积坝之间形成一个抗剪能力极低的滑动面。又由于尾矿库长期人为蓄水过多,干滩长度不够(干滩长仅4米),致使坝内尾砂含水饱和、坝面沼泽化,坝体始终处于浸泡状态而得不到固结并最终因承受不住巨大压力而沿基础坝与后期堆积坝之间的滑动面垮塌。

(2) 间接原因。

1) 严重违反基本建设程序,审批把关不严。尾矿库的选址没有进行安全认证;尾矿库也没有进行正规设计,是依照大厂矿区其他尾矿库模式建成的,没有经过有关部门和专家评审,而由环保部门进行筑坝指导;基础坝建成后未经安全验收即投入使用。

2) 企业急功近利,降低安全投入,超量排放尾砂,人为使库内蓄水增多。由于尾矿库库容太小,服务年限短,与选矿处理量严重不配套,造成坝体升高过快,尾砂固结时间缩短。同时,由于库容太小,尾矿水澄清距离短,为了达到环保排放要求,库内冒险高位储水,仅留干滩长度4米。

3) 由于是综合选矿厂,尾矿砂的平均粒径只有0.07~0.4毫米。尾砂粒径过小,导致透水性差,不易固结。

4) 业主、从业人员和政府部门监管人员没有经过专业培训,素质低,法律意识、安全意识差,仅凭经验办事。

5) 安全生产责任制不落实,安全生产职责不清,监管不力,没有认真把好审批关,没能及时发现隐患。

6) 政府行为混乱,对安全生产领导不力,没能及时发现安全生产职责不清问题, 对选厂没有实行严格的安全生产审查, 对选厂缺乏规划, 盲目建设。

10.2.3　陕西商洛镇安金矿尾矿库溃坝事故

10.2.3.1　基本情况

镇安金矿位于陕西商洛市镇安县, 目前选矿厂日处理量450吨。尾矿库为山谷型, 原设计初期坝高20米, 后期坝采用上游法尾矿筑坝, 尾矿较细, 粒径小于0.074毫米的占90%以上。堆积坡比1:5, 并设排渗设施。堆积高度16米, 总坝高36米, 总库容28万立方米。

1993年投入运行, 在生产中改为土石料堆筑后期坝至标高 +735米时, 已接近设计最终堆积标高 +736米, 下游坡比为1:1.5。此后, 1997年7月、2000年5月、2002年7月, 在初步设计坝顶标高 +734米基础上, 镇安黄金矿业公司又分别三次组织对尾矿库坝体加高扩容, 工程发包给当地村民进行施工。三次坝体加高扩容使尾矿库实际库容达到105万立方米, 坝高达到50米, 坝顶长164米, 坝顶标高 +750米。2006年4月又开始进行第四次加高扩容, 采用土石料向库内推进10米加筑4米高子坝一道。

10.2.3.2　事故概况

2006年4月30日下午, 镇安黄金矿业公司组织1台推土机和一台自卸汽车及4名作业人员在尾矿库进行坝体加高施工作业。

18时24分左右, 施工由尾矿库坝体左岸向右岸至约83米处时, 在第四期坝体外坡, 坝面出现蠕动变形, 并向坝外移动。随后, 产生剪切破坏, 沿剪切口有泥浆喷出, 瞬间发生溃坝。泥石流冲向坝下游的左山坡, 然后转向右侧, 约15万立方米尾矿渣下泄到距坝脚约200余米处。其中, 绝大部分尾矿渣滞留在坝脚下方的200米×70米范围内, 少部分尾矿渣及污水流入米粮河。

正在施工的1台推土机和1台自卸汽车及4名作业人员随溃坝尾矿渣滑下。下泄的尾矿渣造成15人死亡, 2人失踪, 5人受伤, 76间房屋毁坏淹没的特大尾矿库溃坝事故 (见图10-8, 图10-9)。同时, 造成20多吨含氰化物的淤泥和废水下泄, 污染了环境。

10.2.3.3　事故原因

具体原因:

(1) 直接原因。

1) 多次违规加高扩容, 尾矿库坝体超高并形成高陡边坡。1997年7月、2000年5月和2002年7月, 镇安黄金矿业公司在没有勘探资料、没有进行安全条件论证、没有正规设计的情况下擅自实施了三期坝、四期坝和五期坝加高扩容工程。使得尾矿库实际坝顶标高达到 +750米, 实际坝高达50米, 均超过原设计16米。下游坡比实为1:1.5, 低于安全稳定的坡比, 形成高陡边坡, 造成尾矿库

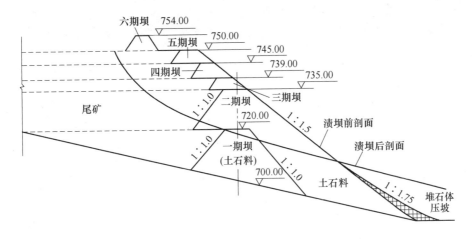

图 10-8　商洛镇安金矿尾矿库示意图

图 10-9　商洛镇安金矿尾矿库溃坝事故现场

坝体处于临界危险状态。

　　2）不按规程规定排放尾矿，尾矿库最小干滩长度和最小安全超高不符合安全规定。该矿山矿石属氧化矿，经选矿后，尾矿渣颗粒较细，在排放的尾矿渣粒度发生变化后，镇安黄金矿业公司没有采取相应的筑坝和放矿方式，并且超量排放尾矿渣，造成库内尾矿渣升高过快，尾矿渣固结时间缩短，坝体稳定性变差。

　　3）擅自组织尾矿库坝体加高增容工程。由于尾矿库坝体稳定性处于临界危险状态，2006 年 4 月，镇安黄金矿业公司又在未报经安监部门审查批准的情况下进行六期坝加高扩容施工，将 1 台推土机和 1 台自卸汽车开上坝顶作业，使总坝顶标高达到 +754 米，实际坝高达 54 米，加大了坝体承受的动静载荷，加大了高陡边坡的坝体滑动力，加速了坝体失稳。

　　4）当坝体下滑力大于极限抗滑强度，导致圆弧型滑坡破坏。与溃坝事故现场目测的滑坡现状吻合。同时，由于垂直高度达 50～54 米，势能较大，滑坡体本身呈饱和状态，加上库内水体的迅速下泄补给，滑坡体迅速转变为黏性泥石流，形成冲击力，导致尾矿库溃坝。

（2）间接原因。

1）设计单位西安有色冶金设计研究院矿山分院设计人员私自为镇安黄金矿业公司提供了不符合工程建设强制性标准和行业技术规范的增容加坝设计图，对该矿决定并组织实施增容加坝起到误导作用，是造成事故的主要原因。

2）评价单位陕西旭田安全技术服务有限公司未针对镇安黄金矿业公司尾矿库实际坝高已经超过设计坝高和企业擅自三次加高扩容而使该尾矿库已成危库的实际状况，作出符合现状的、正确的安全评价。评价报告的内容与尾矿库实际现状不符，作出该尾矿库属运行正常库的结论错误，对继续使用危库和实施第四次坝体加高起到误导作用，是造成事故的主要原因。

10.2.4 辽宁省海城西洋鼎洋矿业有限公司尾矿库溃坝事故

10.2.4.1 基本情况

海城西洋鼎洋矿业有限公司于 2004 年 2 月 27 日成立，隶属于西洋集团。该公司主要拥有日处理矿石 1 万吨的铁矿选厂和配套的尾矿库，选矿采用磁选工艺，年产 50 万吨铁精粉。

该公司尾矿库分两期建设。其中，1 号库为一期工程，库容约 130 万立方米，因未取得安全生产许可证，已于 2006 年年底停止使用，即将闭库；二期工程包括 2～5 号库，于 2007 年 7 月完成设计，10 月 16 日竣工，11 月 6 日取得安全生产许可证。二期工程设计总库容为 8.4 万立方米，尾矿坝为一次性建筑土石坝，尾矿库等别为 5 等库，设计服务年限 5 年。其中，发生溃坝的 5 号库设计库容为 36.78 万立方米，设计最大坝高 14 米，内外坡比 1：2。

10.2.4.2 事故概况

2007 年 11 月 25 日 5 时 50 分，辽宁省海城西洋鼎洋矿业有限公司选矿厂 5 号尾矿库发生溃坝事故，致使约 54 万立方米尾矿下泄，造成该库下游约 2 千米处的甘泉镇向阳寨村部分房屋被冲毁，13 人死亡，3 人失踪，39 人受伤。

10.2.4.3 事故原因

具体原因：

（1）直接原因。该库擅自加高坝体（由设计的 14 米增加至溃坝时的 22 米），改变坡比（由设计的 1：2.0 增加至溃坝时的 1：1.75），造成坝体超高、边坡过陡；实际库容约 80 万立方米，达到设计库容的 2.17 倍，超过极限平衡，致使 5 号库南坝体最大坝高处坝体失稳，引发深层滑坡溃坝，见图 10-10。

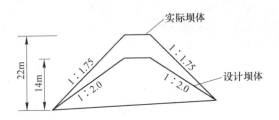

图 10-10　西洋鼎洋矿业有限公司尾矿库示意图

（2）间接原因。

1）设计单位管理不规范。设计单位中冶北方工程技术有限公司矿山设计研究所无设计资质，却以中冶北方公司的设计资质承揽设计。在未签外聘合同的情况下组织外单位人员设计。在未作施工图设计和缺少验收条件的情况下在工程验收单上盖章。

2）建设单位严重违反设计施工。海城西洋鼎洋矿业有限公司擅自加高坝体，改变坡比，严重违反原设计，造成坝体超高，边坡过陡，坝体失稳。

3）施工单位管理混乱。施工单位甘泉建筑工程有限公司未与建设单位签订合同，以劳务合作形式提供 20 余人的施工人员，施工机械全部由建设单位提供，却在工程验收单施工单位上盖章。

4）监理单位失职。鞍山金石工程建设监理中心未与建设单位签订监理合同，未对二期工程进行有效的监理。

5）验收评价机构不认真，不负责。沈阳奥思特安全技术服务有限公司负责竣工验收评价，在没有施工记录、竣工报告、竣工图和监理报告的情况下，做出了该尾矿库是正常库、具备安全生产条件的评价结论。

10.2.5　山西襄汾新塔矿业公司尾矿库溃坝事故

10.2.5.1　基本情况

襄汾新塔矿业公司尾矿库属于新塔公司。新塔公司选矿采用临钢公司原选矿厂，年处理能力为 35 万吨，于 2007 年 9 月 16 日正式开始生产。至事故发生前，该选矿厂共产出铁精粉约 10 万吨。

发生事故的 980 沟尾矿库是 1977 年临钢公司为与年处理 5 万吨铁矿的简易小选厂相配套而建设，位于山西省临汾市襄汾县陶寺乡云合村 980 沟。1982 年 7 月 30 日，尾矿库曾被洪水冲垮，临钢公司在原初期坝下游约 150 米处重建浆砌石初期坝。1988 年，临钢公司决定停用 980 沟尾矿库，并进行了简单闭库处理。此时，总坝高约 36.4 米。2000 年，临钢公司拟重新启用 980 沟尾矿库，新建约 7 米高的黄土子坝，但基本未排放尾矿。2006 年 10 月 16 日，980 沟尾矿库土地使用权移交给襄汾县人民政府。

2007年9月，新塔公司擅自在停用的980沟尾矿库上筑坝放矿，尾矿堆坝的下游坡比为1：1.3至1：1.4。自2008年初以来，尾矿坝子坝脚多次出现渗水现象，新塔公司采取在子坝外坡用黄土贴坡的方法防止渗水并加大坝坡宽度。同时，使用塑料膜铺于沉积滩面上，阻止尾矿水外渗，使库内水边线直逼坝前，无法形成干滩。事故发生前，尾矿坝总坝高约50.7米，总库容约36.8万立方米，储存尾砂约29.4万立方米。

10.2.5.2　事故概况

2008年9月8日7时58分，980沟尾矿库左岸的坝顶下方约10米处，坝坡出现向外拱动现象，数十秒内坝体绝大部分溃塌。库内约20万立方米混杂着矿渣的泥水从100多米的半山腰狂泻而下（见图10-11），顷刻间吞没了1.5千米长、数百米宽的地带，波及范围约525亩，最远影响距离约2.5千米。造成277人死亡、4人失踪、33人受伤，直接经济损失达9619.2万元。

图10-11　新塔矿业尾矿库溃坝事故现场

10.2.5.3　事故原因

具体原因：

（1）直接原因。新塔公司非法违规建设、生产，致使尾矿堆积坝坡过陡。同时，采用库内铺设塑料防水膜防止尾矿水下渗和黄土贴坡阻挡坝内水外渗等错误做法。擅自在旧库上挖库排尾，从而造成尾矿库大面积液化，导致坝体发生局部渗透破坏，并引起处于极限状态的坝体失去平衡、整体滑动，造成溃坝。

（2）间接原因。

1）非法违规建设尾矿库。在未经尾矿库重新启用设计论证、有关部门审批，也未办理用地手续、未由有资质单位施工等情况下，擅自在已闭库的尾矿库上再筑坝建设并排放尾矿。未取得尾矿库《安全生产许可证》、未进行环境影响评价，就大量进行排放生产。

2）长期非法采矿选矿。新塔公司一直在相关证照不全的情况下非法开采铁矿石，非法购买、使用民爆物品。2007年9月以来，新塔公司在未取得相关证照、未办理相关手续情况下，非法进行选矿生产。

3）长期超范围经营，违法生产销售。新塔公司注册的经营范围为经销铁矿石，但实际从事铁矿石开采、选矿作业、矿产品销售。

4）企业内部安全生产管理混乱。新塔公司安全管理规章制度严重缺失，日常安全管理流于形式，安全生产隐患排查工作不落实，采矿作业基本处于无制度、无管理的失控状态，安全生产隐患严重。尾矿库毫无任何监测、监控措施，也不进行安全检查和评价，冒险蛮干贴坡，尾矿库在事故发生前已为危库。

5）无视和对抗政府有关部门的监管。2007年7月至事故发生前，当地政府及有关部门多次向新塔公司下达执法文书，要求停止一切非法生产活动。但直至事故发生，该公司未停止非法生产，并在公安部门查获其非法使用民爆物品后，围攻、打伤民警，堵住派出所大门，切断水电气，砸坏办公设施。

（3）其他原因。企业的安全生产许可证已经被吊销两年多了但却依然非法生产，监管部门在明知企业非法生产的情况下，却没有进行彻底整改和停产。

10.2.6　湘西花垣锰渣库溃坝事故

10.2.6.1　基本情况

峰云矿业有限公司这是一家民营电解锰企业，2006年7月投产。公司的锰渣库坝高5米，长59米，设计总库容为15万立方米。这个锰渣库建筑在地势陡峭的山谷中，漆黑的电解锰废渣已经"爆满"。排放锰渣的压力车间与锰渣库大坝落差至少在40米以上，被雨水泡得松软黏稠的锰渣，仅靠两道单薄的坝体拦截，副坝在上、主坝在下。而主坝下方数十米处，209国道和花垣河并排蜿蜒穿过。坝下狮子村有17户民宅，住着100多人。此次溃决的正是副坝，这个副坝并非钢混结构，而是用简陋石砖围堰，峰云矿业公司的电解锰车间就紧挨着副坝右侧。峰云公司锰渣库下游是村寨、道路与河流，选址极不合理，严重背离了安全生产常识。

调查发现，在花垣县政府办2008年《关于进一步落实尾矿库安全隐患排查整治、环境安全隐患整改与监控责任分解的通知》表格上，峰云矿业公司锰渣库被标注为"病库"；具体的安全隐患："无排洪系统、坝体有渗漏、下游有村寨"；而"备注"栏标明：峰云矿业公司"在生产"。

事故发生后，花垣县向上级部门提供的汇报材料提到，早在2008年，县安监局责令峰云矿业公司"补充完善相关手续"。峰云公司"委托湖南省湘西工程勘察设计院进行工程地质勘察"，并称"有关隐患"已经"整改完毕"。

今年4月，当地多日阴雨不断。出于安全考虑，县安监局于8日再次对峰云矿业公司下达了停止使用锰渣库的指令。然而，这家企业仍在违规生产，并不断向早已"爆满"的锰渣库放矿。"直至溃坝事故发生，公司车间的机器仍在轰鸣。"

10.2.6.2 事故概况

2010年4月10日下午，湘西土家族苗族自治州花垣县峰云锰业有限责任公司发生一起锰渣库侧坝溢出事故，事故导致6人失踪。4月12日下午，湘西土家族苗族自治州花垣县花垣镇锰渣库溃坝事故中最后一名失踪者遗体被找到。6名失踪者全部遇难。其中，年龄最大的56岁，最小的28岁。

在10日下午发生事故的前两天，当地安监部门已经向峰云矿业有限公司下达了闭库停产指令。峰云矿业公司锰渣库从2006年建成之日起，就存在严重的安全隐患，在长达4年时间里，有关部门多次"责令整改"却毫无效果，最终酿成了这起惨剧。

10.2.6.3 事故原因

具体原因：

（1）直接原因。花垣县峰云锰业有限责任公司违规生产，并超能力向锰渣库排放废渣，是导致事故发生的直接原因。

（2）间接原因。

1）尾矿设施施工质量差，坝体用简陋石砖围堰。运行过程中，对尾砂的堆积情况研究不够。

2）政府监管不力，下达整改通知之后，没有监督实施，对安全生产领导不力，没能及时发现安全生产职责不清问题，对选厂没有实行严格的安全生产审查，对选厂缺乏规划，选址极不合理。

3）安全生产责任制不落实，安全生产职责不清，监管不力，没有认真把好审批关，没能及时发现隐患。

4）安全投入不够，超量排放尾砂，无排洪系统、坝体有渗漏，对于存在的安全隐患没有及时整改。

10.2.7 广西罗城县一洞锡矿尾矿库事故

2007年6月8日天降大雨，晚上23时左右一洞锡矿一级尾矿库库尾溢流沟的管道爆裂，大量的选矿废水、淤泥和尾矿砂顺溢流沟下流，冲击坝首的初期坝。初期坝的泥砂被冲刷后，顺势而下，全部流进下游二级尾矿库。二级尾矿库面对突来的一级尾矿库废水、淤泥、尾矿砂、初期坝泥砂，泄洪不及，9日凌晨1时左右，发生垮坝事故。据现场勘查，当时随溢流沟流出的选矿废水约2000立方米，淤泥及尾矿砂约500立方米，初期坝泥砂约400立方米，一级尾矿库初期坝目前发现有决裂现象。二级尾矿库约 2000 立方米尾砂随垮塌口流入下游宝坛河。目前，二级尾矿库尚存约 1000 立方米的尾矿砂还堆存在尾矿库的左侧。

由于存在重大安全隐患，一洞锡矿一级尾矿库已于 2005 年 6 月份被河池市安全生产监督管理局责令停止使用，并要求对该项库进行安全隐患整改；二级尾矿库由有设计资质的设计单位广西贺州市平桂设计院有限责任公司设计，目前正在申办安全生产许可证。

10.2.8 贵州紫金矿业股份有限公司贞丰县水银洞金矿尾矿库"12.27"溃坝事故

10.2.8.1 事故概况

2006 年 12 月 27 日 12 时 20 分，贵州紫金矿业股份有限公司贞丰县水银洞金矿尾矿库子坝发生塌溃事故，约 20 万立方米尾矿下泄，造成 1 人轻伤，下游 2 座水库受到污染。其中，约 17 万立方米尾矿排入小厂水库（废弃水库），3 万立方米尾矿溢出小厂水库后进入白坟水库（农业灌溉水库）。

尾矿库于 2001 年建设，2003 年 8 月建成投产，2005 年 8 月取得安全生产许可证。设计库容为 46.5 万立方米，现堆积库容量约为 23.5 万立方米。主坝设计高度为 37 米，现高为 33.6 米。筑坝方式为上游式，库型为山谷型，属 4 等库。经初步调查，该尾矿库存在的主要问题是：违规超量排放尾矿，库内尾砂升高过快，尾砂固结时间缩短；干滩长度严重不足。

10.2.8.2 事故原因

该尾矿库子坝加高至 1388.6 米（标高）左右高程（第九级）时，干滩长度仅 14 米。此时，推土机、履带式挖掘机各一辆在子坝上进行平整作业。在机械扰动下，造成子坝下的尾矿液化，子坝失稳垮塌约 130 米长，尾矿浆流淌冲毁 2~9 级堆筑的子坝。

10.2.9 贵州铝厂赤泥库 2 号尾矿库管涌溃坝事故

10.2.9.1 事故概况

赤泥库 2 号尾矿库位于贵州铝厂氧化铝厂西侧 5 千米处，为南北走向的山脉中形成的东西向槽沟地貌。属煤系地层带。东部地表水经大路河小溪入麦架河至猫跳河，西部地表水由石灰岩漏斗形地貌底部落水洞经西南、西北两个方向地下水分别流至猫跳河百花水库和尖山段。由 2 号、3 号坝和 1 号、4 号坝在帽顶山南北两侧封闭两个相连的槽成沟组库区；1 号、2 号坝封闭东部山部出口，3 号、4 号坝将西部石灰岩灰漏斗形地貌隔在库外，库内有简易公路与厂区相通。

赤泥库（一期）设计最大库容为 400 万立方米。赤泥库（一期）构筑方式，赤泥库初期坝为海拔 1325 米高的防渗型土坝（坝底标高 1399~1312 米），内外坡度均为 1：2，坝顶宽 6 米，后期坝设计为烧结法赤泥堆坝。但由于烧结法生产未能及时投产，1985 年底赤泥堆满并开始翻坝，决定后期采用黄黏土筑坝，内外均用大化纤袋（容积为 0.64 立方米）装土成梯形堆积护坡，坡度为 1：0.5，于 1986 年初完成加高工程，各条坝均加高 2.5 米。

一期赤泥库服务年限：初期坝库容 80 万立方米，设计服务年限为 3~4 年，因一期氧化铝生产未能达产，实际服务年限 7 年；后期库容设计服务年限为 4~5 年，1987 年经专家鉴定为"危坝"，建议停止使用。但因二期扩建区主要为漏斗形石灰岩地貌，在铺盖底部和库四周不宜用一期拜尔法赤泥，故 1986 年至今拜尔法赤泥仍主要排在老矿区。但在使用中严格保持外围 1 号、2 号坝边成干滩状态，坝体原有微量渗漏点两处均已处理好，至今安全运行。

10.2.9.2 事故前征兆

1986 年 5~6 月份，2 号回水井至 2 号密封井之间坝底回水管塌陷，使赤泥进入管内造成赤泥回水不能正常运行，导致库区积水增多和坝前区积水。7 月初连降两场大雨又使水位上升 20 多厘米。2 号坝基下原有一少量渗水点，外泄水不含泥，呈茶色。但于 7 月 11 日在原渗水点南侧约 5 米处新增一泄漏点，外泄水呈黄色且含泥较重。后在此点南侧下面山坡和土坎下相继产生两泄漏点，外泄水同样呈黄色且含泥较重。三点泄漏量逐渐加大，所带悬浮物颗粒也逐渐加大。

10.2.9.3 事故发生的时间及状况

2 号坝事故发生于 1986 年 7 月 19 日 12 时 30 分（当时正在抢险），坝底泄漏洞逐渐扩大，南坝肩内侧发生旋涡并逐渐加大。后来，从旋涡处投入的装满黄土的大化纤袋（容积 0.64 立方米）连手推车一起可以从洞内冲走。见险情危机，该矿只好将抢险人员撤离坝体。随即坝体南段因重力无法承受而坍塌，形成顶宽 17 米左右，底宽 4~6 米，高 10~12 米的 V 形缺口。坝内近 10 万立方米碱水夹带近万立方米赤泥从缺口涌出，沿程官新队的槽沟形稻田经大路河小溪入麦架河，进入猫跳河（乌江支流）。污染两旁田地 1258.5 亩及两个饮用水井，造成一起重大污染事故。事故发生时，因及时派人通知沿途田间作业人员撤离，未造成人畜伤亡。事故第三天在 2 号回水井和 2 号密封井之间赤泥塌陷直径约 30 米的一个漏斗，赤泥从回水管内涌出，采取紧急措施关闭阀门，坝底回水系统从此报废。事后采取紧急措施堵住缺口，并按原设计轴线恢复了 2 号坝坝体。

10.2.9.4 事故发生的后果

大路河小溪、麦架河长约 20 千米的水系及猫跳河局部区段受到严重污染，两旁 1258.5 亩田地受到不同程度的污染，近千名村民饮用水发生困难，造成直接和间接损失近百万元。被污染的农田经过治理已大部分恢复耕作能力，但由于村民未按治理协议将堆积较厚的赤泥清运回库区而堆积在田边地角造成二次污染，致使近百亩稻田至今未能完全恢复耕作能力。

10.2.9.5　事故发生的原因

事故发生后，经原中国有色金属工业总公司贵阳公司组织联合调查组反复调查确认：

（1）直接原因。该坝坝基地质条件复杂，经四次选址勘察才确定唯一可供筑坝的砂页岩地层，在堆存赤泥时造成坝下原生强风化岩层发生多渠道穿通，导致管涌而使坝体局部坍塌。

（2）间接原因。

1）该坝勘察设计、施工均在"文化大革命"期间，基本建设采用"大包干"，技术决定采用"三结合"，规章制度大部分被破坏，使勘察工作深度不够，未能对坝基下岩层构造通过钻探揭露等手段进行必要的定量工程地质评价，致使在设计中未能采取相应的有效措施。

2）施工单位建议对2号坝设计轴线位移（南坝肩东移约40米、北坝肩东移约18米），而设计部门未能提出补做必要的工程地质工作。在设计和施工中，对坝肩与山坡结合部位均忽视处理。

3）施工中坝基清理深度不够（未清理到原生基岩强风化层）。用于坝体的部分黏土含水率偏高，压实质量难于达到设计要求，对防渗作用有所影响。

4）使用中在加高后期坝时，由于在技术上没有采用坝内子坝，只好采用大化纤袋装土护坡的坝上黏土坝的应急措施。坝底回水管因塌陷影响正常回水，加上连降大雨使库区积水过多、坝前区积水和水位升高等在一定程度上减少了坝体原设计的安全系数。

10.2.10　罗马尼亚奥鲁尔金矿尾矿坝泄漏事故

10.2.10.1　事故概况

奥鲁尔金矿公司尾矿坝始建于1990年。这项耗资3000万美元的工程主要用来处理来自若干尾矿和其他废矿堆的尾矿，服务年限为10年。在年处理量为250万吨。在年产金5万盎司的炭浸厂的可行性研究中，对两座老尾矿坝进行了钻探与选矿试验。其中，Sasar尾矿坝储量为440万吨，尾矿含金量每吨0.6克；Central尾矿坝储量为105万吨，尾矿含金量每吨0.48克。尾矿用液压泵送入新炭浸厂处理，最终尾矿被泵入巴亚马雷以南7千米处铺有塑性衬的新尾矿坝。从一开始，罗马尼亚当局就是把此项工程视为一项环境清洁工程而批准的。

尾矿泄漏发生在罗马尼亚西北的巴亚-马雷地区的奥鲁尔金矿。由于特大降雪降雨,2.4千米长尾矿坝的25米长一段发生了尾矿水的外溢,矿山立即停产,并通知环境与地区水管理当局。同时,对大坝实施了安全加固措施,3天后止住了尾矿水的外溢。

金矿尾矿坝含氧化物尾矿水的外溢被匈牙利环境当局称为是中欧近30年来最大的生态破坏事故，并由此引发了一场有关赔偿的国际争端。估计有约10万立方米氰化物含量为30%的水进入了拉普斯（Lapus）河，河水流入索英斯（后者进入匈牙利边境后转为索莫什河）。

10.2.10.2 事故原因

公司在投产期有时很难将Sasar尾矿库的尾矿还原成矿浆状。因为，库内生长了大量芦苇。其根部缠结，影响了尾矿的回采，使进入炭浸厂的给矿流量波动较大，为此不得不安装了控制阀。坝中央的水量高于预计值，一些细粒尾矿也比预计的更黏稠。1999年5月，曾有少量尾矿水由于管道裂缝漏出，此裂缝系由于自动控制阀突然关闭而产生的液压振动而产生。不过，大部分溢水在矿区边界内。此事当时已通知了当地环保部门，随后又采纳和实施了有关矿浆处置和水回收泵和管道系统的一些建议。

10.2.11 西班牙塞维利亚西部洛斯弗赖莱斯尾矿坝决口事件

10.2.11.1 事故概况

1998年4月底，洛斯弗莱斯矿尾矿库决口，约700万吨的有毒泥石流注入阿各里奥河，大约3万亩土地被淹没，500万立方米的酸水和含有硫、锌、铜、铁和铅的固体物质流入阿格里奥河和瓜迪亚马尔河。波里顿公司估计，其中95%的固体物质堆积在矿区10千米的范围内。由于污染，在瓜迪亚马尔河的出口外，西班牙环境保护局正采取紧急措施清除毒物废料，同时拯救西南部湿地的科托多那国家公园。这个在加的斯附近的国家公园是该地区最重要的自然保护区之一。

10.2.11.2 事故原因

具体原因：

（1）直接原因。由于50米水泥堤坝的滑坡引起的。

（2）间接原因。公司管理疏忽所致。1996年1月，前矿长M·阿圭那波斯曾对这个悲剧有所预见，并敦促安达卢西亚地方政府封堵该水库，以防损失无法估计的灾祸发生。但这家公司称，水库能满足所有的技术要求，仅只有"一点泄漏"而已。

总公司董事长A·波鲁说，该公司作为该矿的业主有责任与当局充分合作进行清理整治，但否认失事的原因是因疏忽引起的。并认为破坏的根本原因是因偶然事故引发的。目前，公司遭受多方面的财产损失，面临营业中断和第三方责任保险的问题。因为，这个尾矿坝于1996和1997年曾由独立的咨询机构和政府当局检查过。而且一直有常规的检查，在出事之前，没有发现不稳定的迹象。

10.3 因渗流破坏而发生的事故

10.3.1 安徽马鞍山黄梅山（金山）尾矿库溃坝事故

10.3.1.1 基本情况

黄梅山（金山）尾矿库位于安徽省马鞍山市，隶属黄梅山铁矿，该库原设计初期坝坝址位于金山坳公路，库区纵深 338 米，尾矿坝总高 30 米，库区汇水面积 0.25 平方千米，库容 240 万立方米，服务年限为 15 年。

为减少占地，1970 年 5 月省主管领导现场决定，将原设计的初期坝坝址向库内移动 188 米，库区纵深仅为 150 米，汇水面积 0.2 平方千米，当尾矿堆积坝顶标高 50 米时，相应库容 103 万立方米，服务年限只有 5 年。

初期坝坝高 6 米，为均质土坝，于 1980 年建成投入运行。该坝采用上法筑坝，至发生事故时，总坝高 21.7 米（至子坝顶），库内储存尾矿及水 84 万立方米。由于库深仅为 150 米，使用时若要保证原设计尾矿库干滩长度达到 70 米的要求尾矿坝，就不能满足必要的尾矿水澄清距离。尾矿颗粒中小于 0.019 毫米的含量达 33.16%。为了改善库内溢流水的水质，尾矿库经常处于高水位状态作业，平时干滩长度只有 20 米左右。在雨季经常被迫停用，基本不能正常运行。1985 年 3 月，设计院曾明文提出：经稳定计算，该坝坝顶不能超过 45 米标高。

10.3.1.2 事故概况

1986 年 4 月 30 日凌晨发生溃坝事故。溃坝前子坝顶部标高 45.7 米、子坝前滩面标高 44.88 米（子坝高 0.82 米、坝顶宽 1.2 米、为松散尾矿所堆筑）、库内水位已达 44.96 米（处于子坝拦水状态，并且根据此前观测记录，坝内浸润线已接近坝坡，坝体完全饱和，见图 10-12）。由于松散尾矿堆筑的子坝的渗流破坏导致溃坝、坝顶溃决宽度 245.5 米、底部溃决宽度 111 米，致使库内 84 万立方米的尾矿及水大部分倾泻。下游 2 千米范围内的农田及水塘均被淹没，坝下回水泵站不见踪影。本次事故造成 19 人死亡、95 人受伤，生命财产损失惨重。

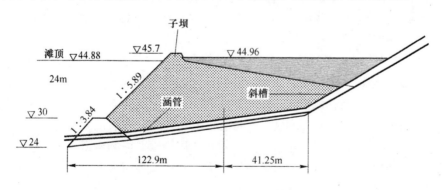

图 10-12 黄梅山（金山）尾矿库示意图

10.3.1.3 事故原因

具体原因：

（1）库内水位过高，直接淹到子坝内坡，离子坝坝顶只差 0.7 米。子坝顶宽只有 1.2 米，系用松散尾砂堆成，不可能承受水的渗透压力，发生渗透坍塌，很快导致漫过沉积滩顶溃坝。

（2）尾矿库长期处于高水位运行状态，会导致坝体浸润线过高，稳定性差，一旦局部产生渗流破坏，会立即引发整体溃坝。

（3）生产与安全的关系处理不当，未能按设计确认的 45 米坝顶标高及时停用闭库。

（4）擅自将坝轴线内移 188 米，不按程序办事，违反客观规律。

（5）当尾矿库所需的干滩长度与澄清距离发生矛盾时，应设法降低库水位。必要时，排泥甚至停产也得保坝。

（6）上游法尾矿筑坝未经技术论证用子坝挡水、拦洪，不仅是违反上游法筑坝的基本原则，而且往往是造成决口溃坝的直接原因。

（7）对尾矿坝存在的坝坡渗水、沼泽化、浸润线过高等不安全因素，应及时采取有效措施。

10.3.2　美国邦克希尔银铅锌矿尾矿库渗漏事故

10.3.2.1　事故概况

邦克希尔银铅锌矿尾矿库位于美国爱达荷州凯洛格的迈洛河附近，建于 1927 年，现面积为 647497.6 平方米。尾矿坝构筑尾矿库为山谷型，采用上游法筑坝。筑坝材料为 0.0127 ~ 0.0254 米的粗粒淘汰尾砂和砾石。坝距地面高度为 19.81 米，目前坝顶长 213.41 米。用粒状炉渣构筑 2.4384 米高的平台以作为初期坝。

邦克希尔尾矿库渗漏发生于 1973 年。渗流水的 pH 值很低，含锌金属，呈酸性，给迈洛河、科达伦河和戴伍德河造成污染。尾矿库渗流量达每分钟 2100 升左右。据测定，尾矿库渗漏率达 50% ~ 70%，上游与下游的渗漏流量差值为每分钟 0.6744×10^{-4} 立方米。

10.3.2.2　事故原因

水文地质钻探结果表明，渗漏主要是由于邦克希尔采矿公司尾矿库内堆积的大量尾矿上表层的细粉泥沉积层被带走所致。此外，河区有一条走向与迈洛河大致平行的卡特断层（Cate Fault）。该断层与地下天然裂缝系统大量排水有密切关系，运走细粉泥沉积层后，水就可能通过尾矿库底部。渗漏流量虽不致使尾矿库底部的全厚度冲积层饱和，但却形成一些渗水通道从尾矿库向外排泄。这种通道受到下游河谷地下水梯度的影响。

10.3.3　圭亚那阿迈金矿尾矿库溃坝事件

10.3.3.1　事故概况

1993 年，阿迈金矿公司开始进行露天开采。在尾矿坝破坏前，阿迈金矿公司采用传统的碳浆法日处理矿石 1.3 万吨，尾砂浆主要是 75 毫米的矿泥及含有 70 ~ 100ppm（$1ppm = 1 \times 10^{-6}$）游离氰化物废水。尾砂坝蓄水池，用以储存尾矿和在废液排放前稀释游离氰化物。1995年中期，尾矿坝中储存尾砂高度离设计的最终高度仅差1米，矿山仍在一如既往地处理金矿，在坝体破坏的当天下午4时，坝体检查并未发现异常情况。

1995年8月19日深夜，一位警觉的卡车驾驶员注意到尾矿坝的一端有流水。黎明时，坝体另一端开裂出水。

事故发生后最初几小时，阿迈河水流量猛增至每秒50立方米。公司立即采取应急措施，将泄漏废水引入露天坑。几天后，矿山修筑了一条隔离坝，将废水引入其他排放渠道。最终，1.3立方米含25ppm氰化物的尾砂废水引入露天坑。但是，其余2.9立方米废水流入阿迈河再汇入埃塞奎博河。造成了非常严重的环境污染。

坝体破坏后48小时，事故通过卫星传遍全世界，圭亚那政府立即宣布该范围为环境污染区。由于政府税收的25%来自该矿，该矿的因此次事故停产达半年之久，给整个国家造成了一定财政危机。

10.3.3.2 事故原因

阿迈金矿尾矿坝坝体建在残余风化土石基础上。坝体建筑材料有黏质、渗透性较差的残余风化土石，一座较宽的废石堆与坝体相连，残余风化土石也是废石堆的主要成分。废石堆延伸400米，直至阿迈河边。除坝的两端坝体破坏位置外，坝体均与废石堆相连。坝体破坏后，遍布在坝体中的裂缝明显可见。这些裂缝沿坝体整个长度扩展，最大的裂缝朝蓄水池方向旋转倾斜，在迎水坡面上，有20多个落水洞及沉陷洼地。

究其原因，建坝期间，在坝底安装了波纹排水钢管临时排水，在重型设备碾压管线周围的回填材料时，破坏了管路的完整性，为细粒材料流失创造了条件。由于没有采取其他有效措施阻止或有效控制管道周围回填料中的渗漏，引起坝体内部侵蚀破坏。另外，细砂层与废石堆孔隙之间穿过，实际上是管涌破坏的典型。该坝被破坏的主要原因是渗漏管涌。

10.4 因排洪设施损坏发生的事故

10.4.1 陕西省华县金堆城铜业公司木子沟尾矿库排洪涵洞断裂事故

10.4.1.1 基本情况

木子沟尾矿库位于陕西省华县金堆城镇，隶属于金堆城铜业公司，为峪型尾矿库，汇水面积为5平方千米。初期坝为透水坝，筑坝材料为采矿废石，坝高61米，坝长160米，坝顶宽度40米，内坡比1∶1.66，外坡比1∶1.68。由于坝体不均匀沉陷，曾进行了加固处理，处理后坝顶宽度30米，外坡比调整为1∶3～3.5。尾矿后期坝采用上游法筑坝，最终堆积标高1240.5米，尾矿堆积坝高61.5米，总坝高122.5米，总库容2200万立方米。

尾矿库排洪系统由排水斜槽（双格 0.8 米 ×0.8 米、长度 50 米）、涵洞（断面为 2 平方米的蛋形钢筋混凝土结构，长 317.07 米）及隧洞（断面为 4 平方米，长 604.2 米）所组成，见图 10-13。

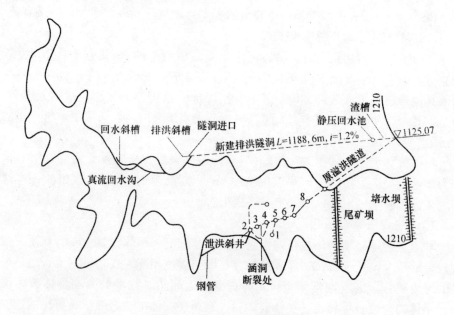

图 10-13　木子沟尾矿库平面图

10.4.1.2　事故概况

该库于 1970 年投入运行，运行前 10 年情况基本正常。但在 1980 年年底以后，先后多次发现尾矿库内沉积滩面发生塌陷。经检查，发现在 3 号井与 4 号井之间涵洞产生横向断裂，裂缝呈左宽右窄、上宽下窄形状，为环向贯通裂缝，裂缝宽度最小 20 毫米，最大 180 毫米，裂缝深度达 250 毫米以上。分布钢筋全部断开，在裂缝两边各 3 米范围尚有 10 余处小裂缝，裂缝宽度 2~8 毫米不等。在距大裂缝 6 米处原施工沉降缝有较大开裂（原设计缝宽 30 毫米，现在缝宽度已达 120 毫米）并在底部形成上高下低的台阶状。

经洞内衬砌封堵处理后，仍不能正常运行。在洞顶水头（从底板起标）25.67 米（库内水位标高 +1208 米）条件下，发生呈间歇式阵发型大量泄漏尾矿，裂缝处呈喷射状泄漏，射距达 4 米。再次处理后，并采取了封闭灌浆，在断裂处经聚氨酯灌浆进行固砂封闭后，基本上未再发生新的泄漏事故。

本次涵洞断裂事故造成了对木子沟及文峪河的严重污染，经济损失达 450 万元。

10.4.1.3　事故原因

具体原因：

（1）排洪涵洞断裂原因。主要是基础产生不均匀沉降和侧向位移所致。断裂处基本位于基岩淤泥质亚黏土之间的过渡段。该处基础下部是基岩，但基础并未置于基岩之上，而是置于淤泥质亚黏土上，在钢筋混凝土涵洞与土层之间有一部分块石。另外，管线有一低凹地区，由于砌置基础，阻碍了地面水排水通道，致使遇水积聚，使之产生侧向位移。

（2）隧洞漏水漏砂的主要原因。该隧洞平行库岸布置，隧洞在跨沟处均为浅埋段，而基岩的表面裂缝又特别发育，库水通过这些裂隙进入隧洞处预留的排水孔泄出，而排洪洞顶部得回填灌浆未能灌好，又加大了渗漏量和渗透范围。另一个原因，是施工时施工的措施洞井和坍方处的回填止水工作没有做好，留下了渗漏通道。

10.4.2　陕西省华县金堆城钼业公司栗西沟尾矿库隧洞塌落事故

10.4.2.1　基本情况

栗西沟尾矿库位于陕西省华县，隶属于金堆城钼业公司。栗西沟属于黄河水系的南洛河的四级支流，栗西沟水流入麻坪河经石门河进入南洛河中。栗西沟尾矿库汇水面积 10 平方千米，尾矿库洪水经排洪隧洞排入邻沟中再注入麻坪河。尾矿库初期坝为透水堆石坝，坝高 40.5 米，上游式筑坝，尾矿堆积坝高 124 米，总坝高 164.5 米，总库容 1.65 亿立方米。尾矿库排洪系统设于库区左岸，原设计由排洪斜槽、两座排洪井、排洪涵管及排洪隧洞组成。后因排洪涵管基础存在不均匀沉陷等问题，将原设计排洪系统改为使用 3~5 年后，另外建新的排洪系统。

新排洪系统是在距排洪隧洞进口的 49.5 米处新建一座内径 3.0 米的排洪竖井，井深 46.774 米；上部建一柜架式排洪塔，塔高 48 米，新建系统简称为新一号井。排洪隧洞断面为宽 3.0 米、高 3.72 米的城门洞型，底坡 1.25%，全长 848 米。其中，进口高 30 米为马蹄型明洞，隧洞中有 614 米长洞段拱顶未进行衬砌，尾矿库平面图见图 10-14。

该库于 1983 年 10 月投入运行、排洪隧洞于 1984 年 7 月起开始排洪。随着生产运行，库内尾矿堆积逐年增高，隧洞内漏水量也相应增大。至 1988 年 4 月 6 日，漏水量已达每小时 332.3 立方米（库内水位 1189 米）。

10.4.2.2　事故概况

1988 年 4 月 13 日 23 时，在距新一号井 43~45 米处，隧洞线上（距轴约 1.5 米）水面发生旋涡，水面开始下降。至 4 月 14 日凌晨 3 时 30 分，库内水位已下降 1 米多，库内存水已基本泄尽。此时，库面发现 1 号塌陷区，长约 26.5 米、宽度 42 米、深度约 27 米、塌陷体约为 1.8 万立方米。至晚上 9 时左右又发生第二个塌陷区，长度约 14 米、宽度 27 米、深度达 48 米、塌陷体约 1.5 万

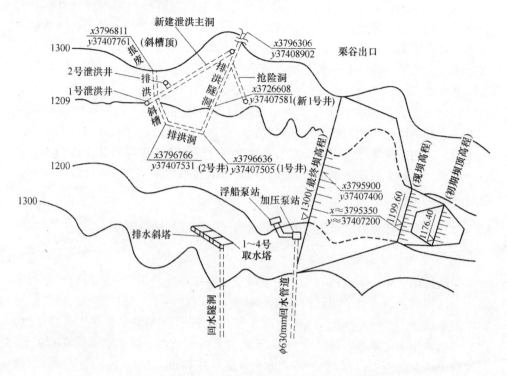

图 10-14　栗西沟尾矿库平面图

立方米，两塌陷体总体积达 3.3 万立方米。见图 10-15。

本次隧洞塌落事故共流失尾矿及水体 136 万立方米，造成栗裕沟下游的栗裕沟、麻坪河、石门沟、洛河、伊洛河及黄河沿线长达 440 千米（跨两省一市）范围内河道受到严重污染。本次事故造成 736 亩耕地被淹没，危及树木 235 万株、水井 118 眼，冲毁桥梁 132 座（中小型）、涵洞 14 个，公路 8.9 千米被毁，受损河堤长度 18 千米，死亡牲畜及家禽 6885 头（只），致沿河 8800 人饮水困难，经济损失近 3000 万元。

10.4.2.3　事故原因

具体原因：

（1）工程地质条件差。排洪洞穿过的岩层为震旦系矽质灰岩、浅灰、灰白色中厚层构造。较大的百花岭向斜在排洪洞南侧战魁沟通过，与隧洞轴线夹角 23°，向斜曲线与隧洞轴线距离为 40~230 米。排洪洞进口地段岩石节理发育，进口段施工开凿后，毛洞成型条件差，拱顶塌落严重，侧墙失稳。岩石透水性强，加上岩层厚度比较小，容易形成大比降的渗流，对岩体稳定很不利。

（2）隧洞开挖过程中，洞口及洞身发生了大量塌方。开挖时，对塌方地段进行了临时支护，但衬砌时未进行回填，普遍存在隧洞衬砌与顶部和两侧围岩脱

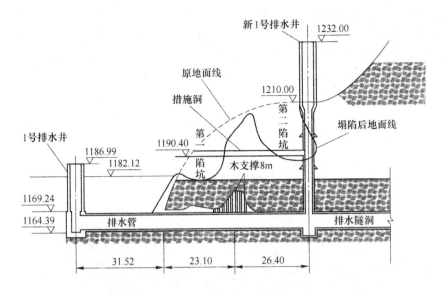

图 10-15 栗西沟尾矿库排洪隧洞塌陷纵断面图

空，没有形成洞身与围岩的整体联合作用。

（3）隧洞结构设计前未进行地质勘查工作，隧洞开挖后又未能对工程地质条件作出正确的判断，竣工的隧洞结构又与设计条件不一致。因此，隧洞衬砌的实际载荷与原设计载荷相差较大。在库水位升高和渗透压力作用下，岩体稳定性将进一步降低，原有的木支护结构势必会腐蚀而失去支撑作用，隧洞运行条件逐渐恶化以致岩体失稳。

10.4.3 山西太原银岩选矿厂和新阳光选矿厂尾矿库溃坝事故

10.4.3.1 基本情况

A 娄烦县银岩选矿厂

娄烦县银岩选矿厂位于娄烦县马家庄乡蔡家庄村随羊沟，建于 2005 年 4 月。尾矿库未设计，未领取安全生产许可证，已列入当地政府的关闭名单。尾矿库库容量约为 24 万立方米。事故发生前该企业一直在私自组织生产。

B 娄烦县新阳光选矿厂

娄烦县新阳光选矿厂建于 2004 年 3 月 8 日。该厂距上游的银岩选矿厂尾矿坝 350 米，距下游的蔡家庄村 600 余米，尾矿库库容量约为 70 万立方米。事故前，该企业按山西环经环境资源管理咨询有限公司做的补充设计方案，对尾矿库存在的问题进行了整改，太原市安监局已对其设计进行了审查批复，省安监局政务大厅已受理了该企业的安全生产许可申请，但没有颁发安全生产许可证。

10.4.3.2 事故概况

2006 年 8 月 15 日晚 21 时 30 分，随羊沟内上游的银岩选矿厂尾矿库溃坝，坝内储存的水、尾砂涌入下游的新阳光选矿厂尾矿库，造成新阳光选矿厂尾矿库坝内水从排洪管和坝顶往外流。大约 22 时，新阳光选矿厂尾矿库坝空隙水压力增大，造成该库坝体垮塌。大量的尾矿浆形成泥石流沿着河道直冲入下游，将 10 余亩土地及附近的一个临时加油站淹没，冲毁大量房屋、商铺，高压电线杆倾倒后产生的电火花引发储油罐着火（见图 10-16）。事故共造成 6 人死亡、1 人失踪、21 人受伤。

图 10-16 银岩选矿厂和新阳光选矿厂尾矿库溃坝事故现场

10.4.3.3 事故原因

具体原因：

（1）直接原因。银岩选矿厂尾矿库坝体为黄土堆筑不透水坝。库内长期单测集中放浆，而且未设置任何排渗排水设施，致使库内水位长期过高，加之 8 月 13～15 日降水相对集中，引起坝体浸润线短期急剧升高。同时，15 日铲车上坝产生振动引起坝体局部液化，是造成银岩选矿厂尾矿库垮塌的主要原因。

新阳光选矿厂尾矿库坝为利用旋流器产生的尾砂筑坝，库内虽然设有 $\phi500mm$ 的排洪管及排洪井。但库容小，容纳不了上游尾矿库坝的浆液，必然要产生漫顶，从现场的痕迹也证实了这一点。同时，坝体外围没有石砌加固，坝体及周边山体土质的稳固性差，不能有效阻挡尾浆的冲击力，造成垮坝，引发泥石流。

（2）间接原因。银岩选矿厂尾矿库严重违反尾矿库的基本建设程序，建设前没有进行正规设计，选址不当，违规建设、违规营运；新阳光选矿厂面对上游仅 300 米处的尾矿库对自己形成的威胁，没有向上级有关部门反映，没有及时消除隐患；两库均缺少尾矿库安全管理的专业技术人员，没有严格的安全管理措施；县政府及其有关职能部门长期以来对尾矿库运营的监管不到位。

10.4.4 山西忻州宝山矿业有限公司尾矿库溃坝事故

10.4.4.1 事故概况

山西忻州宝山矿业有限公司位于山西省忻州市繁峙县境内，始建于 1996 年，是一家股份制私营企业。年开采铁矿石 900 万吨，年产精矿粉 300 万吨。该企业尾矿库设计库容 5400 万立方米，设计坝高 100 米。

2007 年 5 月 18 日上午 10 时，当班尾矿工发现正常生产运营的尾矿库中部距坝顶 20 米处，约有 3 平方米左右异常泛潮及部分渗漏。大约中午 11 时，渗漏处开始流泥沙。15 时坝体流沙范围扩大，开始塌陷。到 20 日 0 点 44 分，共有近 100 万立方米尾沙泥浆溃泄而下，沿排洪沟、河道冲入峨河下游，绵延约 10 千米，持续下泄近 30 个小时。造成选厂破碎车间彻底冲垮，办公楼、选矿车间全部被淹；运输队数十辆大型推土机挖掘机、载重汽车被冲毁或冲走；沿途排洪渠、道路、场地等被淹没；太原钢铁公司峨口铁矿变电站被冲毁；下游太原钢铁公司峨口铁矿铁路专用线桥梁、变电站及部分工业设施被毁，繁（峙）五（台）线交通公路被迫中断，近 500 亩农田被淹，峨河、滹沱河河道堵塞。见图 10-17。

图 10-17 宝山矿业有限公司尾矿库溃坝事故现场

10.4.4.2 事故原因

具体原因：

（1）直接原因。

1）尾矿库排渗（排洪）管断裂，回水浸蚀坝体，导致坝体逐步松软并最终溃塌。

2）企业未按设计要求堆积子坝，擅自将中线式筑坝方式改为上游式筑坝方式，且尾矿坝外坡比超过规定要求，造成坝体稳定性降低。

3）企业安全投入不足，未按规定铺设尾矿坝排渗反滤层。

4）在增加选矿能力时，没有按要求对尾矿排放进行安全论证。

（2）间接原因。

1）设计不规范。《宝山矿业有限公司选矿厂尾矿库初步设计》及施工图件存在缺陷。

2）自然因素影响。两场大雪之后气温较高，冰雪融化速度快，融水沿尾矿库表面向深部渗透，尾矿库坝体的强度和稳定性降低。

3）尾矿库现场安全管理不到位。一是擅自和超能力排放；二是企业长期没有聘用尾矿库安全技术管理的专业人才，不重视对员工的安全培训教育。

10.4.5 陕西山阳双河钒矿尾矿库尾砂和废水泄漏事故

10.4.5.1 事故概况

2008 年 7 月 22 日 5 时 30 分，位于山阳县王闫乡双河村的陕西永恒矿建公司双河钒矿因尾矿库 1 号排洪斜槽竖井井壁及其连接排洪隧洞进口端突然发生塌陷，约 9300 立方米的尾矿泥沙和库内废水泄漏，造成该县王闫乡双河、照川镇东河约 6 千米河段河水受到污染，450 亩农田被淤积淹没，危及出陕进入湖北郧西谢家河流域环境安全，直接经济损失 192.6 万元。

10.4.5.2 事故原因

具体原因：

（1）直接原因。排洪竖井顶端接近地表，地质条件较差，岩石风化较强，受"5.12"汶川特大地震及余震影响，使地质结构发生了一定变化，且尾矿库压力随着尾矿堆高日益增加。排洪斜槽坡度较陡，泄洪时流速较高，水流直接冲刷井壁，随着尾矿库使用时间的延长，致使岩石的强度逐渐降低。

（2）间接原因。该尾矿库的地质勘察、设计、施工未按正规程序进行，且施工单位无资质，无法保证其工程质量，加上排洪竖井未衬砌、无梯子、无照明，企业安全隐患检查出现疏漏，隐患排查整改不到位等。

10.4.6 河北省双塔山选矿厂白庙子尾矿库尾砂和废水泄漏事故

10.4.6.1 事故概况

1980 年 3 月 17 日，河北省双塔山选矿厂白庙子尾矿库由于排水系统 F800mm 钢筋混凝土排水管道发生沉陷、错位、断裂，造成大量尾矿砂泄漏。首先是发现初期坝顶排水明沟内水量剧增，流水浑浊，夹有大量泥沙，坝内尾矿沉积滩面出现塌陷，形成漏斗状坍塌坑，水流夹砂流失逐渐增加。至 19 日上午，溢流沟内矿浆浓度高达 5% 以上，流量也突然增加，矿浆浓度高，堵塞了溢洪沟，矿浆流溢出沟外，并将溢流沟拐弯处的 2 米多高的堤坝冲毁，大量泥浆涌入下游居民村，居民的生命财产受到严重威胁。本次事故造成停产 10 天，直接经济损失达 12.7 万元。

10.4.6.2　事故原因

具体原因：

（1）直接原因。排水系统 F800mm 钢筋混凝土排水管道发生沉陷、错位、断裂，造成大量尾矿砂泄漏。

（2）间接原因。该尾矿库的地质勘察、设计、施工未存在缺陷，无法保证其工程质量；尾矿库现场安全管理不到位，没有聘用尾矿库安全技术管理的专业人才，不重视对员工的安全培训教育；企业安全投入不足，未按规定铺设尾矿坝排渗反滤层。

10.4.7　盐边县钰凌矿业有限责任公司尾矿库"4.19"排洪斜槽盖板垮塌事故

10.4.7.1　事故概况

盐边县钰凌矿业有限责任公司尾矿库位于盐边县新九乡新九河河床上，法定代表人杨柳林。该尾矿库建于 2004 年 3 月，到事故发生时，已连续运行 4 年。因该尾矿库建设较早，在建设时无正规设计，后因办理尾矿库《安全生产许可证》，才委托攀钢集团设计研究院做了补充设计。该尾矿库包括初期坝、排洪系统、回水系统、尾矿输送系统等，总坝高（初期坝 + 堆积坝）24 米。初期坝为土坝，堆积坝采用上游式筑坝法，当尾矿堆至标高 1275 米时，总库容 43.74 万立方米，有效库容 34.99 万立方米。该尾矿库于 2006 年取得《安全生产许可证》。

2008 年 4 月 19 日凌晨 5 时 30 分，钰凌选厂值班室接到尾矿岗位电话，称尾矿库排洪斜槽盖板垮塌，造成尾矿泄漏。选厂接到报告后，立即组织抢险，同时通知车间立即停产，关闭尾矿排放，并将事故报告新九乡政府。

由于事故发现及时，险情很快得到控制，未造成人员伤亡。事故主要造成外排尾矿水约 1550 立方米、尾砂泄漏约 204 立方米，直接经济损失 200 万元。

10.4.7.2　事故原因

事故发生后，县安监局组织有关尾矿库方面的专家和尾矿库设计单位对事故原因进行了分析，事故调查组在综合专家、设计单位意见的基础上，认为造成此次事故的原因有以下几点：

（1）该尾矿库排洪斜槽盖板厚度不够。同时，部分盖板没有配筋和配筋率不够，造成盖板抗压、抗拉能力不足，不能承受上部的尾矿压力而断裂，是造成此次事故的直接原因。

（2）企业私自在尾矿库内采尾矿砂，坝前大量已经固结的尾砂被挖走，新排放的尾砂来不及固结，对盖板的压力大幅度增大。同时，挖掘机在库内作业，可能对盖板造成破坏，导致盖板断裂，是造成此次事故的另一原因。

（3）企业对保证尾矿库安全生产的投入不足，没有配备相应的安全管理人员，对安全管理人员和尾矿工长期未送相应部门培训取得操作资格证，安全管理人员和尾矿工长期无证上岗，是造成此次事故的间接原因。

10.4.8 湖北省郧西县人和矿业开发有限公司柳家沟尾矿库"12.4"泄漏事故

10.4.8.1 事故概况

郧西县人和矿业开发有限公司成立于 2008 年 6 月，为私营企业，其矿山为露天探矿，持有探矿证。该企业尾矿库设计总库容为 33.6 万立方米，有效库容 26.8 万立方米，总坝高 23 米，初期坝高 15 米，为五等库。该尾矿库建设履行了安全设施"三同时"手续，于 2011 年 4 月通过了由十堰市安全监管局组织的验收，未取得安全生产许可证。

2011 年 12 月 4 日 15 时 40 分左右，湖北省郧西县人和矿业开发有限公司柳家沟尾矿库一号排水井封堵井盖断裂，导致约 6000 立方米尾矿泄漏，导致约 2 千米长的山涧沟河受污染，未造成人员伤亡。

10.4.8.2 事故原因

据初步分析，导致尾矿泄漏的主要原因：一是排水井筒采用砖砌，未按设计要求使用混凝土浇注，强度不够；二是一号排水井封堵于井筒顶部，不符合应封堵于排水井底部的规定要求，加之封堵厚度不足，随着尾砂堆存和坝体的升高，导致封堵断裂和井筒上部破坏，发生尾砂流失和泄漏。

事故暴露出该企业长期以探代采，非法从事采矿活动；尾矿库建设不规范，严重违反设计进行施工，长期无证运行；企业安全生产主体责任不落实，有关部门对尾矿库安全设施验收不严格等问题，社会负面影响较大，教训十分深刻。

10.4.9 东乡铜矿尾矿库排水井泄漏尾砂事故

10.4.9.1 事故概况

东乡铜矿尾矿库 1966 年由南昌有色冶金设计研究院设计，1973 年建成投产。尾矿坝为上游法筑坝，初期坝为均质土坝，坝顶标高为 85 米，坝底标高 69 米，坝轴线长 94 米。在坝后坡标高 71.5 米处设有堆石排水棱体，最大高度 3 米，顶宽 1 米。库型为山谷型尾矿库，用尾砂堆筑子坝，坡比为 1∶5，最终标高 120 米，有效库容 320 万立方米，汇水面积 0.3 平方千米。目前，库内已堆积尾矿约 96 万立方米。

这次事故导致全矿被迫停产 6 天；机修厂厂房被毁，机器设备被掩埋，经 3 个月的清理才恢复生产；部分河流和农田被污染。造成经济损失 138.06 万元。

其中，直接经济损失 95.26 万元，间接经济损失 42.8 万元。幸无人身伤亡。

1988 年 6 月 19 日至 23 日，矿区连降大雨，24 小时降雨量为 55.5 毫米。其中，6 月 20 日降雨量达 102.1 毫米。致使尾矿库库水猛涨，外排水量骤然剧增。由于排洪沟闸门被当地农民关闭，使排洪沟完全失去排洪的作用，导致 6 月 22 日回水明槽一侧被排水冲垮达 26 米。6 月 24 日，选矿厂几位工人同志，正在接回水在被冲垮明槽处安装管子时，突然听到一声巨响，看到回水隧洞中爆发出大量矿浆，并冲垮明槽，并冲刷山坡。一股来势凶猛的泥石流，将该矿机修厂外的两道围墙和部分厂房毁坏，并涌入流经该矿的竹山河和部分农田。据事后实测，这次事故共跑漏尾矿 54649 立方米，外排尾矿水万立方米，冲刷山坡泥石 5892 立方米。致使农田 671 亩、鱼塘 22.1 亩和 7 条灌溉渠到被污染。

10.4.9.2 事故原因

根据对事故现场的勘察和对泄水井破损部件的试验表明，这次泄水井跑漏尾矿事故，是由于在暴雨之后，尾矿库处于高水位状态下工作，使泄水井基础部分预留孔的弧形井套断裂造成的。

（1）直接原因。由于 3 号泄水井设计错误和施工质量差，造成隐蔽工程存在严重缺陷而处于不安全状态。

1）设计错误。事故发生后，曾请南昌有色冶金设计研究院对 3 号泄水井自行设计的有关资料进行分析表明，3 号泄水井的设计存在 3 个方面的错误。

一是弧形井套（包括预留孔封堵用的和叠加用的）配筋错误。即井套的钢筋本应配在圈内受拉区，却错误地配置在外圈受压区，钢筋不起作用；二是封堵用的井圈与井架无固定连接。即预留孔两侧立柱，虽设计采用 $\phi 12mm$ 钢筋作固定铰。但井圈端作用力与立柱平面并非垂直，而是斜交，极易发生位移，而起不到固定铰的作用；三是井底（平底状）无消能设施。

由于存在上述错误，再加上泄水井顶到井底板落差达 30 余米，泄水对井底的冲击巨大，脉动压力强烈，气蚀严重。又由于事故发生前，泄水井周围已滞留尾矿厚达 9 米。据此进行井圈强度复核，其安全系数 $KL = 0.029$，大大小于《水工钢筋混凝土结构设计规范》（SDJ—1978）规定 $KL > 2.5$ 的要求。因而，致使井圈从跨中折断并脱落，预留孔封堵处被毁成 8 平方米的缺口，大量尾矿涌入井内，而发生此次事故。

2）施工质量差。施工期间，曾发现施工单位在现场预制的弧形井圈，有 23.01 立方米因不合格而报废。投产后，由该劳动服务公司预制的井圈中，又发现有 19 立方米的井圈不合格，并经矿领导召开有关人员会议鉴定，宣布报废。然而，这次事故中断裂的井圈，竟是过去曾经宣布报废的井圈。经江西省建筑科学研究所对断裂井圈做回弹试验，回弹值为 270MPa，强度不合格。

预留孔两侧立柱上，原设计有 $\phi 12mm$ 圆钢并外露 350 毫米的预埋件，作为井圈与立柱的固定铰。但事后发现,井圈与立柱并没有用固定铰牢固接合。

原设计泄水井的基础及井架的钢筋混凝土强度为 200 号。在施工期间,曾对井基础及井架拌料 3 次取样作强度试验,经江西省建筑科学研究所试验结果为:127 号(井基础)、336 号(井架)和 147 号(井架)。可见,3 次试验中就有两次的拌料强度是不合格的,但却没有查到对不合格拌料处理的任何记录。

(2) 间接原因。

1) 领导对这次工程设计及施工的管理有失误。尾矿库自流回水工程,是一个生产技术措施项目,也是尾矿库的一个构筑物,虽然投资额和工程量都不很大,技术性也不很复杂。但是,尾矿库是一个边使用、边施工筑坝的、具有长期性和复杂性的建筑工程。而且,尾矿库内储存着大量的尾矿和水,是一个处于高势能位置的"泥石流形成区"。尾矿库的任何构筑物,如坝体、井、塔管、洞等,只要其中一处发生故障,都将有发生危害事故的可能。然而,当时的领导对尾矿库建设的重要性和复杂性认识不足,不够重视,把尾矿库自流回水工程作为一般的日常生产管理来对待,因而对工程的设计、施工及工程验收等过程缺乏全面的考虑,集中领导,统一指挥和严格的管理。

2) 缺乏科学的态度,没有按有关程序慎重设计和施工。该尾矿库的排水和库内回水,早就有成型的设计。如果,需要改变原设计方案,理应先与原设计单位共同商榷,认真研究。但是,矿方却忽视了这一基本的常识。我们知道,3 号泄水井是处在侵蚀环境中的结构,非同于工用、民用房屋和一般构筑物的建筑。设计这种结构,除必须遵守钢筋混凝土结构的设计规范外,尚应符合水工专业的专业规范。而且,需要专门的专业技术人员才能设计,并非一般土建技术人员所能胜任。然而,矿领导却将该项工程交给了一个土建工程师,按一般构筑物进行施工图设计。而且设计后,也没有进行认真复核和组织专门的会议进行审查,以致对设计中的错误,没有发现就对外承包施工了。

3) 施工管理人员失职。在施工过程中,矿方曾派人作为驻工地的甲方代表,负责施工监督检查。而且《施工合同》规定:"应认真做好工程各项目检查记录发现问题,要求施工单位及时返工。"但是,负责施工管理的同志不但没有对施工情况认真的进行检查,做好隐蔽工程和施工情况的记录。而且,施工中已发现井基础和井架强度不合格,也没有向领导汇报解决,给危害事故的发生埋下了隐患,也为 3 号泄水井的管理和这次危害事故的调查分析造成了很大的困难。

4) 没有规范的工程检查验收。尾矿库自流回水工程是对外承包的,当年施工,当年竣工投产的。《施工合同》规定:"施工单位必须严格按正式施工图及批准的设计变更正是文件和施工验收规范施工,双方按现行质量及检验评定标准进行验收评定。"然而,工程竣工后,并没有组织有关人员进行检验、评定、验收,只是由生产单位与施工单位简单潦草的交代就投入使用,根本没有任何验收移交手续的资料。

10.4.10　河北省承德市丰宁满族自治县鑫源矿业有限责任公司尾矿库跑水事件

10.4.10.1　事件概况

鑫源矿业有限责任公司位于丰宁县县城北7千米，大阁镇六间房村西1千米，属民营股份制企业，日排放尾矿砂7000吨。公司所属尾矿库由承德华泰工程设计有限公司设计，设计总库容300.9万立方米，设计坝高64米，为三级库，由承德润州建筑公司建设。初期坝高23米，现运行坝高40米，堆积坝高17米，干滩长度为140米，澄清水距离180米。该尾矿库由河北大自然中宇安全评价有限公司进行了安全现状评价，并于2007年8月进行了安全评估和坝体稳定性分析。

2008年1月11日10时，公司尾矿库回水泵站工人发现回水量增大，随即通知尾矿库值班人员到排洪涵处检查，发现溢流口盖子被人掀掉，库水沿溢流口大量下泻。11时，回水泵不能正常运转，12时左右回水泵和配电盘被水淹，库水开始外流，约2000~3000立方米尾矿泻漏进附近的潮河（潮河没有集中式饮用水源地），未造成人员伤亡和财产损失。潮河流经下游滦平县，汇入北京市的密云水库（距事发地点约300千米）。经国家环保总局、河北省环保局、承德市环保局、北京市环保局、北京市水务局和密云水库管理处等组织专家检测鉴定未造成水质污染。

10.4.10.2　事件原因

经公安部门初步认定是人为破坏事件。

10.4.11　前南斯拉夫兹莱托沃铅铸矿尾矿库溃坝事故

10.4.11.1　事故概况

兹莱托沃铅铸矿尾矿库的坝基为黏土质冲积层和凝灰岩。冲积层下部为凝灰岩，透水性差，在4个大气压时为1~4.8L/(m²·min)；冲积层上部的透水率较高。地下水位距地面1~3米。坝基岩土的内摩擦角为16°~22°，筑坝材料为黏性细粒砂，含量为0%~6%、粒径0.002毫米和尾砂，其内摩擦角为32°~36°，透水系数3.5×10⁻⁵~9×10⁻⁴cm/s。

尾矿库为山坡型，采用下游筑坝。坝最终高度为28.0米，外坡比为1:2；坝顶最终长度为509米、最终宽度4米。初期坝筑于尾矿库下游端，坝筑6米。坝用尾砂和填料垒筑。

兹莱托沃铅矿4号尾矿库是该矿的尾矿库之一，它位于前南斯拉夫马其顿共和国首府以东约100千米的普罗比什蒂普、基赛利卡（kiselica）河流域的一个山谷中。该库的设计最大库容为360万立方米。

1976 年 3 月，4 号尾矿库发生大溃坝。当时，溃坝高度达 25 米，约有 30 万立方米的尾砂（占总库容量约 30%）流入基塞利卡河，给河流造成严重污染。

10.4.11.2 事故原因

兹莱托沃矿在构筑尾矿坝时已有几十年的生产历史，经验丰富。由于前 3 个尾矿库运行良好，未料到 4 号尾矿库会发生溃坝事故。事故发生后，据钻孔取样分析，4 号尾矿库有部分坝体已完全饱和，且初期坝筑材料的透水性差，而排水设施的截渗与排渗效果又不好。所以，地下水位上升并浸润下游坝造成溃坝。

10.4.11.3 改进措施

为不影响矿山生产，该矿采取了应急措施，即在 2 号与 3 号尾矿库筑小坝以暂时堆放尾矿，并开始设计 5 号尾矿库。新坝于 1976 年中期开始构筑，1978 年 3 月坝高已达标高 510.0 米水平。为适应当时矿山生产的需要，5 号尾矿库采取边筑坝边运行的方式。

该矿吸取了 4 号尾矿库溃坝的教训，在 5 号尾矿坝设计、构筑和管理中采取了以下措施。

（1）加强截渗与排渗设施。初期坝用不透水物料填筑，并设有横沟、斜沟、滤水层、排水沟底板、排水管、溢流井等设施。排水沟底板与滤水层用天然砾石填筑以提高渗滤作用。在坝体中设置宽为 1 米的排水斜沟，坝下部排水沟与滤水层沟通，并用 $\phi300mm$ 的多孔钢筋混凝土管道铺设在滤水层中以滤出和排放渗水至下游河流。

（2）提高坝体抗震能力。为确保坝体稳定，5 号尾矿坝按 7 级地震设计。上游坝坡比取 1∶2，下游坝坡比为 1∶3。坝顶最终长 590 米，宽 4 米。

（3）对尾矿库运行进行实时监测。为确保尾矿库安全运行，兹莱托沃矿对 5 号尾矿库采取了监测措施，即设置流压计，测量坝体渗水量及其水平与垂直位移等。

（4）提高筑坝材料的质量。填筑坝体的尾砂一律用水力旋流器处理，旋流后的尾砂粒径为 200 目（0.074 毫米）。5 号尾矿坝最终高度达标高 522.5 米水平，共用筑坝材料约 95 万立方米；各材料用量为：旋流尾砂 87.5 万立方米，过滤材料与天然砾石 3 万立方米，初期坝填筑的黏土 4.5 万立方米。

10.5 因地震液化而发生的溃坝事故

饱和砂土或尾矿泥受到水平方向地震运动的反复剪切、竖直方向地震运动的反复振动，土体发生反复变形，因而颗粒重新排列，孔隙率减小，土体被压密，土颗粒的接触应力一部分转移给孔隙水承担。孔隙水压力超过原有静水压力，与土体的有效应力相等时动力抗剪强度完全丧失变成黏滞液体。此时，砂土发生振动液化破坏。

1976 年 7 月 28 日，天津碱厂白灰埝渣库因唐山丰南 7.8 级大地震而发生坝体液化溃决，导致 30 多人丧生。

此外，智利 1965 年 3 月 28 日发生的 7.25 级强地震也曾造成圣地亚哥以北 140 千米处的 12 座尾矿坝瞬间液化溃坝。尾矿流失最多达 190 万立方米，短时间内泥浆流下泄 12 千米，造成 270 人死亡。此次事故也是世界尾矿史上最严重的灾难性事故之一。

10.6 因坝基沉陷而发生的事故

10.6.1 郑州铝厂灰渣库坝基沉陷事故

10.6.1.1 事故概况

郑州铝厂灰渣库位于河南郑州铝厂西南约 2.5 千米，处在汜水河东侧，原系黄土台地中的一条北西冲沟，处于干涸冲沟中段。上段是第一赤泥库，下方是第二赤泥库并兼作灰渣坝。灰渣库全长 770 米，平均沟宽 120 米，沟深 35 米左右，总库容 180 万立方米，1982 年 4 月投入使用，使用年限 20 年。

在该库西侧垭口处以赤泥采用池填法堆筑副坝，其坝基坐落于湿陷性黄土地基上。由于库内排水钢管结垢排水能力降低，水位上升很快，加之事故前连续降雨，1989 年 2 月 25 日，致使副坝处黄土地基失稳塌陷发生溃决，近 30 万立方米塌陷黄土、灰渣及水直冲而下，冲毁下游专线铁路和道路，死亡 2 人。

10.6.1.2 事故原因

该尾矿库发生溃坝的原因主要为回水管结垢破裂，库内积水过多，湿陷性黄土地基在长期浸泡后稳定性降低，发生沉陷造成上部的副坝溃决。

此外，江西省赣州西华山钨矿尾矿库（建于 20 世纪 60 年代）也因坝基下部淤泥层厚较大，坝基承载不足导致坝体局部下沉，致使边坡滑动，所幸下游坡脚处有一天然台阻挡，而未溃坝失事。

10.7 因非法开采造成的事故

10.7.1 福建潘洛铁矿尾矿库滑坡事故

10.7.1.1 事故概况

1993 年 6 月 13 日，福建潘洛铁矿尾矿库发生山体滑坡，总土石方量达 60 万立方米，造成尾矿库排洪系统受损，泵房遭到破坏，库区下游水系受到污染，死亡 14 人，伤多人。

10.7.1.2 事故原因

发生事故的原因是地方及个体企业在尾矿库上游左岸山坡乱采滥挖，造成山体失衡，导致大滑坡挤压尾矿库。

10.7.2 云南永福锡矿尾矿库坍塌事故

1994 年 5 月 7 日，云南个旧永福锡矿尾矿库因严重违反安全生产规程，在尾矿库闭库后在尾矿库坝下挖取尾矿，引发大面积坍塌，造成 13 人死亡。

10.7.3 庙岭沟铁矿尾矿库溃坝事故

2006 年 4 月 23 日，已闭库的河北迁安庙岭沟铁矿尾矿库因临近露天采场违章作业，破坏了尾矿库尾部的副坝稳定性，发生溃坝，造成 2 人死亡，4 人失踪。

11 金属非金属矿山尾矿库安全事故防范措施

11.1 因洪水发生事故的防范措施

由于防洪设防标准低于现行标准，造成尾矿库防洪能力不足，发生洪水漫顶溃坝。必须采取以下防范措施。

（1）按现行防洪标准进行复核，当设计的防洪标准不足时，应重新进行洪水计算及调洪演算。

（2）经计算确认尾矿库防洪能力不足时，应采取增大调洪库容或扩大排洪设施排洪能力的措施。

由于洪水计算依据不充分，洪峰流量和洪水总量计算结果偏低。必须采取以下防范措施：

（1）应用当地最新版本水文手册中的小流域或特小流域参数进行洪水计算及调洪演算。

（2）采用多种方法计算，经对比分析论证，确定应采用值，一般应取高值。

由于尾矿库调洪能力或排洪能力不足，安全超高和干滩长度不能满足要求，造成溃坝。必须采取以下防范措施：增大调洪库容或扩大排洪设施排洪能力的措施。必要时，可增建排洪设施。

11.2 因排洪设施损坏发生的事故防范措施

由于排洪设施结构原因和阻塞造成尾矿库减少或丧失排洪能力。必须采取以下防范措施：

（1）对因地基问题引起排洪设施倾斜、沉陷断裂和裂缝的，应及时进行加固处理。必要时，可新建排洪设施。对地基情况不明的，禁止盲目设计。

（2）对因施工质量问题或运行中各种不利因素引起排洪设施损坏（如混凝土剥落、裂缝漏沙、沙石磨蚀、钢筋外露等）应及时进行修补、加固等处理。

（3）对排洪设施堵塞的，应及时检查、疏通。

（4）对停用的排水井，应按设计要求进行严格封堵。

由于子坝挡水无效，造成溃坝。必须采取以下防范措施：

（1）生产上应在汛前通过调洪演算，采取加大排水能力等措施达到防洪要求，严禁子坝挡水。

（2）必要时，可增大尾矿子坝坝顶宽度，使其达到最高洪水位时能满足设计规定的最小安全滩长和安全超高要求。

11.3 坝体及坝基失稳事故的防范措施

由于基础情况不明或处理不当引起坝体沉陷、滑坡。必须采取以下防范措施：

（1）查明坝基工程地质及水文地质条件，精心设计。

（2）及时进行加固处理。

由于坝体抗剪强度低，边坡过陡，抗滑稳定性不足。必须采取以下防范措施：

（1）上部削坡，下部压坡，放缓坡比。

（2）压坡加固。

（3）碎石桩、振冲等加固处理，提高坝体密度和抗剪强度。

由于坝体浸润线过高，抗滑稳定性不足。必须采取以下防范措施：

（1）设计上采用透水型初期坝或具有排渗层的其他型式初期坝，尾矿堆积坝内预设排渗设施。

（2）生产上可增设排渗降水设施，如垂直水平排渗井、辐射排水井等。

（3）降低库内水位，增加干滩长度。

11.4 渗流破坏防范措施

具体防范措施：

（1）增设排渗降水设施。

（2）采用反滤层并压坡处理。

11.5 震动液化防范措施

具体防范措施：

（1）设计上应进行专门试验研究，采取可行措施。

（2）降低浸润线。

（3）废石压坡，增加压重。

（4）加密坝体，提高相对密度。

11.6 非法开采造成事故防范措施

由于非法采掘，引起地质灾害，导致尾矿库事故。必须采取以下防范措施：

（1）尾矿库建设中应查明周边地质条件，对不良地质现象应采取必要的治理措施。

（2）采取有效措施杜绝尾矿库周边非法采掘。

（3）加强巡视，发现异常，及时查明原因，采取措施，防治地质灾害发生。

由于周边非法采矿企业向库内排放尾矿，占据尾矿库调洪库容。必须采取以下防范措施：

（1）政府有关部门应坚决取缔非法采矿作业。

（2）必要时采取加高坝体等工程措施，增加尾矿库调洪库容，满足尾矿库防洪要求。

由于在尾矿坝上和库内进行乱采滥挖，破坏坝体和排洪设施。

必须采取以下防范措施：

（1）严禁非法作业。

（2）及时巡视并修复尾矿库安全设施。

11.7　综合防范措施

11.7.1　设计阶段精心认真

设计是尾矿库安全、经济运行的基础。在我国早期，有些尾矿库没有经过正规设计，存在巨大安全隐患，也为后续的改造增加了困难。比如，广西南丹鸿图选矿厂尾矿库溃坝事故。因此，在设计过程中应做到坚持设计程序。切实做好基础资料的收集工作。鉴于尾矿设计的特殊性，设计阶段一定要精心认真做到以下几点：

（1）尾矿库设计前要认真勘查。通过大量尾矿库事故案例的总结，一些尾矿工程出事故的原因，多数是因为在设计前，未做必要的库址，坝基勘察与工程实验，用一般的经验数据作为重要的计算参数，与实际有出入，造成了潜在的尾矿库安全隐患。因此，在尾矿库设计之前必须进行认真的勘察。

（2）严格执行设计审查制度。按照相关规定，设计审查单位应切实履行自己的职责，把好设计审查关。负责设计审查的单位，事先要进行调查研究，了解和掌握情况，做好审查批准工作。

（3）严格遵照尾矿库设计标准。设计标准，是国家的重要技术规范，是工程勘察、设计、施工和验收的重要依据，是开展工程技术管理的重要组成部分。尾矿库设计应严格按照国家相关标准进行。

11.7.2　施工阶段严把质量关

施工是实现设计意图的保证，施工质量的好坏直接关系到国家财产和人民生命安全。对尾矿工程来说应做到以下几点：

（1）认真会审施工图纸。施工单位接到施工图纸后，必须认真组织学习和详细会审，应认真领会设计意图和熟悉各项技术要求。经过会审并经设计单位修改的图纸，施工单位必须按图施工。

（2）明确质量标准。

（3）施工单位要建立健全质量管理和保证体系。施工单位的质量管理，贯穿在工程建设全过程的每个阶段。它的主要任务是组织职工按照工程质量标准，完成建设任务。

（4）基础验收工作。应由建设单位组织勘察、设计、施工单位，或邀请有关专家和上级主管部门参加验收，对工程做出正式结论。

（5）竣工验收。竣工验收是建设项目建设全过程的最后一个程序。它是全面检查考核基本建设工作，检查是否合乎设计要求和工程质量的重要环节。经过验收合格的工程才能正式投入使用。

11.7.3　尾矿库管理要科学

尾矿库管理在尾矿库建设和运行过程中的重要性及其必要性，已越来越被人们所认识。在尾矿库的管理工作中，应针对尾矿库自身特点进行科学管理。尾矿库在运行期间的任务是十分艰巨的。坝体结构要在运行期间形成；坝的稳定性在运行期间较低，需认真监视和控制；尾矿坝要承受各种自然因素的袭击，需要认真的对待和治理。放矿、筑坝、防汛、防渗、防震、维护、修理检查、观测等各项工作都要在运行期间进行，必须有一套科学的管理制度，和与之相适应的组织机构和人员。只有这样，才能弥补工程质量上的疏漏，设计上未能预见到的不利因素，确保尾矿库（坝）能安全运行。

11.7.4　建立健全尾矿库安全管理制度

生产经营单位要建立健全尾矿库安全生产责任制，制定完备的安全生产规章制度和操作规程，实施规范管理；要保证尾矿库具备安全生产条件所必需的资金投入；新建、改建、扩建尾矿库，必须严格履行"三同时"手续，确保安全设施到位，消除安全事故隐患；凡有尾矿库的矿山企业，必须配备相应的安全管理人员和专业技术人员，对尾矿库实行动态管理，并逐月向安监部门上报坝高和堆积坝坡比，及时掌握安全生产动态；要针对垮坝、漫顶等安全事故和重大险情制定应急救援预案，并进行预案演练；要建立尾矿库工程档案，特别是隐蔽工程档案，并长期保管，以备查核。

11.7.5　加强尾矿库安全监测

由于尾矿库的特殊性和复杂性，为确保其安全运行，必须通过定期或不定期的安全检查对其运行状态进行监测。尾矿库的日常安全检查一般由基层管理机构负责。重要的检查如汛期、暴雨后、地震后等均由企业安全管理部门负责组织，并与基层共同进行。尾矿库排水构筑物和尾矿库库区的安全检查应严格按照《尾矿库安全管理规定》进行。

参 考 文 献

[1] GB 16423—2006，金属非金属矿山安全规程[S].

[2] AQ 2006—2005，尾矿库安全技术规程[S].

[3] GB 6441—1986，企业职工伤亡事故分类[S].

[4] GB 6722—2014，爆破安全规程[S].

[5] 娄如春. 浅析金属非金属矿山安全现状及管理[J]. 科技创新与应用，2014(25):104-105.

[6] 戴莉. 金属非金属矿山企业创建安全生产标准化过程中存在的问题和改进措施[J]. 四川冶金，2013，11(05):65-66.

[7] 李晓飞. 金属非金属矿山安全标准化建设的探讨[J]. 安全与环境工程，2010，18(05):41-42.

[8] 姜君. 浅谈金属非金属矿山安全标准化建设[J]. 吉林劳动保护，2011(S1):57-58.

[9] 任丽萍，史秀志，张舒. 矿山安全标准化创建过程中的危害辨识研究[J]. 安全与环境工程，2011，12(03):546-547.

[10] 胡东涛，严乃绪，贾永权，等. 浅析金属非金属矿山安全标准化系统的创建[J]. 中国矿业，2011，03(05):39-40.

[11] 王婧嫄. 露天采石场滑坡类型分析与防治措施[J]. 有色冶金设计与研究，2014，35(1):13-15.

[12] 王启明. 我国非煤露天矿山大中型边坡安全现状及对策[J]. 金属矿山，2010(10):1-5.

[13] 余继强，张朝刚. 非金属矿山井下安全生产管理实践及效果[J]. 西部探矿工程，2010(7):201-207.

[14] 王启明，徐必根，唐绍辉，等. 我国金属非金属矿山采空区现状与治理对策分析[J]. 矿业研究与开发，2009，29(4):63-68.

[15] 赵永安. 预防炮烟中毒[EB/OL]. http://www.docin.com/p-767202561.html&key=中毒怎么治.

[16] 舒金华. 金属非金属地下矿山安全评价与对策分析[J]. 现代矿业，2011(5):115-116.

[17] 苏国辉. 金属非金属矿山安全生产的主要影响因素及管理对策分析[J]. 科技创新与应用，2014(17):98.

[18] http://www.anjianba.com/xinwenzhongxin/shigutongbao/20141129/1327.html.

[19] http://www.cminegov.cn/index.asp.

[20] http://www.ksaq.cn/.

[21] http://www.aqtd.cn/.

[22] http://www.chinasafety.gov.cn/newpage/Contents/Channel_21312/2014/0929/241180/content_241180.htm.